CHANGE YOUR THINKING

胡思乱想消除指南

Positive and Practical Ways to Overcome Stress,
Negative Emotions and Self-Defeating Behaviour Using CBT

［澳］莎拉·埃德尔曼 著
（Sarah Edelman）

陈玄石 译

中国友谊出版公司

目　录

序　　　　　　　　　　　　　　　　　　　　　　　1

第一章　认知行为疗法　　　　　　　　　　　　4
　　认知行为疗法的历史　　　　　　　　　　　　4
　　认知行为疗法策略　　　　　　　　　　　　　6
　　认　知　　　　　　　　　　　　　　　　　　7
　　情　绪　　　　　　　　　　　　　　　　　　8
　　行　为　　　　　　　　　　　　　　　　　　11
　　我们为什么会出现某种想法　　　　　　　　　14
　　恰当与不恰当的情绪　　　　　　　　　　　　17
　　ABC模式　　　　　　　　　　　　　　　　　18
　　D：反驳　　　　　　　　　　　　　　　　　19

第二章　识别错误思维　　　　　　　　　　　　21
　　非理性信念　　　　　　　　　　　　　　　　22
　　发现错误思维　　　　　　　　　　　　　　　30

第三章　反驳消极认知　　　　　　　　　　　　49
　　逻辑反驳　　　　　　　　　　　　　　　　　50
　　行为反驳　　　　　　　　　　　　　　　　　63

聚焦目标思维　　　　　　　　　　　67

第四章　战胜挫折　　　　　　　　　　　　73
　　　造成低挫折忍耐力的思维模式　　　　76
　　　应对低挫折忍耐力　　　　　　　　　77
　　　"可我不想让它过去！"　　　　　　　84
　　　低挫折忍耐力与拖延　　　　　　　　85
　　　针对低挫折忍耐力的行为反驳　　　　86
　　　"它本不该发生"　　　　　　　　　　88
　　　"但我应该感到难过"——这是我的错　90

第五章　控制愤怒　　　　　　　　　　　　93
　　　合理与不合理的愤怒　　　　　　　　94
　　　战斗-逃跑反应　　　　　　　　　　 94
　　　愤怒的益处　　　　　　　　　　　　96
　　　愤怒的坏处　　　　　　　　　　　　96
　　　急火攻心与长期愠怒　　　　　　　　99
　　　压力的影响　　　　　　　　　　　　99
　　　脆弱因素　　　　　　　　　　　　　99
　　　迁　怒　　　　　　　　　　　　　 100
　　　易怒人格　　　　　　　　　　　　 101
　　　缺乏愤怒　　　　　　　　　　　　 102
　　　压抑还是发泄　　　　　　　　　　 103
　　　控制愤怒的策略　　　　　　　　　 104
　　　应对长期愠怒　　　　　　　　　　 111

改变你的想法　　　　　　　　　　　　116
　　　找出并反驳引发愤怒的认知　　　　　121

第六章　**应对焦虑**　　　　　　　　　　　　136
　　　常见威胁　　　　　　　　　　　　　137
　　　进化效益　　　　　　　　　　　　　137
　　　焦虑倾向　　　　　　　　　　　　　138
　　　焦虑的多种原因　　　　　　　　　　139
　　　焦虑障碍　　　　　　　　　　　　　139
　　　焦虑的影响　　　　　　　　　　　　140
　　　延续焦虑的思维习惯　　　　　　　　144
　　　解决问题　　　　　　　　　　　　　160
　　　挑战灾难化思维　　　　　　　　　　163
　　　以苏格拉底式提问法消除担忧　　　165
　　　识别焦虑的想法　　　　　　　　　　170
　　　无端焦虑　　　　　　　　　　　　　171
　　　暴　露　　　　　　　　　　　　　　173
　　　放松技巧　　　　　　　　　　　　　184
　　　冥　想　　　　　　　　　　　　　　186
　　　呼吸练习　　　　　　　　　　　　　187
　　　视觉镇静法　　　　　　　　　　　　188
　　　指导练习　　　　　　　　　　　　　189

第七章　**维护自尊**　　　　　　　　　　　　190
　　　影响自尊的因素　　　　　　　　　　191

削弱自尊的思维模式	194
无条件的自我接纳	210
认知弹性	213
承认你的长处和优秀品质	214
增强自尊的行为策略	215

第八章 摆脱抑郁　223

不同类型的抑郁	224
抑郁症的病因	227
具有强大生物性基础的抑郁	229
抑郁的影响	232
抑郁的认知策略	237
应对情绪的反复	243
元认知信念的作用	243
应对抑郁的行为策略	247
预防复发的策略	261

第九章 掌控问题　270

解决问题	272
确定障碍	277
直面障碍	282
行动计划	288
自我效能感	292
坚持下去——强化	301

第十章　有效沟通 　　　　　　　　　　305
　　不良的沟通习惯　　　　　　　　　307
　　有效的沟通习惯　　　　　　　　　311
　　传达和解信息　　　　　　　　　　313
　　沟通中的注意事项　　　　　　　　325

第十一章　获得幸福 　　　　　　　　　　340
　　与幸福相关或无关的因素　　　　　341
　　幸福者的个人特质　　　　　　　　342
　　生活方式　　　　　　　　　　　　343
　　带着目标生活：设定人生目标　　　353
　　期　望　　　　　　　　　　　　　356
　　有条件的幸福　　　　　　　　　　358
　　注意力的转移　　　　　　　　　　360

第十二章　正　念 　　　　　　　　　　　363
　　关于本章　　　　　　　　　　　　363
　　正念在西方心理学中的发端　　　　363
　　什么是正念　　　　　　　　　　　366
　　为什么要练习正念　　　　　　　　367
　　日常生活中的正念　　　　　　　　369
　　练习正念冥想　　　　　　　　　　369
　　正念与放松　　　　　　　　　　　373
　　想法的正念　　　　　　　　　　　373
　　情绪的正念　　　　　　　　　　　375

身体感觉的正念	378
暴　露	380
正念和认知行为疗法	381
解决问题依然重要	384

参考答案 387

序

> 人可以通过改变心态来改变生活。这是我们这一代人最伟大的发现。
>
> ——美国作家威廉·詹姆斯（William James）

你是否曾花费几个小时甚至几天苦苦思索某个问题，后来却意识到它其实并不重要？或者因为某个问题感到心烦意乱，于是去跟朋友谈心，结果他们提供了某些你从未想过的角度，让你感觉好多了？通过和朋友交谈，你发现了思考自己处境的另一种方式。而当你开始以不同的方式思考，你的感受也会发生变化。

我们每天的经历都可以证明这个简单的道理——我们的思考方式决定了我们的感受。事情会出问题，人会利己，失望也时有发生。这些情况是否会让我们苦恼、有多苦恼，很大程度上取决于我们怎么看待它们。有时候，即使情况没有那么糟糕，消极、自我挫败的思考方式也会让我们感到非常痛苦。我们或许会将自己的不快乐归咎于他人或生活中的烦心事，但实际上，是我们的信念造成了这种痛苦。

这其实是个好消息，因为我们虽然可能无法改变他人或我们生活的客观环境，但可以改变自己对这些因素的看法。我们如果能学着以一种健康、均衡的方式思考，就可以不再庸人自扰。

换一种方式思考，感受就不同了。这个简明的概念便是认知行为疗法（Cognitive Behaviour Therapy，CBT）的核心原则。认知行为疗法在全世界范围内被普遍应用于心理治疗和压力管理中（"认知"一词指的是思维过程。认知疗法就是帮助我们转变思维的治疗方法）。

20世纪70年代以来，认知行为疗法已经成为业内最普及的心理治疗形式，这是因为世界各地的研究表明，认知行为疗法有助于治疗各种心理问题，包括焦虑、抑郁、惊恐发作、睡眠问题、恐惧症、人际关系障碍、羞怯、进食障碍、愤怒、药物滥用、酗酒、性功能障碍、创伤后应激障碍、慢性疼痛、健康问题、双相情感障碍和社交恐惧症。尽管治疗不同的心理问题时会用到认知行为疗法的不同部分，但治疗核心始终是改变认知和行为。

认知行为疗法被称作"活疗法"，因为它会随着时间的推移而不断"进化"。世界各地的研究机构对认知行为疗法现行的诊疗技术进行了评估，并将结果与候选对照组、其他心理疗法、虚假治疗和安慰剂治疗进行了比较。这些研究成果已在心理学期刊上接连发表，并在学术会议上进行展示。通过这一过程，新疗法得以发展，早期疗法也得到了修正和改进。心理学家们因而得以根据最新研究成果更新诊疗方案。

认知行为疗法虽然原本是用于治疗特定心理障碍的，但现在已经在希望减轻压力和提高生活质量的大众中得到了普及。它有助于应对日常生活中的种种压力，不管是小麻烦还是大挑战。认知行为疗法的原理并不难掌握，因此非常适合作为自助工具使用。

近年来，基于正念（mindfulness）的诊疗方法被广泛用于心理治疗之中。正念源于古代佛教禅修，因马萨诸塞大学名誉医学教授乔恩·卡巴-金（Jon Kabat-Zinn）的大力推崇而在西方广受欢迎。目前，有大量检验正念对各种心理状况的影响的研究工作正在进行中。有新证据表明，正念疗法与认知行为疗法结合，可以增强治疗效果。因此，本书增添了关于正念的章节。

本书介绍了如何运用认知行为疗法的原理来应对我们日常生活中的潜在压力事件。读者将学习识别自己固有的、会造成无谓忧虑的思维模式，并运用策略来修正这些模式。可利用的策略包括采取某些行动，以及反驳会引发不快的想法和观点。

本书属于自助类读物，但并不能代替心理治疗。如果读者有某种心理问题或障碍（如抑郁症、强迫症、进食障碍、双相情感障碍等），请接受合格的心理健康专业人员的治疗。本书有助于强化患者在心理治疗过程中接收到的信息，但不会针对某一障碍给出具体建议。

第一章

认知行为疗法

我们是思想的结果,全由思想造就,也凭思想创造世界。

——释迦牟尼

认知行为疗法的历史

20世纪上半叶,西格蒙德·弗洛伊德(Sigmund Freud)主张的心理学理论与疗法成为西方精神病学的主流。弗洛伊德认为,所有的心理问题都源于幼年时期被压抑的无意识渴望。他的治疗方法被称作"精神分析"(psychoanalysis),通过可能持续多年的日常治疗,深入探索病人的潜意识世界。精神分析的目的是使患者洞悉他们不快乐的根源,并通过这一过程让他们从被压抑的欲望及其引发的心理痛苦中解脱。

20世纪50年代,其他心理疗法开始兴起。一些直接发源于弗洛伊德的理论(包括精神动力学、存在主义心理治疗和人本主义心理治疗),另一些则截然不同，其中最著名的就是认知行为疗法。

认知行为疗法的发展史中两位最具影响力的人物是心理学家阿尔伯特·埃利斯（Albert Ellis）和精神病学家艾伦·贝克（Aaron Beck）。两人的职业生涯都从精神分析治疗师开始，但他们最终都对精神分析疗法感到失望。精神分析的核心是对童年经历的细致探究，极其耗时，阿尔伯特·埃利斯对这一点以及弗洛伊德的很多基本理论都提出了批评。20世纪60年代初，埃利斯开始关注想法和信念在制造心理痛苦中所起的作用。他认为，非理性思维会造成情绪困扰，因此只要教会人们以更理性、均衡的方式思考，就能解决心理问题。他开创了一种疗法，鼓励患者专注生活中发生的事情，并质疑那些引发他们痛苦的非理性想法和基本信念。埃利斯的治疗模式最初被称为"理性治疗"（Rational Therapy），后来改为"理性情绪疗法"（Rational Emotive Therapy，RET），以反映治疗的目的是运用理性思维改变情绪反应。20世纪90年代，因为肯定行为策略在治疗过程中的重要作用，这种疗法被再次更名为"理性情绪行为疗法"（Rational Emotive Behaviour Therapy，REBT）。

艾伦·贝克为认知行为疗法在抑郁症领域的早期应用做出了贡献。他发现，抑郁人群有着错误或扭曲的思维模式。这些源于他所说的"图式"（schema），即在儿童时期发展出的、反映了童年经历的核心信念，会影响人们对自身经历的感知。贝克将图式描述为"模板"，人们会下意识地用它们来判断自身经历的意义。"我低人一等""不能相信别人""我会被抛弃""世界很危险"等图式会影响人们的日常想法，从而引发痛苦情绪和心理问题。和埃利斯一样，贝克坚持认为，心理治疗应当运用种种认知和行为策略来帮助人们识别并改变错误思维和自我挫败行为。

埃利斯用"非理性"一词来描述引发痛苦情绪的想法和信念。其他学者使用的术语包括"消极""适应不良""无益""不切实际""错误""自我挫败"等。本书将交替使用这些术语来描述引发不良情绪或自我挫败行为的想法、信念和感知。虽然认知行为疗法的不同流派使用的技巧和术语存在差异,但它们的根本目的都是通过改变无益的认知和行为来帮助个人减轻痛苦。自埃利斯和贝克首次阐释各自的观点以来,用于治疗特定心理问题的认知行为疗法一直在被反复修正和更新。新研究不断提供新发现,而更有效的治疗方法也在不断发展。

认知行为疗法策略

认知行为疗法包括以下内容。

认知策略:学会识别引发痛苦情绪的消极思维习惯,并借助多种技巧发展更理性的思维方式。

行为策略:通过各种行为帮助我们改变思考方式和感受。这些策略包括行为实验、反复暴露在恐惧的场景中、练习深度放松与呼吸技巧、解决问题、设定目标、果敢沟通、利用社会支持和预先规划活动。

近年来,许多认知行为疗法的实践中增加了第三部分。

正念策略:以开放和好奇的态度,将自己的全部注意力集中在当下的体验上,包括感知当下的呼吸、想法、情绪或身体感觉。通过日常的冥想和正念,想法逐渐被视为心灵的产物,而非现实或真相(见第十二章)。

认　知

认知是一种心理过程，包括我们日常的想法、信念和态度。一些认知是有意识的，我们稍加注意就能察觉其存在；一些则是无意识的，在更具体的心理过程中才能察觉；还有一些会一直保持不被我们察觉的状态。

我们的想法和信念虽然相互关联，但并不能画等号。想法一闪而过，通常我们对其是有意识的。据估计，一个人平均每天会产生4000～7000个想法。大多数时候，我们并没有意识到自己在思考，但如果我们停下来观察一下当前的心理状态，就会发现自己的实时想法。想法会影响我们的感受和行为。

信念是我们下意识地对自己、他人和世界做出的相对稳定的假设。虽然有时候我们会有意识地反思自己的信念，甚至怀疑它们是否正确，但大多数时候，我们并不会这么做。信念会影响我们的想法、情绪和行为。

因为另一辆车跟鲍勃的车抢道，他们差点撞上。鲍勃愤怒地朝对方挥手，心想："蠢货！"

鲍勃的想法很明显——"蠢货！"是什么信念引发了他这个想法？和许多人一样，鲍勃相信"人们必须始终做正确的事"，尤其是"必须始终遵守道路法规"。事实上，让鲍勃愤怒的正是他的这种信念，而不是对方糟糕的驾驶技术。如果鲍勃只是觉得人们"应该遵守"而不是"必须始终遵守"道路法规，他就只会感到短暂的气恼而不是愤怒。同样，如果你认为"人们必须始终做正确的事"，那么一旦他人做不到，你就会感到沮丧。

情　绪

我们都知道快乐、悲伤、恐惧、愤怒、厌恶或惊讶是什么感觉，但究竟什么是情绪？情绪其实很难定义。一般来说，情绪是我们在应对发生的事情时心理和生理上的感受。情绪的导火索可能是：

◇ 外部事件（如隔壁传来的噪声、朋友的评价）。
◇ 内部事件：身体感觉（如胸口发闷、一阵潮热）或想法（如"我说了句蠢话""我要一个人待一整天""我做得很好"）。

由此产生的情绪包括认知评价和生理反应两方面。

认知评价（我们如何看待事物）以我们赋予事件的意义为基础。例如，朋友没有回你电话，你可能会感到生气（"她只有需要我干什么时才会打电话"）、担心（"我希望她没事"）、无动于衷（"她太忙了，我之后再打给她"）或伤心（"她不关心我"）。我们很容易意识到自己在进行评价，但有时很难立刻确定自己感受背后的想法（例如，你感到不安、害怕或恼火，但不知道原因）。

生理反应包括心率加快、腹部紧绷、胸闷、潮热、亢奋、沉重等。情绪与身体感觉息息相关，因此关注身体上的变化有助于了解情绪。

1. 情绪驱动行为

情绪会演变为驱使我们为生存而采取行动的信号。通过愉快（如幸福、有爱、兴奋）或不愉快（如焦虑、内疚、受伤、绝望）的感受，情绪会引导我们将注意力放到自认为非常重要的问题上，并驱使我们对此做些什么。我们想体验愉快的情绪，也想避免不愉快的情绪。这两类情绪都能成为引发我们行为的动机，不过后者的作用更强。

不愉快的情绪会提醒我们关注需要注意的问题，并驱使我们去解决这些问题。这么做有助于我们实现目标，从而让自己生活得更好，例如：

- 克里斯汀的焦虑促使她在周末赶论文。
- 尼尔的愤怒促使他勇敢地与上司沟通。
- 科琳的孤独促使她加入了一个联谊团体。
- 希德的内疚促使他关掉电视，带孩子们去公园。

然而，有时我们试图忽略不愉快的情绪，而不是解决这些情绪提醒我们注意的问题。这么做或许会带来一时的缓解，但并没有从根源上解决问题，反而会让不愉快的情绪继续困扰我们，例如：

- 谢里尔一直拖着不去办税，因为她嫌麻烦。
- 劳拉担心自己得病，找借口不去医院。
- 莱奥妮通过赌博来麻痹愤怒和恐惧。
- 克里斯逃避社交，因为社交让他心情低落，觉得自己无能。
- 吉姆以酗酒来应对愧疚。

愉快的情绪有时是激励我们当下做出牺牲的"胡萝卜"。比如，长时间工作、打扫房间、去健身房或陪孩子一天等行为，通常都是在预期之后会有回报（良好的感觉）的情况下完成的。喜悦、满足感、安全感或自我价值感等愉快的情绪属于长期的回报，会促使我们延迟满足当前的欲望。然而，就像不愉快的情绪一样，愉快的情绪也会驱使我们做出自我挫败行为。这可能发生在我们以牺牲更长期利益为代价来追求短期回报的时候，比如透支、纵欲或者沉溺于一段明知不会有好结局的感情。

2. 认知影响情绪

认知评价——我们怎么看待生活中发生的事情，决定了我们的情绪。

认知	情绪
可能会有不好的事情发生。	焦虑
他们做了坏事，不应该逃脱惩罚。	愤怒
我做了件坏事，应该受到惩罚。	愧疚
对我来说一切都很顺利。	满意
我失去了某件珍视的东西。	悲伤
世界很糟糕，我一文不值，未来没有希望。	抑郁
我做了件不道德的事，别人都鄙视我。	羞耻
事情的发展不如我的预期。	沮丧
有好事即将发生。	兴奋
那太让人恶心了。	厌恶
我不如别人。	无能
我是个讨厌的人。	自我厌恶
那不是我期望的。	意外
他/她故意伤害我。	鄙视

3. 情绪影响认知

不仅认知影响情绪，情绪也影响认知。我们想法的"内容"和我们赋予当下事件的意义，都取决于当时的情绪。例如，我们一旦感到愤怒，注意力便会落在不公平感上并渴望报复。我们一旦感到沮丧，就会消极地看待事情，常常品出实际上并不存在的失败、绝望和拒绝的意味。我们一旦感到焦虑，就会专注于风险，开始觉得那些我们通常认为无害的场合也危机重重。

行 为

行为不仅包括特定情形下的应对方式，也包括生活习惯和惯例。认知对行为有非常重要的影响。

认知	行为
我必须得到所有人的喜爱和认可。	过分在意取悦他人，行为不果断。
我必须把事情做得完美。	拖延、缓慢且低效。
犯错误是个学习机会，不是场灾难。	愿意再次朝目标做出尝试，需要的话，多试几次也没关系。
人们应该做我认为正确的事。	对不符合自己期望的人不友好甚至有敌意。
我讨人喜欢，值得交往，大家都积极地跟我互动。	愿意与人接触、交朋友以及承担社交风险。
我的生活应该是轻松的——我不该做困难或不愉快的事情。	避免参加有难度或不愉快的活动，即使对自己有好处。
我能力不足。	拒绝尝试学习新事物。
我必须找个比自己强大的人依靠，我不能独自应对。	维持一段不健康、无爱或破坏性的关系，容忍虐待行为。

续表

认知	行为
我如果愿意为此付出努力，就可以得到想要的任何东西。	愿意花时间和精力实现目标。
我想要什么，就必须马上得到。	有成瘾行为，如饮酒、抽烟、吸毒、饮食不良等。
每个人都尽了全力，没人该受到批评或谴责。	和大多数人相处得不错。
我有缺陷，我不好。	在社交活动中常常自我监控，逃避目光接触，不愿承担社交风险。

行为影响情绪和认知

情绪影响行为，也会受行为影响。行为影响情绪的方式有两种。某些行为会直接增强情绪；有些行为会影响认知，进而影响我们的感受。

行为对情绪的直接影响

我们都有过这样的体验：改变行为后，感受也变得不同了。也许，在感到情绪低落时决定给朋友打个电话，或者做些锻炼、放点音乐、沉浸在有趣的活动里，都会感觉好多了。这些活动可以让我们打起精神，是因为它们本质上就是令人愉快的，会让我们的关注点从消极想法上转移。做一些能带来成就感或意义的事情也可以让我们打起精神。因此，整理橱柜、粉刷房间、写信或者出色地完成一项工作都会让我们感觉不错。

行为对情绪的间接影响——通过认知

我们的很多行为会强化现有的认知。例如：避免同他人社交会强化"我不行"或"别人不喜欢我"的信念，进而导致孤独、抑郁或低自尊；常常表现得犹豫不决会强化"想要什么就去争取是不对的"这样的信念，加深我们的无能感；选择逃避自己畏惧的场合会让我们更加相信这些场合危机四伏，到了不得不面对它们的时候，我们就会感到焦虑；一直努力把事情做得完美会强化做什么事都必须完美的信念，一旦有可能做不到完美，我们就会感到焦虑或无法行动。

相反，改变我们的某些行为会让我们换一种方式思考自己的处境，并因此感觉更好。例如：主动开展社交有助于推翻自己交不到朋友的信念，而"只要努力，我就可以交到朋友"的新认知会带来更良好的自我感觉；直面我们畏惧的事情，如可怕的社交、演讲或令人不快的电话，会减轻它们在我们心中的威胁性；而修正后的认知"我可以应对，没那么糟糕"，则有助于减少面对这些情况时的焦虑；不够完美地完成一些任务会让我们认识到事情不是必须做到完美，从而让我们免于不必要的焦虑；为了化解矛盾而勇敢地进行沟通会让我们认识到自己有能力解决问题，因此感到更快乐；做些我们拖延了很久的事情（例如填纳税申报表、请亲戚吃饭、粉刷卧室）会让我们明白这些事做起来其实没有那么糟，从而减轻自己的内疚和沮丧，并增加信心；另外，你可能很难相信，善待我们不喜欢的人，可以让我们更积极地看待他们，更舒服地同他们相处。所有这些行为都可以通过影响认知让我们感觉更好（另见第三章）。

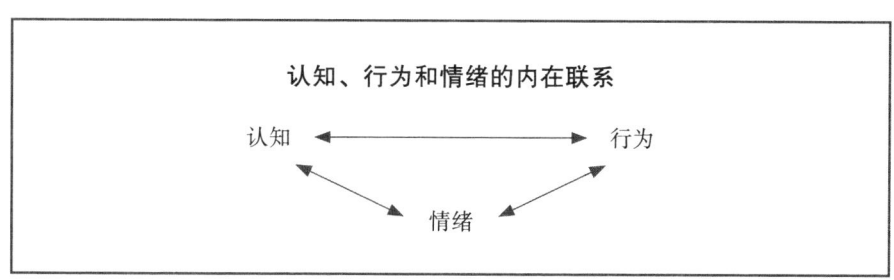

认知、情绪和行为互相作用，互相影响。理解这种相互关系对我们很有帮助，因为它会提醒我们，任何一方面的积极改变都会对其他方面产生积极的影响。以下各章将给出策略，并说明如何进行改变。

我们为什么会出现某种想法

认知对我们的感受和行为有着非常重要的影响，这就引出了一个问题："我们为什么会出现某种想法？"为什么有些人能以一种健康、均衡的方式思考问题，而另一些人的想法却总是消极、偏颇和自我挫败的呢？

答案是，我们在人生各阶段接收到的各种影响塑造了自己的思维方式。其中最重要的影响包括：

◇ 婴儿期：在婴儿时期，基于父母的爱、其可得性和父母对我们需求的回应，我们与父母之间形成的纽带。
◇ 童年经历：在童年和青春期，我们从父母和其他重要的人（如祖父母、兄弟姐妹、老师、同学等）那里接收到的信息。
◇ 气质（temperament）：我们的个性（personality）中固有的（即由生物学因素决定的）方面。

童年经历会影响我们之后的思维和感受。与其他人相比，那些有幸拥有慈爱、有同理心又明理的父母的人更可能发展出应对压力或逆境的能力。相反，在童年经历过忽视、创伤或虐待的人在之后的生活中更可能受困于情绪。虽然童年生活经历很重要，但受到父母悉心教养的人也可能出现心理问题，因为气质（见后文）也会影响我们的思维和感受。相反，一些童年经历坎坷的人由于天生复原力强，反而会在成年后发展出健康的心态。

除了童年生活经历，会在各个阶段影响我们思维的还有其他因素：

◇ 生活中的重要关系，包括伴侣、朋友、家人和同事。
◇ 重要的经历，包括成就、损失、失败、成功和受到拒绝。
◇ 通过社交媒体、电视、广告、杂志、报纸和电影接收并积累的流行文化信息。
◇ 通过互联网、书籍、课程和教育机构等渠道获得的知识和信息。

1. 气质的作用

虽然并不存在产生消极思维的基因，但生物因素确实会影响我们对情况的应对和看法。气质是我们个性的组成部分中受生物学决定的一类。

气质往往在童年甚至几个月大时就显露出来了。有些人的神经系统天生对变化和危机敏感，特别容易产生焦虑、抑郁和愤怒等令人不安的情绪。有些人生性焦虑，会把很多中性事件视为威胁（"为什么这条街上会出现那种货车""为什么我的右脸这么红"）。另一些人气质忧郁，更可能以消极的方式看待自身和个人经历（"我今天一事无成""我又失败了"）。有些人天生内向，在社交场合会特别害羞和敏感，会把正常的社交情境解读为被拒绝或不被认同（"他们为什么坐在那儿，不坐到我旁边""他移开了目光，显然是嫌我烦了""她和我同事说话时会笑，但和我说话时不会"）。有些人脾气暴躁，更容易对其他人没有感觉的情况反应过度或发火。

生物因素影响着我们的心理倾向，但这并不代表我们无法避免消极感受。患心血管疾病风险高的人也并不一定就会患心脏病或中风，只不过他们需要比别人更注重健康饮食、规律锻炼和降低胆固醇水平。同样，与那些情绪稳定的人相比，情绪起伏大的人需要更努力地管控自己的认知和反应。认知行为疗法策略有助于提升我们的认知弹性，从而提高我们的适应力。这样做可以减少不安情绪出现的频率和强度，帮助我们迅速摆脱烦忧。

2. 社会传达的信息

我们从流行文化中接收到的很多信息都会影响我们的信念，导致幸福感下降。流行文化通过社交媒体、影视、广告和杂志鼓吹着以下观念：

- ◇ 要有钱，物质充裕。
- ◇ 要受欢迎——有很多朋友。
- ◇ 要事业有成——职业体面、收入高。
- ◇ 要年轻、有魅力。
- ◇ 要家庭幸福、和睦。

我们每个人都在不同程度上认同这些观念。很多人认为，成功的标准包括有一份高薪工作、拥有昂贵的奢侈品，或是身材苗条、外表年轻、朋友众多。当生活状况达不到这些标准时，我们越认同这些信念，就越觉得不快乐。比如，如果你认为你的家庭必须幸福、和睦，但事实并非如此，那么必须改变现状的信念就会让你感到痛苦或无能。你想要拥有幸福的家庭、美貌、朋友、成就或物质财富并没有错，相信必须拥有这些才会造成你的不幸。

3. 认知行为疗法不只是"积极思考"

你如果读过大众心理学和自助类书籍，多半见过建议你通过一遍遍重复某些话语来获得积极的思维，典型的陈述包括：

- 我很成功，我是赢家。
- 每一天，不管哪个方面，我都在越变越好。
- 我的世界丰富多彩。
- 事情正朝着对我最有利的方向发展。
- 我爱我自己，认可我自己。
- 世界对我充满关爱。

很多人试图通过这样的陈述让自己更积极地思考，但真的有用吗？这取决于你是否相信它们。肯定陈述有助于强化我们已经知道但忽略了的事。例如，时时提醒自己关注自身的长处、成就和爱我们的人，可以改善我们的看法。然而，陈述我们并不相信的观念并不会就此把它们刻在我们的潜意识里。认知行为疗法强调的是现实、均衡的思维，而不是美好的愿望。

恰当与不恰当的情绪

认知行为疗法的目的不是消除所有不愉快的情绪，而是对情况做出恰当的反应。在某些情况下，感到悲伤、遗憾、愤怒和失望是合情合理的。我们如果失去了珍视的东西，当然可以悲伤。我们如果达不到特定的目标，感到失望也很正常。我们如果做了随后发现会伤害他人的事，感到后悔也没什么不妥。如果别人做了我们认为有失公允的事情，我们也可以生气。根据具体情况，健康的心理应对机制会让我们产生恰当的情绪。相应地，我们会感到遗憾，但不会过于愧疚；会失望，但不会绝望；会担忧，但不会过度焦虑；会悲伤，但不会抑郁；会气恼，但不会暴跳如雷。

如前文所述，不良情绪有助于激励我们采取行动来改善处境。例如，不愉快的情绪在具体情况下会促使我们道歉、沟通、提前到达、向经理投诉、专注于任务本身、为伤害了他人做出补偿或征求其他人的意见。

甚至有时候，像悲伤这样的情绪也是恰当的。爱人离世、失去家园、确诊重症或失去长久以来的梦想会让大多数人感到悲伤。有时，巨大损失带来的痛苦会持续数年。虽然最终时间会治愈一切或至少减轻痛苦，但往往会留下伤痕。遗憾的是，并不存在能缩短悲伤时间的捷径。但即使在悲伤中，消极的想法也会产生额外的、无谓的痛苦。

> 加布里埃尔的妻子两年前因癌症去世，为此，他一直深陷悲痛之中。虽然悲伤是他对丧偶这件事的正常反应，但愧疚和愤怒不是。他怪自己不是个好丈夫，也怪医生没能治好她。可是，这些额外的痛苦毫无用处。愤怒、愧疚只会加剧和延长他的痛苦。

ABC模式

大多数人认为，是发生在我们身上的事情使自己产生了相应的感受，因此，我们会将愤怒、焦虑、沮丧或抑郁的原因归咎于他人或环境。但埃利斯指出，事情和人本身并不会让我们感觉好或坏——这些因素只是起到刺激作用。事实上，是我们对它们的认知决定了自身的感受。

为了说明这一点，埃利斯提出了ABC模式：

◇ A代表"触发事件"（activating event），即触发我们反应的情况。
◇ B代表"信念"（belief），即我们对该情况的认知。
◇ C代表"后果"（consequence），即情绪（包括身体感觉）和行为。

我们倾向于把C归咎于A，事实上，B才是我们产生某些感觉的原因。举一个简单的例子：你约会快迟到了，感到很焦虑。

◇ A：触发事件——约会要迟到了。
◇ C：后果——身体上感到紧张、焦虑、不安，开始飙车。

你感到紧张、焦虑，并开始飙车（C），并不是因为要迟到了（A），而是因为你对于守时和迟到后果的信念（B）。这些信念可能包括"我一定要守时""迟到的人不会讨人喜欢""我应该获得他人的认可""迟到的后果可能很可怕"。

D：反驳

埃利斯用"反驳"（dispute）一词来形容我们对触发事件的再认知过程。我们一旦找到了引发糟糕情绪的信念，下一步就是反驳。

在上文的例子中，我们可以告诉自己："按过去的经验，即使快迟到了，我通常还是会努力准时到达，或者只是稍晚一点。我是个守时的人，而且通常情况下都能准时到达。就算这次我迟到了，也不会有什么可怕的后果。"

反驳是认知行为疗法的关键组成部分。学着改变僵化、不懂变通的认知，可以帮我们避免或消解会引发无谓痛苦的情绪。在上文的例子中，我们可能会感到担心，但不会过度焦虑。这也会促使我们改变自己的行为，比如停止飙车。

小 结

◇ 认知——我们的想法、信念和态度，决定了我们的感受和行为。认知行为疗法正是基于这一原理产生的。

◇ 认知、行为和情绪互相作用，互相影响。一个因素的改变通常会使另外两个也发生变化。

◇ 如果能激励我们做从长远看有益的事情，不愉快的情绪（如愤怒、焦虑、悲伤、怨恨、内疚）有时也是有用的。但是，经常性的不良情绪往往反映了一种消极的认知方式，并会引发无谓的痛苦。

◇ 影响我们思考和感受的因素很多，包括我们的经历、气质和环境。

◇ 认知行为疗法的目的并不是消除所有不良情绪，而是要发展合理、均衡的认知，对生活中的挑战做出恰当的反应。

第二章

识别错误思维

> 犯蠢的不止你一个，全人类都会昏头。问题是，你要承认这一点，然后做些什么。
>
> ——阿尔伯特·埃利斯

如果把世界上最快乐的人聚在一起，你觉得他们的共同点会是什么？多金？美貌？事业有成？声名远扬？都不是。最快乐的人是那些有着最灵活变通的态度的人。

你身边真正快乐的人（通常一只手就能数出来）中有谁是死板、苛刻或顽固的吗？一旦事情和预期中不一样，他们会感到沮丧吗？

快乐人群的一个关键特质是他们具有适应生活环境的能力，即认知弹性（cognitive flexibility）。这并不意味着他们软弱或麻木，而是代表他们也愿意接受有些事不受自身控制的事实。实际上，这些人通常很渴望为自己认为重要的事情奋斗。我们在日常生活中体验到的很多痛苦都源自僵化、不变通的思维。

非理性信念

阿尔伯特·埃利斯发现，绝大多数人天生倾向于以非理性和自我挫败的方式思考。他指出，正是这种思考方式让有些人特别容易陷入沮丧情绪。埃利斯认为，如果一种思维和我们追求幸福以及长寿的基本愿望背道而驰，那它就是非理性的。因此，如果抱有某种信念会使你经历不合宜的愤怒、沮丧、焦虑、抑郁、自卑或是不利于健康，那么按照埃利斯的定义，它就是非理性的。这就包括那些会引发自我挫败行为的信念，例如拖延、逃避社交、咄咄逼人或忽视身体健康。埃利斯描述了很多会导致情绪低落和心理痛苦的非理性信念，下面列出的是很常见的几种。

常见的非理性信念	后果
我必须得到所有人的喜爱和支持。	焦虑、谨小慎微、抑郁、低自尊
我做什么都必须做好、做出成绩。	焦虑、自我贬低、抑郁、沮丧、羞愧、拖延
世界应该是公平的，我应该永远受到公平对待。	愤怒、怨恨、沮丧、抑郁
别人的看法和做法应该跟我一致。	愤怒、怨恨、人际关系糟糕
某些人就是坏，他们应该因为自己的行为受到谴责。	愤怒、怨恨、抑郁
如果我搞砸了什么事，我就是个失败者、蠢货。	低自尊、沮丧、抑郁
我应该要什么有什么，生活应该是舒适的，我不该经历这样的困境。	沮丧、抑郁、绝望
事情没有按我预想的发展，真是糟透了。	沮丧、愤怒、抑郁
比起直面并解决问题，逃避更容易。	拖延、问题无法解决、人际关系糟糕

续表

常见的非理性信念	后果
不幸是由生活状况造成的。状况没有改变，我就不可能开心。	无助、无望、无法承担责任、绝望
如果有可能发生不好的事情，我现在就应该开始操心了。	焦虑、不停担忧
每个问题都有一种正确的解决方法，我应该把它找出来。	优柔寡断、拖延、焦虑

上表列出了一些很常见的非理性信念，实际上还可以补充数百种。本书还将探讨造成痛苦情绪的其他信念。

1."应该"的滥用

我们一旦认为事情不是"可以"怎样，而是"应该"或"必须"怎样，就容易感到痛苦。埃利斯把这种缺乏弹性的看法称作"绝对化要求"（demandingness），意味着我们会本能地要求事情按照特定的方式发展。1939年，美国精神病学家卡伦·霍妮（Karen Horney）用"'应该'的滥用"（tyranny of the shoulds）来描述这一概念。"应该"是我们持有的关于世界上必须存在的事物的准则或信念。某些"应该"反映了我们对自己的预期，另一些则关注他人的行为和世界的形态。虽然并不是每个人都一定会刻板地思考问题，但大多数人经常持有一些会不时引发消极情绪的"应该"。

下面的很多"应该"都会使人陷入困境。你能找出影响你的那些信念吗？

· 我应该永远表现完美。

- 我应该从不犯错。

- 我应该始终有效利用时间。

- 我的人生应该轻松，没有烦心事。

- 我应该受到公平对待。

- 我应该始终掌控自己的生活。

- 别人应该始终做"正确"的事。

- 别人应该喜欢和认可我。

- 我应该苗条、年轻、有吸引力。

- 我应该有能力且高效地完成所做的每一件事。

- 比起现在来，我应该做更多事，获得更多成就。

- 我应该始终完全独立。

- 我应该永远积极、开朗和愉快。

- 我应该结婚或者有一段稳定的感情。

- 我应该有一个和睦、有爱、互相支持的家庭。

- 我应该做个完美的家长。

- 我应该性感又"性"致盎然。

- 我应该工作。

- 我应该有个体面工作。

- 我应该赚很多钱。

- 我应该机智又风趣。

- 我应该和其他人一样。

- 我应该有很多朋友。

- 我应该和我认识的最聪明的人一样聪明。

- 我应该永远对他人的请求说"好"。
- 我应该永远不害怕，永远有安全感。

这些信念会让我们感觉糟糕，因为我们的生活经历并不总能与之相符。例如，一旦我们说或做了一些别人不认同的事，"每个人都应该喜欢和认同我"这个信念就会受到冲击。我们可能不会像期望中那样年轻或苗条，也可能不会有高薪的工作和幸福的婚姻。我们可能无法像期望中那样聪明、机智或风趣。我们会时不时地犯错误，得不到大家的认可，表现不佳，麻烦不断，也会对朋友失望。我们越是坚信生活不该如此，就越会感到痛苦。

让我们不快乐的不是信念本身，而是对信念的僵化认知。如果只把信念当成一种参考标准，那它们就不会成为问题。如果我们仅仅希望事业成功、关系融洽、生活独立或者舒适，而不是认为必须如此，那么我们就不会感到苦恼。如果我们足够灵活变通，能够接受他人喜欢我们、做我们认为正确的事并与我们公平相待的情况不是必然会发生的，那么仅仅希望如此也是十分合理的。面对生活中接连的挑战，我们唯有灵活应对。当事情没能如愿时，我们如果执着认为事情不该如此，只会让自己感到痛苦。因此，我们可以选择以更灵活的方式思考来调整情绪，继续前行。

需要注意的是，有人过于看重说出口的话，却忽略了言外之意。简单地去掉"应该"或"必须"的说法并不会让我们的思维变灵活。重要的不是措辞，而是我们相信什么。实现灵活需要调整的是认知，而不仅仅是措辞。

2. 灾难化思维

埃利斯创造了"灾难化思维"（awfulising）一词，用来形容习惯性夸大生活状况中消极方面的倾向。这个概念也常被称作catastrophic thinking或catastrophising，意味着夸大我们所处状况的严重程度。无论我们面对的是小麻烦还是严重的问题，这样做都会造成与生活状况不相称的痛苦。我们用不理性的思维想问题时，像等人、和不喜欢的人相处、在别人面前出糗或者忘了某个约会等无关紧要的事情也会成为灾难。甚至像失业或车祸这样更严重的问题，也会根据我们不同的认知方式而引发轻度、中度或重度的痛苦。

"应该"和"灾难化"紧密相连，都是认知僵化的体现。当事情没有如期进展时，我们会感到苦恼，因为我们认定后果将是灾难性的。例如：

- 我必须做到完美——犯错误太可怕了。
- 大家必须喜欢和尊重我——不受他人认可太失败了。
- 我必须找到另一半——单身太糟糕了。
- 我应该身材苗条——超重太可怕了。

通过发展认知弹性，我们避免了灾难化思维，从而帮助我们应对层出不穷的小麻烦。

3. 监控你的思维

我们的思维就像内心的声音，反映着我们对世事的感知。我们常常意识不到自己的想法——它们在我们内心深处活动。但如果我们留意它们，往往也能察觉它们的存在。

很多想法都是中性的，几乎不带情绪，如："最好让猫进来""我需要回个电话""千万要记得去拿包裹""这双鞋和上衣配吗"。有些想法会引发明显的愉快情绪，如："我真的做得很棒""哈莉今天第一次试着走路了""这件事会很有趣的""那条狗真好看""他们人真好，我想他们喜欢我"。有些想法则会引发不愉快、恼人的情绪，如："我真是个白痴！我确实把事情搞砸了""我真不想这么做！太无聊了""他们一定觉得我很蠢""他又迟到了，他就没守时过"。消极或带有偏见的想法通常会引发不愉快的情绪，但由于想法多数情况下是无意识的，我们如果不刻意观察自己的想法，几乎注意不到它们。

刻意观察自己想法的行为有助于找出那些僵化、非理性或存在偏见的想法。有时候，仅仅是认识到自己的想法不合理，我们就可以换一种方式看待事情。其他时候，我们则需要通过监控思维来更积极地反驳这些不合理的想法。但无论如何，监控自己的思维都很有用，尤其是在感觉糟糕的时候。

> 萨莉跟朋友约好周六晚上出去玩，但朋友在最后一刻取消了约会。现在，萨莉已经来不及做其他安排了。她感到很沮丧，心想："其他人都出去玩得很开心，就我没地方可去，真丧气啊！"

朋友在最后一刻取消了约会，萨莉失望很正常，但她有必要感到沮丧吗？萨莉会无动于衷、失望、恼火、愤怒还是伤心，取决于她的认知。她感觉糟糕，是因为她相信：

- 周六晚上所有人都要出门逍遥快活。
- 我如果不出门，就落伍了。
- 我周六晚上必须出门，待在家里糟透了。

想要改变这种感受，萨莉就要了解自己的认知并挑战僵化思维。例如，她可以告诉自己："我喜欢周末出去玩，通常也会这么做。很多人周六晚上会外出活动，但并不是每个人都这样。我就算真和朋友出门了，也不一定会玩得很愉快。现在我没有出门，也可以看看电影、打打游戏。虽然今晚待在家里让人有些失望，但事情也没有那么糟糕。"

罗珊前段时间计划和男朋友出国玩，但两个月前她得了腺热，身体非常难受。现在，离出发日期只剩一周了，她还是没有力气和兴致出门。罗珊感到焦虑和愧疚，因为她不想让男朋友失望。她心想："我真不该这么做——他得多失望啊！"

虽然罗珊为自己不能履约而感到抱歉没什么不妥，但她有必要感到愧疚和焦虑吗？罗珊的信念包括：

- 约定好的事无论如何都不能变动。
- 我应该始终把别人的需求放在第一，永远不做任何会让人失望的事。
- 如果我让别人失望了，那我就是个不完美的人。

为了更理智地认识自己的处境，罗珊需要增强认知弹性。这将挑战她的某些"应该"观念，形成灵活的新观念，例如"我希望自己言出必行，通常情况下能做到，但有时确实没办法"。当然，这并不是说她男朋友的感受不重要。我们为在意的人妥协让步在人际交往中是很正常的，但世事难料，有时我们计划得再好，最终还是无法履行承诺。开诚布公的沟通以及灵活的思维会让罗珊更有效地管理自己的情绪，并维系健康的关系。

乔纳森刚刚读完高中最后一年。他一整年都很努力，一心想去大学学习法律。拿到成绩后，乔纳森发现自己的分数不够读法律系。他感到沮丧，心想："我苦学了整整一年，付出了这么多，却什么都没换回，真是白白浪费了一年！我的未来全毁了。"

乔纳森没能实现他梦寐以求的目标，感到失望是合情合理的。因为失望，加上对自己未来的思考，乔纳森在一段时间内会感到悲伤也没什么不对。但是，他会这么绝望，还是受到了自己信念的影响，其中包括：

- 我设定的目标必须达到。
- 我如果不读法律，就没有未来。
- 前一条的后果是灾难性的。
- 生活应该是公平的。我如果为一件事付出了努力，就该获得成功。

4. 有意识和无意识想法

虽然我们常常可以通过简单的观察来确定自己的想法，但有时实施起来并不那么容易。例如，在打开电脑准备写论文时，劳拉能感觉到越来越焦虑，但她完全没发现自己有什么具体想法。同样的情况，周五下午，布赖恩准备下班回家，尽管没在想什么，但他能感觉到自己的情绪急转直下。金妮第一次去看心理医生时感到很焦虑，她也没有特意去想些什么。虽然我们的想法并不总是有意识的，但我们通常可以找出它们引发的情绪（焦虑、悲伤、内疚、尴尬、担忧、愤怒）。这些情绪为破解我们的想法提供了线索。

> 无论何时，当你难以确定自己的想法时，试着这样做：闭上眼睛，问问自己："我现在是怎么了？"花两分钟观察你的内心世界——心理感受、身体感受、画面和想法。通常，这样做以后，藏在"思想背后"（即意识之下）的想法就会显露。

劳拉停下来审视内心，发现自己的想法是"太多的工作要做，时间却这么少"。布赖恩意识到他的想法是"周末到了，我却没什么期待"。而金妮在想"这位心理医生可能帮不了我，我可能永远无法恢复正常"。

你是否曾走进满是陌生人的房间，并感到越来越焦虑？在这种情况下，引发焦虑的会是什么样的想法（无论是有意识的还是无意识的）？

发现错误思维

在《抑郁症的认知疗法》（Cognitive Therapy of Depression）一书中，艾伦·贝克描述了一些会引发痛苦情绪的常见错误思维（错误推理）。这些思维在抑郁人群中尤为普遍。然而，即便不抑郁，大多数人也会不时犯这类推理错误。下面是贝克和其他研究者发现的一些最常见的错误思维的例子。

1. 非黑即白思维

非黑即白思维（black-and-white thinking）是一种以走极端而不考虑中间地带的方式看待事物的思维，例如，认为某人或某情况不是好就是坏，不是积极就是消极，不是成功就是失败。

非黑即白思维在具有完美主义特质的人群中尤为常见。在上文的案例中，乔纳森的想法"我如果不读法律，就没有未来"就是非黑即白思维的体现。乔纳森认定除了他的第一选择之外，任何选项都不可接受，于是忽略了这样一个事实：他的很多其他选择也可能带来不错的结果。

伊恩为一份报告忙了几个月，最终提交后却发现其中一节出现了一个错误。虽然这个错误没有造成严重的后果，他还是伤心欲绝。"我毁了那份报告。"他沮丧地想。伊恩的思维是非黑即白的，因为他的预设是"不达到百分百完美，就是一场灾难"。伊恩看不到这件事的中间地带——总体上说这份报告完成得不错。这让他感受到了无谓的痛苦，无法庆祝自己的成就。

*

萨莎把她认识的人分成两类——好人和坏人。每当有人做了她不认同的事情，萨莎就会把对方加到"坏人"名单里，然后从心里划掉。时间久了，她的"坏人"名单越来越长。萨莎忽略了这样一个事实，每个人都有积极面和消极面。就算有人做了让我们不快的事情，我们依然可以喜欢和接纳他们。萨莎的非黑即白思维带给她无谓的怨恨，阻碍了她交朋友并从社交中感受快乐。

2. 以偏概全

以偏概全（overgeneralising）指的是根据有限的证据，对自己、他人或生活状况得出消极的结论。有时候，仅仅一次经历就足以让我们开始用"总是""从不""每个人"来思考问题。例如："每次事情要有转机了，就会出问题""我每次尝试沟通都毫无进展""我总把事情搞砸""过去10年间我一无所成""我在工作和人际关系上都失败透了"。

儿子上高中时，汉娜担心儿子吸毒，结果他的确开始吸毒了。从那时起，汉娜就开始相信自己的担忧都是有道理的。她对朋友说："我的恐惧都变成了现实，所以我的担心都是对的。"仔细想想就会发现，这显然是以偏概全的表现。尽管汉娜对儿子吸毒的担忧成真了，但她担心的事情99%以上都没有发生。

*

在过去10年里，希瑟有过三段长期恋情，每次都以分手告终。第三次分手后，希瑟的总结是："我真是谈不了恋爱。男人不能信，都一个样！"这种想法让她很沮丧。对希瑟来说，虽然审视之前的恋情中存在的问题并尝试从中吸取教训没什么不对，但以此断定她缺乏恋爱的能力却太简单粗暴了。承认并非每一段恋情都是她被甩（有一些是她提出分手的），以及并非她认识的所有男人都不值得信任，对她会更有帮助。

*

自从两年前婚姻破裂，德西雷就不再和大多数已婚朋友来往了。这一切始于有人告诉她，她的一位女性朋友认为德西雷在和自己的丈夫调情。在起初的愤怒后，她得出结论："我单身以后对女性朋友造成了威胁——她们认为我会偷她们的丈夫。"这种偏颇想法使德西雷放弃了几段友谊，让她感到很孤独。

3. 对人错觉

当出现对人错觉（personalising）时，即使有些事并不是我们的错，我们也会认为责任在自己。或者，我们会默认别人的反应是针对自己的。

在玛吉举办的晚宴上，有一位客人整晚都很安静，似乎不太开心。玛吉费尽心思想让他参与进来，但成效不大。玛吉觉得这是自己的错。

*

罗谢尔的一位同事和她在办公室里遇见时很少会打招呼，让她感到很不爽。她从来没有想过，这位同事有严重的社交焦虑，他这么做是由于胆怯，而不是对罗谢尔不满。

*

格伦达的父亲去世一年间，她的母亲一直闷闷不乐。格伦达每次和母亲说话时都很内疚，觉得她不开心都是自己的错。虽然格伦达已经在尽己所能地支持母亲，但她仍然觉得自己有责任彻底驱除她的痛苦。

*

凯莉的丈夫性欲低下，她认为这是自己的问题，心想："他显然是觉得我没有吸引力。"事实上，她丈夫的问题是由衰老和降压药这类生理因素导致的。此外，凯莉对这个问题的敏感让她丈夫感到焦虑，进一步抑制了他的性欲。

我们在遭受粗暴的对待后，就更容易产生这种错觉了。

弗兰克的老板因为一些小事粗暴地训斥了他，让他很不愉快。尽管一开始弗兰克认为老板针对自己，但后来他意识到老板承受着巨大的压力，他爆发的愤怒反映的其实是他自己的脆弱。因此，弗兰克一如既往地支持他的老板，并在之后获得了老板的认可和赞赏。

对那些粗暴无礼的人，人们很容易感到愤怒，与其针锋相对，或是直接拒绝与其来往，要理解他们就更难了。认识到他人的行为在很大程度上反映了他们自己的个性和精神状态，并选择不因此生气，需要洞察力和认知弹性。这样做也会带来巨大的好处，比如长期、健康的人际关系。

4. 消极滤镜

对自己、他人和世界的消极信念会让我们无法公允地看待自己的经历。例如，我们会只关注消极因素，忽略了其他所有相关信息。如果事情印证了我们的偏见、不安和恐惧，大脑就会很快警觉，反之则会被过滤出去。所以，你如果生性焦虑，就会关注世界对你存在恶意的证据，而忽略与此不符的信息。你如果属于低自尊人群，就会留意所有表明你不称职或不受欢迎的事件，而忽略那些证明你有能力、有价值的事件。你如果相信这个世界充满敌意和冷漠，就会留意证实这一观点的信息，过滤掉所有证明世人善良的信息。

拉娜是一家大型制药公司的销售代表。尽管她聪明、精力充沛又有能力，她的自尊心却不强，这使她无视自己的长处和取得的成功，而是把注意力放在自己的弱点上。例如，得知自己的销售业绩全州最高后，她把这归功于运气，但偶尔犯了个错误或任务完成得不太完美时，她却会觉得自己不称职，纠结好多天。

*

最近，丽塔第一次接受了电台访谈。制片人随后告诉她，访谈很顺利，特别是对第一次出镜的人来说。丽塔没有因为正面的反馈而感到高兴，相反，她觉得很低落。在她看来，这个评论的重点在于她缺乏经验，是在暗示她不够好。丽塔选择关注"第一次出镜"而忽略了其他反馈，于是将评价理解为批评而非赞美。

*

西尔维奥给同事们做了一次展示，进行得非常顺利。他收到了40个正面评价和两个略带批评意味的评价——后者让他很失望。他不停地想着这两个评价，对自己的表现不再满意。

5. 妄下消极结论

我们很多人倾向于从各种情况中得出消极结论，无论支持这一点的证据多么有限。当事情出了问题，我们会设想最坏的情况，或者从最消极的角度解读他人的言语或动机。

乔治感到压力时就会胸闷。虽然无数次医学检查表明他并没有心脏病，但他条件反射的想法依然是"我的心脏有问题"。

*

妮基已经近两周没有收到同事琳达的消息了。她们之前交流很多，妮基觉得琳达一定是生她的气了，因为她想申请一个琳达也感兴趣的职位。她越是这么想，就越感觉烦心。妮基生了几天闷气后，琳达终于给她打电话，解释说自己的女儿住院了。

*

罗谢尔为了写论文，需要对一定数目的单亲妈妈进行调研。她向某个为单亲妈妈服务的网站发送了两封邮件，介绍了自己的项目，希望网站能推荐合适的单亲妈妈参与调研。罗谢尔没有收到回复，从而得出结论：这个网站显然对研究人员怀有敌意，不想提供帮助。而她后来发现，这个网站是由志愿者运营的，经常几天甚至几周都没有人打理。

6. 主观臆断

主观臆断（mind reading）是一种草率得出结论的特殊方式，建立在我们对他人的揣测的基础上。我们会对他人的评价做出消极解读，尽管并没有任何证据支撑这点。

和老朋友莱斯叙旧时，西蒙妮表现得异常安静。莱斯注意到了这点，便问她是否还好。西蒙妮却将其理解为莱斯对她感到厌烦，因而得出结论：只有她聪明又活泼，莱斯才愿意和她交往。另一方面，莱斯感受到西蒙妮的疏离态度，猜想她一定是在生自己的气，可他不知道做错了什么，因此认定西蒙妮对他的态度不公平。两个人都在暗自揣测对方的心思，已经近一年没有说话了。

主观臆断他人想法经常导致类似情况发生。这种思维不仅会带来糟糕的情绪，还会促使我们以自我挫败的方式行事。

莱恩非常想谈恋爱，但当朋友建议他试试网上征友时，他吓坏了，对朋友说："如果我认识的人看到我的资料，怎么办？他们会觉得我走投无路了！"此外，莱恩讨厌参加聚会或社交活动，他总觉得大家都盯着自己，苛刻地对他指指点点。事实上，正常情况下没有人会注意到莱恩，也没有人对他有任何想法，但莱恩认定人们在对他评头论足，这导致了他的自我挫败行为——他错过了那些可能让他如愿的机会。

*

普鲁容易脸红，这其实不是个问题，但她认为别人会注意到这件事，并觉得她有毛病。正是普鲁担心大家会注意到她脸红、觉得她奇怪的念头助长了焦虑，导致她经常脸红。

我们主观臆断他人想法和自以为来自他人的消极评价是造成社交焦虑和恐惧的主要原因。我们常常觉得旁人在打量我们、苛刻地评判我们，但事实上大多数人（直系亲属和朋友以外）根本不会注意或过多地关注我们。在旁人心中，我们并没有那么重要，正如在我们心中他们也没有多重要一样。

7. 指责他人

生活会时不时出状况。他人会让我们失望，无法预料的灾祸也时有发生。有些人更容易承受失望并接受没有人十全十美的事实，而另一些人更容易因为他人犯错而指责他们。这种指责通常过于简单化，因为指责者没有看到，是很多人力不能控制的因素造成了这些结果。指责会让人把精力浪费在愤怒、痛苦和怨恨上，从而阻碍自身复原。

在过去的25年里，玛丽一直觉得自己被不幸的婚姻困住了。她在婚后的大部分时间里都在指责丈夫没有给她带来幸福。可惜，指责没有帮她解决婚姻中的问题，只会让她怨愤。玛丽选择了维持这段婚姻。她如果能接受丈夫的不完美，和他沟通，鼓励他改掉那些自己不喜欢的习惯，并关注婚姻的积极方面，情况会好得多。

*

被公司解雇2年后，哈罗德依然在指责自己供职了6年的这家公司。虽然实际情况很复杂，但在哈罗德眼里，管理层对他怀恨在心，毫不感激他这么多年的忠心服务。对哈罗德来说，短期的愤怒或悲痛合情合理，但不停指责并耿耿于怀却只会产生相反的效果。这种想法并不能改变他的处境，只会剥夺他内心的平静。只有接受了过去并开始规划未来，他才能走出情绪的困境。

8. 贴标签

每个人都会犯错。我们都会时不时做傻事，总有些事是我们不擅长的。我们都会时不时做错事，如失言、行为对他人产生消极影响、工作表现糟糕、忽视健康问题、财务决策失误或未能实现目标。

我们如何看待自己的错误或缺陷，反映了认知弹性有多强。有时候，告诉自己"那么做太蠢了，我要更小心才是""一说到打扫房间我就犯懒""我的记忆力不像以前那么好了"是合情合理的。虽然这些想法承认了错误和缺点，但它们是具体而非笼统的，所以不会造成问题。

相反，如果给自己贴上"白痴""失败""丑陋""一无是处""愚蠢""懒惰""废物""无能"的标签，就是根据具体的行为给自己下了笼统的定义，从而削弱了自尊，并引发羞耻、自我厌恶和欠缺感等消极情绪。贴标签是以偏概全的极端形式，因为它忽略了一个事实——人是特征和行为的复杂混合体，不能只用其中一个或几个来定义。

有些人倾向于给自己贴标签，另一些则倾向于给别人贴标签——"那人是个混蛋""我的老板是个白痴""我的小姨子是个贱货""那个政客是个卑劣的家伙"。给别人贴标签和给自己贴标签一样不合理，都是在用特殊的行为或特征概括整个人。给别人贴标签也是一种自我挫败的做法，因为这种行为助长了怨恨的情绪，浪费了我们的精力，让我们更难与人相处。不过，这并不意味着我们永远不该评判他人的行为。正如我们对自己的行为的审视一样，我们完全可以认为某个人的行为不合理、不公平、不道德或愚蠢。重要的是，我们不能以偏概全。

文斯因为家庭问题和妻妹发生了争吵，从此把她视为敌人。这种贴标签的行为导致了一些消极后果，包括给妻子带去了压力，在家庭间制造了紧张气氛，还让两人在见面时感到尴尬。他的孩子也因此失去了和表亲来往并享受大家庭氛围的机会。

*

克里斯蒂娜在一家律师事务所工作了6个月。那里实战经验匮乏，氛围也很冷漠。因为培训不足，又没有得到指点，克里斯蒂娜在一些项目中出了错，受到了上司的批评。最终离开这家律所时，她觉得自己不称职，是个失败者。她以这种方式给自己贴上标签，进一步削弱了信心，也使自己很难找到新工作。

当事情进展不顺时，评估状况并客观地反思原因是有帮助的。不给自己贴上失败的标签，而是找出导致我们不良体验的因素，能让我们从经验中学习（另见第七章），而不是削弱自尊。

9. 杞人忧天

有些人习惯性地关注消极的可能——失败、拒绝、损失、痛苦或灾难。在心底，他们常用"要是"等典型表达来反复纠结他们预想中的灾难性后果："要是我丢了工作，付不起账单，该怎么办？""要是我在所有人面前出丑，该怎么办？""要是我生病了，不能履行承诺，该怎么办？""要是我谁也不认识，也没人跟我说话，该怎么办？""要是我找不到地方停车，该怎么办？"专注于事情出错的可能性，会让我们当下感到焦虑，无法充分投入身边的活动中。

布伦达是一名室内设计师。当一些客户没有及时付款时,她会立即假设客户要违约,并开始想象最坏的情况。尽管几乎所有客户最终都会付款,布伦达还是会迅速想象出争吵、诉讼和威胁的场景。这就使她产生了焦虑,分散了对当前项目的注意力。

*

在告诉一个同事自己患了乳腺癌后,简开始担心起来。尽管她要求同事不告诉任何人,但她仍然担心其他人会发现。晚上,她辗转反侧,心想:"如果她告诉别人,那大家就都知道了,然后就会传到管理层那儿。他们会认为雇用我有风险,就不会再重视我了……这会影响别人对我的评定……"

*

特雷弗的肌肉间歇性抽搐,但他害怕去看医生,因为他担心这可能是一种严重的神经系统疾病。

事实上,世界上充满了不确定。布伦达、简和特雷弗担心的事情可能会发生,只不过可能性很小。由于高估了不良结果的可能性,他们感到担忧和焦虑,无法放松情绪。这里的难点在于学会和不确定性共处,尤其是那些我们无法控制的事情。这意味着我们承认不好的情况可能发生(尽管大多数时候不会发生),但同时也要认识到即使发生了,我们也能应付。

10. 攀　比

很多人通过与他人攀比来评价自己的地位、成功和个人价值。这种比较对象可能仅限于身边的群体，如朋友、家人、同龄人或同学，也可能涉及更广泛的群体，包括富有而知名的公众人物、商业巨头和政治家。攀比会让我们察觉自己的欠缺，因为总有人在某个领域做得比我们更好。

米娅兴奋地准备盛装出席公司举办的圣诞晚会。可在到达后，她却感到很沮丧。一些女士看起来非常迷人，顿时她觉得自己毫无吸引力。雪上加霜的是，她的一个同事瘦了10千克，看上去棒极了！

*

读到国内顶尖企业家的财富不断增长的消息时，雷蒙德不禁感到愤恨。这感觉就像是有人在他的伤口上撒盐，说："你一辈子都赶不上！"

*

在朋友的婚礼上听完新郎家人热切的祝词后，索尔离开了，感到深受打击。"这才是家人该有的样子，"他心想，"我的家根本不正常！"

*

马蒂4年前被诊断出癌症。最近，她听说一位著名的电影明星死于癌症，于是慌了起来，很害怕就要轮到自己了。

11. 公平错觉

人人都希望世事公平，然而我们并不生活在这样的理想世界里。事实上，生活中的许多事都是不公平的，坚信它们应该公平会让我们产生愤怒和怨恨。

鲁珀特刚刚被告知，由于公司重组，他需要搬离原来的办公室，而一名同事会搬进来。鲁珀特对这一不公正的决定感到愤怒。自从获得这个职位以来，他一直勤勤恳恳，凭什么要他搬走？

*

拉莫娜的哥哥经常从年迈的父母那里获得钱和帮助，却几乎没有付出什么，拉莫娜对此感到愤愤不平。尽管她多次表示反对，但她父母认为，她的哥哥无法自食其力，需要帮助，而她有能力靠自己生活得很好。

*

斯黛拉不久前在花园里种下的两株漂亮的兰花被人偷挖走了。她气疯了。

对不公的事情感到愤怒是合理的，但持续的怨恨会让我们的生活变得悲惨。有时我们需要接受生活是不公平的这个事实，从而把注意力集中在能控制的事情上。我们只能控制一部分事情，而不是所有。我们要做的是学会分辨哪些是可以控制的。

12. 马后炮

我们回顾过去的所作所为时，会发现有些行为导致了消极的后果。我们可能会告诉自己，当时就应该知道所做的决定是错误的，当时如果选择了其他做法，现在会更快乐。这种"后见之明"指的是我们回顾过去时觉得自己应该或本可以做的事情。

马后炮是一种非理性思维，因为我们的一切做法都建立在有限的信息和意识的基础上。我们任何时候做的决定都会受到当时掌握的信息的限制。我们不是神算子，无法预知自己行为的后果，因此，认为我们本该采取其他做法是没有意义的。

另外，我们是在假设不同的选择会带来更好的结果，但我们怎么知道呢？我们永远不会知道选择另一条路会有什么结果，因为我们没有选择它。很多行为的结果都不可预见，所以我们无法得知不同的选择是否会带来更好的结果。

> 安迪很后悔选择学习法律，因为他目前的工作压力很大。他确信，如果成为一名作家，他会更快乐，因为他一直梦想成为作家。现在，他经常自责没有按直觉做出选择。"为什么当时我没有按自己想的做？不然我现在会开心得多。"

*

> 塞莱娜常常想，如果她没有嫁给斯蒂芬，生活会是什么样子。"我

那时候有那么多选择，为什么偏偏选了他？"尽管他们已经结婚30年，现在离开也已经太晚了，但自己本可以过上更好的生活这个想法还是在她脑中挥之不去。

*

莫迪常无法决定点什么菜。他不管点什么，到头来总会后悔。吃到一半的时候他会想："我应该点鱼而不是牛排。"

练习 2.1

请用下面的例子做练习：

a. 找出导致痛苦的错误思维模式（如非黑即白思维、对人错觉、杞人忧天）。

b. 找出"应该"的滥用或僵化信念的例子（参考答案见书后）。

1. 乔的女儿刚结束了一段痛苦的婚姻。乔不禁想，如果自己这个母亲当得更好些，女儿就会做出更好的选择，现在也会更幸福。

2. 在一场社交晚宴上，海伦说了句蠢话。她立即意识到这很傻，并感到很后悔。海伦对那天晚上的记忆只有那句话，它把她整个晚上都毁了。

3. 凯是个活泼、有趣的人，但是她常感到自卑，因为和她的朋友不一样，她很早就离开了学校，没读过大学。

4. 保琳供职于一家大公司。这家公司目前正在重组，因此她感到非常焦虑。她认定自己会被裁掉，而且再也找不到工作。

5. 回顾此前的生活时，托马斯只看到一连串失败和拒绝。

第二章 识别错误思维 | 45

6. 彼得是一名音乐家。在最近的表演中，他感到自己无法调动起观众的兴趣，因此认为这场音乐会是一场彻头彻尾的灾难。

7. 一名老师评价贾罗德9岁的儿子"容易分心""学习不努力"。贾罗德想象到儿子长大后游手好闲、找不到工作、终生啃老的情景，忧心忡忡。

8. 格蕾塔对20年前不要孩子的决定耿耿于怀。她相信如果自己当初生了孩子，如今一定幸福得多，但现在已经太迟了。

9. 康在社交焦虑时会出很多汗，尤其在不熟悉的场合。出汗进一步加重了他的焦虑，因为他认为别人会注意到这一点，并认定他有什么问题。

10. 比尔两次创业都没有成功。他认为自己是个失败者，认定自己从来没有取得过任何有价值的成就。

11. 弗雷德的朋友告诉他，自己刚刚投资了一处不错的房产。弗雷德很沮丧，因为他根本没钱投资。

12. 萨莉觉得她的某个同事是个白痴，并因此毫不尊重他。在萨莉眼里，这位同事没有一句话是对的，没有一件事做得不蠢。

13. 特里邀请了几个朋友参加生日聚会。有两个朋友因为已经有其他安排而拒绝了，特里觉得很伤心，心想："他们显然是不想来。"

14. 妮娜和布赖恩的婚姻经历了一段艰难的时期。虽然在接受一些婚姻咨询后，他们的关系有了很大的改善，但他们偶尔还是会争吵。每当这种情况发生，妮娜就会立刻觉得过不下去了，咨询也是浪费时间。

15. 诺拉在一家大公司做了4年的财务经理。因为和上司发生了争执，诺拉一气之下离开了公司。这极大地削弱了她的自信，让她对自己是否有能力做好工作产生了怀疑。

16. 罗德尼头疼 3 天了，他担心自己得了脑瘤。

17. 梅拉妮因为没有做家务而感到内疚。当她丈夫开始打扫房子时，她生起气来，觉得丈夫是在责怪她。

18. 为了阻止邻居加高他们的住宅，杰森与地方政务委员会进行了一场旷日持久的斗争，可最后还是失败了。杰森气疯了。

19. 托尼非常后悔过去 20 年来自己一直四处旅行，毕竟他回来时已经 40 多岁了。他的大多数朋友此时都有了孩子和稳定的工作，而他却什么都没有。他一直在想："我当初选别的路就好了。"

20. 塔玛拉最近有些心不在焉。今天她把阅读用的眼镜和钥匙放错了地方，上周还弄丢了医生的引荐信。她沮丧地心想："我这些天什么也记不住，脑袋完全是空的。"

21. 罗威娜觉得，如果她开车时在脑中想象一个停车位，到达时就一定会找到。每当她快速找到停车位，这一信念就会得到强化。她开车转悠很久才找到一个停车位的情况也有，却被她忽略或遗忘了。

22. 一次集体晚餐上，安娜贝尔注意到她的朋友非常安静，因而推断他一定不喜欢这次聚会。实际上，她的朋友最近胃病犯了，当时正觉得不舒服。

23. 德斯认为他与前妻离婚时的财产分配不合理，并一直对此耿耿于怀。

24. 有人建议罗格里奥参加线上自助项目来治疗抑郁症，他心想："这对其他人可能有效，但对我没用。"

小　结

◇ 消极、偏颇或不合理的信念会导致愤怒、沮丧、内疚、焦虑和抑郁等令人不安的情绪。这些信念常常变成我们心中僵化的规矩，让我们认为事情就该如此。

◇ 消极的信念会让我们感觉糟糕，促使我们以自我挫败的方式行事。

◇ 大多数人都有特定的思维模式，不必要的痛苦因此产生。这些模式通常被称作"错误思维"或"错误推理"，包括灾难化思维、非黑即白思维、以偏概全、对人错觉、消极滤镜、妄下消极结论、主观臆断、指责他人、贴标签、杞人忧天、攀比、公平错觉和马后炮。

◇ 如果我们想进一步发展健康的思维模式，那么找出那些导致不愉快情绪或自我挫败行为的思维方式是很重要的。

第三章

反驳消极认知

……在一个不快乐的世界里，我们也可以拥有自己的快乐。的确，这种快乐当然不会像在一个快乐的世界里的快乐那么快乐。我对此并没有什么疑问。但是，即使身处糟糕的环境，你依然可以选择开心地生活。这是可以做到的。在这个疯狂的世界里，对抗非理性并努力快乐本身就是件对你很有益处的事。它会给你带来挑战，有趣，值得一做，还能帮助你……只要下定决心去做，你就可以保持相当程度的快乐。

——阿尔伯特·埃利斯1974年的演讲
"非理性世界中的理性生活"

了解自己的想法对我们很有帮助。留意和标记非理性信念（如"我又觉得别人针对我了""我在脑补别人的心理""我又随便下消极结论了"）的习惯有助于我们更理性地看待事情。此外，学着反驳消极认知并找到更中性的视角看问题，也能帮助我们培养更健康的认知方式。现在，我们来看一些具体的反驳技巧。

逻辑反驳

不良情绪通常是由不变通、不现实或非理性的信念引起的。对抗这种思维的方法之一就是逻辑反驳。逻辑反驳包括挑战僵化信念（即"事情必须如此"的假设）以及找出更中性的视角。以下是一些逻辑反驳性陈述的示例，可以用来反驳第二章中列举的常见非理性信念。

非理性信念	逻辑反驳性陈述
我必须得到所有人的喜爱和支持。	我希望大家喜欢我，但这不现实。我能接受有些人不喜欢我，正如别人能接受我不喜欢他们一样。
我做什么都必须做好、做出成绩。	有些事我可以胜任，但有些不行。我可以努力提升技能，但不必样样精通。
世界应该是公平的，我应该永远受到公平对待。	我希望世事公平，但也明白世界充满了不公。不公平的事情很多，我难免会遇到。
别人的看法和做法应该跟我的一致。	别人的价值观和信念可以跟我的不一样。他们偶尔也的确会说我不爱听的话，做我不赞同的事。别人总是做我认为正确的事当然好，但他们没有理由一定这样做。
某些人就是坏，他们应该因为自己的行为受到谴责。	人有时候会行为失当或考虑不周。我可以批评不好的行为，但没必要指责他们的人品。
如果我搞砸了什么事，我就是个失败者、蠢货。	每个人都会犯错误或做傻事，但这并不意味着我们是失败者。我一生中做了很多事，仅仅因为某些行为就给自己贴标签，是不合理的自我挫败行为。
我应该要什么有什么。生活应该是舒适的。我不该经历这样的困境。	一切顺利当然很好，很多时候也确实挺顺利的，但我没理由认定事情一定会顺利。生活中遇到些麻烦很正常。

续表

非理性信念	逻辑反驳性陈述
事情没有按我预想的来,真是糟透了。	事情不按我的期望进行确实令人失望,也造成了不便,但很少会"糟糕透顶"或"大难临头"。
比起直面并解决问题,逃避更容易。	短期来看,逃避问题或许更容易,但这不是长久之计。大部分情况下,走出舒适区、直面问题并试着解决它才是有用的。
不幸是由生活状况造成的。状况没有改变,我就不可能开心。	即使事情进展不顺利,我也可以有好心情。生活由方方面面构成。就算我在某些方面面临着重大挑战,也还是可以在其他方面享受生活。
如果有可能发生不好的事情,我现在就应该开始操心了。	纠结我无法控制的事情并不会改变结果,只会引发焦虑。我可以选择在事情真的发生后再处理,而不是猜测会不会发生什么。
每个问题都有一种正确的解决方法,我应该把它找出来。	大多数问题的解决方法并不是唯一的,而是有很多选择。我只能根据当时掌握的信息做出决定,而且通常没有明显的最佳选项。

1. 写下反驳

本书将列举大量的事例,说明如何从逻辑角度反驳消极、错误的思维。有些认知相较其他更容易推翻;那些并不太根深蒂固的认知,想一想就可以理顺。不过,大多数想法和信念,我们需要写在纸上才能更有效地反驳。找出并写下造成痛苦的认知,然后写下反驳这些认知的理由,就可以把模糊的想法变为清晰的概念。写下来的行为增加了额外的处理过程,从而强化了新的视角。重读反驳理由有助于巩固新的认知。理性陈述的书面记录也可以作为今后的参考。

2. 使用思维监控表

思维监控表是反思和理清认知的有效工具。不同类型思维监控表的设计和复杂程度各不相同。我推荐的这种监控表为找出和反驳信念与想法留出了位置，还可以记录积极行动，从而鼓励解决问题。

你的思维监控表

情况	
感受	
想法	
信念	
错误思维	☐ "应该"的滥用　　☐ 妄下消极结论 ☐ 灾难化思维　　　☐ 主观臆断 ☐ 非黑即白思维　　☐ 指责他人 ☐ 以偏概全　　　　☐ 贴标签 ☐ 对人错觉　　　　☐ 杞人忧天 ☐ 消极滤镜　　　　☐ 攀比 ☐ 公平错觉　　　　☐ 马后炮
反驳 中性的看法是怎样的？ 如果是朋友遇到这种情况，我会怎么劝他们？	
积极行动	

3. 积极行动

虽然积极行动并不总能解决问题，但考虑可能的解决方案还是很重要的。有时，我们可以做点儿什么来解决问题，或减轻问题的严重性。其他时候，我们的最佳做法就是改变对状况的看法。也有时候，我们要二者兼顾。下面是一些使用思维监控表来反驳消极认知的例子：

在忙碌的一周中间，伊丽莎白发现自己的钱包不见了。她焦虑又绝望。"这真是场灾难！"她对自己说，"里面有那么多重要的东西！"那天晚上，伊丽莎白在深深的忧虑中入睡。第二天，她决定掌控自己的思维。这意味着要解决问题，并挑战那些让她遭受情绪困扰的灾难性想法。她填写了如下思维监控表：

情况	我发现钱包丢了，里面有我的信用卡、驾照、现金和其他重要东西。
感受	恐慌、绝望、心悸、胸闷、忐忑不安
想法	这是场彻头彻尾的灾难！什么都没了。糟糕的情况会一直持续，我应付不了。
信念	眼下的情况糟透了——永远也解决不了。事情本该一直顺利进行。出了问题以后，我应付不了。
错误思维	灾难化思维、杞人忧天、"应该"的滥用
反驳	钱包丢了确实很不方便，有很多问题要解决，但这不是一场灾难。烦恼是生活中无法避免的。我需要集中精力解决问题。我可以一步一步来。
积极行动	着手解决问题：报警；联系银行冻结信用卡；改变每月还款方式；写一份待办清单并按步骤做。

仔细考虑自己的处境后，伊丽莎白发现她遇到了两个难题：一个是丢

钱包这件事本身和所有随之而来的麻烦，比如要跟银行、保险公司和其他机构交涉；另一个是她自己的灾难化思维（"这完全是场灾难"等）带来的恐慌、激动、沮丧和绝望。后者才是她饱受困扰的原因。伊丽莎白意识到，她如果能管控自己的情绪反应，就可以处理眼下的麻烦，而不必承受痛苦情绪带来的额外负担。经过一番较量，伊丽莎白成功减轻了她的第二个难题——灾难化思维带来的痛苦，这使她更容易专心解决第一个难题。

索尼娅的丈夫唐有了外遇，于是他们一年前离婚了。索尼娅一想到会在社交场合或唐周末来接孩子时跟他碰面，就会感到焦虑。她决定挑战那些让自己脆弱的无用认知，于是在思维监控表上这样写：

情况	我要去参加克里斯蒂娜的派对。唐和他的新女友很可能在。
感受	焦虑、忐忑不安、持续紧张
想法	人们一眼就能看出我紧张不安。他们会可怜我，唐则会觉得我很可悲。
信念	我必须让所有人看到我应付自如。如果我看起来不自在，大家就会对我指指点点。
错误思维	杞人忧天、主观臆断、"应该"的滥用
反驳	尽管我觉得不自在，但这对别人来说并没有那么明显。大多数人注意不到，也不会在意。 即使有些人发现我看起来不自在，他们也不会大惊小怪。在那种情况下，我感到不舒服很正常。大多数人都是支持我的。 唐怎么想已经不重要了，他不再是我生活的一部分。
积极行动	打电话给埃丽卡，问问她和乔能不能来接我，这样我就不用一个人去了。告诉他们，派对上我可能会变脆弱，需要他们的支持。

史蒂芬年迈的父亲从英国写信给他，让史蒂芬去看他，但史蒂芬因为经济紧张没有去。之后不久，他父亲就去世了。史蒂芬因为没能去探望父亲而非常内疚。他在思维监控表上这样写：

情况	重读了父亲写的最后一封信，我哭了。
感受	非常内疚和悲伤，内心沉重，提不起精神。
想法	天啊，他叫我去的时候，我怎么就没去呢？我去了他会很高兴的。我真是太差劲了。
信念	家人要求我做什么，我就一定要做到。我应该始终把别人的需求放在第一位。我应该预见到所有可能的意外情况，并采取相应的行动。
错误思维	"应该"的滥用、自责、马后炮
反驳	从现在来看，那时候去看他可能是件好事，但我当时并不知道。我当时只能根据有限的信息做决定。 我试着尽可能满足家人的需求，但我做不到始终对所有人有求必应。有时考虑一下自己的需求是正常的，这并不意味着我是个自私的人。 我和父亲的关系很好，他去世前没能见上一面并不会改变这一点。
积极行动	把父亲去世前我想对他说的话都写下来。跟桑德拉谈谈。

皮特是一家运营良好的营销公司的总经理。最近，公司业绩下滑了，他对一些销售人员的不负责和不敬业感到愤怒，于是在思维监控表上这样写：

情况	销售额连续三个季度下滑。
感受	愤怒、沮丧、肌肉紧张、胃部发紧
想法	我的员工是一群懒蛋——很多人都是！ 他们浪费了太多时间，对工作毫不投入。他们一点儿都不上心。

续表

信念	每个人都应该像我一样有职业道德，干劲十足。
错误思维	贴标签、以偏概全、"应该"的滥用
反驳	我希望他们更勤奋，但期望每个人都以我的标准做事并不现实。 有时我对他人要求过高。 我可以想办法提高他们的积极性。
积极行动	彻底检查并确定销售额下降的原因，并想办法激励销售团队。

练习 3.1　练习逻辑反驳

阅读下列例子，写下能够推翻消极想法和信念的逻辑反驳性陈述，以及可以采取的积极行动（参考答案见书后）。

被忽视的生日

情况	我生日那天，老公什么表示都没有。
感受	受伤、生气、激动、紧张
想法	他不在意我。
信念	生日很重要。如果他爱我，就会做点儿什么。
错误思维	妄下消极结论、以偏概全、"应该"的滥用、非黑即白思维
反驳	
积极行动	

沮丧的公务员

情况	我本打算今天完成报告，却浪费了很多时间处理不重要的事情。
感受	沮丧、焦虑、生自己的气、心跳加速、胸闷
想法	真是无药可救！我浪费了一整天，什么都没做。
信念	我应该始终做到有效利用时间。浪费时间的后果会很可怕。
错误思维	贴标签、非黑即白思维、"应该"的滥用、杞人忧天
反驳	
积极行动	

被遗忘的早餐

情况	我和一个朋友约好出去吃早餐，但睡过头以后就把这事忘了。我想起来的时候她已经出门了。
感受	内疚、焦虑、身体紧张、忐忑不安
想法	她一定生我的气了，觉得我很差劲，这会毁了我们的友谊。
信念	我应该永远靠得住。让别人失望太糟糕了，后果会很可怕。
错误思维	妄下消极结论、"应该"的滥用、杞人忧天
反驳	
积极行动	

第三章 反驳消极认知

4. 去灾化

"灾难化"一词体现了人们夸大自身情况的消极后果的倾向。它让我们觉得自己经历的情况真是灾难性的，但大多数情况不过是不够理想或令人不快罢了。事实上，如果我们用灾难化思维思考，什么情况都可以被当作一场灾难。把生活经历灾难化会让我们极度焦虑、沮丧、内疚、尴尬、抑郁或怨恨。

这并不是说没什么情况称得上灾难。有些事确实很糟：身患非常痛苦、愈发严重的不治之症；成为残忍袭击的受害者；因为意外事故痛失所爱或落下严重残疾。如果将灾难程度分为100个等级，这些情况很可能处在80~100之间。

可是，我们生活中的多数消极情况并没有那么糟糕。大多数人承认，绝大部分让自己心烦的事情的灾难程度通常在0~20之间。如对我们喜欢的人说了蠢话、错过了航班或丢了合同之类的事情，尽管当时可能感觉是场灾难，但长远来说，后果往往没那么严重。而当我们动用了灾难化思维，我们经历的情况就好像真的很可怕了——大概能达到100。这才是问题所在。

我是否把情况灾难化了

下面列出的一些简单的问题可以帮助你正确看待事情：

◇ 我以前有过这种感受吗？我判断失误过吗？

◇ 5年后这件事还要紧吗？

◇ 如果将灾难程度分为100个等级，这件事有多糟？

◇ （想想你认识的非常积极的人）他们遇到这种情况会怎么想？

◇ 这种情况是我能控制的吗？我能做些什么？
◇ 这种情况有没有好的方面？有没有让我觉得庆幸的地方？
◇ 我可以从这次经历中学到什么？
◇ 最坏的结果是什么？最好的和最可能发生的呢？

5. 苏格拉底式提问法

有些消极的想法是很容易反驳的，只要我们能认识到自己的想法不切实际，就可以舒缓情绪。而有些时候，我们要质疑想法的正确性。苏格拉底式提问法（Socratic questioning）得名自古希腊哲学家苏格拉底，他是个习惯提出挑衅性问题来挑战人们对世界主观认知的人。苏格拉底式提问的目的是用逻辑审视我们的想法，找出与事实不符的地方，并提出更合理的观点。

根据情况，苏格拉底式提问可以有不同的形式，以下是在多数情况下适用的一般性问题。这些问题需要根据客观证据而非依靠直觉回答，因此有时被称为"现实性验证"。当我们妄下消极结论或做出不合理假设时，这些问题尤为有用。

现实性验证

1. 事实是什么？
2. 我的主观想法是怎样的？
3. 哪些证据支撑了我的想法？
4. 哪些证据与我的想法矛盾？
5. 我犯了哪些思维错误？
6. 我还可以怎么想？

在一次公司组织的早茶活动上，罗德尼遇到了一件烦心事。罗德尼听说一个同事要离职了，于是自告奋勇去买奶油蛋糕。等他拎着蛋糕回来，活动已经快结束了。显然，尽管他已经不辞辛苦地出了力，却没人愿意等他。罗德尼觉得受到了伤害和羞辱。

在这种情况下，你可能会同情罗德尼。但是，他有必要这么在意这件事吗？罗德尼的过往和认知方式决定了这件事是会让他感到巨大的羞辱还是一时的不悦。罗德尼决定用苏格拉底式提问来评估自己的即时反应：

1. 事实是什么？

   我出去买蛋糕，同事们没等我就开始喝早茶了。

2. 我的主观想法是怎样的？

   他们瞧不起我。我被羞辱了。他们如果尊重我，就会等我回来再开始。

3. 哪些证据支撑了我的想法？

   他们没等我就开始喝早茶了。

4. 哪些证据与我的想法矛盾？

   绝大多数同事对我很好。我拿着蛋糕回来的时候，有几个人说他们应该等我。

5. 我犯了哪些思维错误？

   妄下消极结论、对人错觉和灾难化思维。我用消极的方式来解读这件事——他们是有意针对我的。

6. 我还可以怎么想？

   同事们都在忙自己的事情，不会总是考虑别人。他们不等我是因为没想过这件事，而不是不喜欢我。大家有时会考虑我的需求，但不会总考虑到。他们没有针对我，这也不是什么大事。

*

吉尔和邻居的房子被一棵大树挡住了，他们始终没能协商好这棵树的去留问题。这天晚上，吉尔下班回家，发现她的狗杰西不吃食——这很不寻常，因为杰西的胃口通常很好。吉尔立即陷入了恐慌。她觉得邻居为了报复她在树的问题上拒不合作，给杰西投了毒。

一番灾难化思考后，吉尔决定用苏格拉底式提问来反驳自己的看法：

1. 事实是什么？

   杰西晚上不吃食。

2. 我的主观想法是怎样的？

   邻居给杰西投毒了。

3. 哪些证据支撑了我的想法？

   杰西不吃食——它通常胃口不错。

4. 哪些证据与我的想法矛盾？

   如果杰西被下毒了，那它多半会病恹恹的，但是它没有。我之前确实跟邻居有些不和，但他们从未对我有过恨意或报复行动。

5. 我犯了哪些思维错误？

   妄下消极结论。

6. 我还可以怎么想？

杰西不吃食的原因可能有很多。我证明不了它被下毒了，也证明不了这件事和邻居有关。

*

艾尔莎的丈夫经常加班，回到家的时候总是筋疲力尽，不愿说话。艾尔莎感到被拒绝，很伤心。"他不爱我了，"她心想，"他如果在意我，就会花时间陪我，回家后也会想跟我说说话。"

艾尔莎决定用苏格拉底式提问来反驳自己的认知：

1. 事实是什么？

   比尔加了很长时间的班，他下班回家后通常都不愿说话。

2. 我的主观想法是怎样的？

   比尔不爱我了。

3. 哪些证据支撑了我的想法？

   比尔下班回家后不愿说话，但他也从未表示过想减少工作时间。

4. 哪些证据与我的想法矛盾？

   比尔有时还是对我爱意满满的。我情绪低落的时候，他很关心我，会说些什么来安慰我。周末放松的时候，他的话更多。

5. 我犯了哪些思维错误？

   对人错觉和妄下消极结论。

6. 我还可以怎么想？

   比尔总加班是因为工作对他来说很重要，而且他正在努力创业。他下班回家后总是很安静，是因为他累坏了。没有证据证明他对我的感情变了。不过，我可以主动多跟他沟通，告诉他我的感受。或许我们可以就他的工作时间做出更均衡的安排。

行为反驳

虽然多使用逻辑反驳可以帮助我们拓展认知弹性，但有些时候，逻辑反驳很难进行。例如，我们也许知道自己的思维是非理性的，但在直觉层面上看，这种消极感受又很真实。这种时候，就需要行为反驳大显身手了。

我们的行为方式往往有助于强化现有的认知，包括那些不切实际或自我挫败的。例如，我们粗暴、冷漠地对待不喜欢的人时，就强化了"他们是不被喜欢的人，理应被我瞧不起"的信念。我们逃避令人不快的任务时，就强化了"这是个令人厌恶的任务"的信念。我们在朋友面前表现得畏首畏尾时，就强化了"我们不如他们"的信念。我们逃避做可能失败的事情时，就强化了"我不能忍受失败"的信念。这样的行为使我们延续并强化了之前的认知。

虽然我们的行为会强化无用的认知，但我们也可以用行为来反驳它们。与认知相悖的行为可以帮助我们发现不正确的认知。这个以行为来挑战认知的过程叫作"行为反驳"，也常常被称为"行为实验"，因为我们通过调整行为发现了相应的后果。这种实验的目的是确定我们的预设是否正确。如果预期的消极结果发生了，我们可以使用逻辑反驳进行去灾化，找到造成这一结果的原因；可以的话，再进一步使用不同的策略进行行为实验。如果预期的消极结果并没有发生，我们就会意识到自己的看法是错误的。行为反驳是挑战消极信念的最有力的方式之一，因为我们是从经验中学习的。

弗雷德在政府部门担任主管。为了出色地完成工作，他每天晚上都要加班几小时。弗雷德认为他的团队无法胜任工作，不愿意分派任务给他们，因此经常超负荷工作，每天都回家很晚。弗雷德意识到自己是一个完美主义者，有很强的掌控欲。他的信念是："我把任务分配给别人，他们可能做不好，反而会给我带来不好的影响。"

弗雷德可以通过逻辑反驳来推翻只有自己才能按标准完成任务这一观点。他可以使用苏格拉底式提问来客观地检验支持和反对其想法的证据。此外，弗雷德还可以做一次行为实验：他可以将一些工作分派给他的团队成员，并观察结果。如果发现大部分分派下去的任务可以完成并达到标准，那么他就有了充分的证据来反驳"只有自己才能胜任这项工作"的观点。如果工作完成得不好，弗雷德就需要花一些时间培训他的团队成员，并讲清楚他希望他们怎么做。训练好团队并将任务分配下去后，弗雷德会发现，他目前做的很多工作都可以由其他人有效地完成。

过去一年里，露丝有两次在等信号灯时被后车追尾的经历。其中一次，她自己也受到了严重的撞击。现在，露丝不敢开车了，因为她认为只要一开车就会出事故。

露丝可以从逻辑角度反驳自己的信念，即对再发生事故的概率进行现实评估，并承认这一概率很低。她还可以提醒自己，她已经有近20年的驾龄，截至去年也只遇到过几起非常轻微的事故。

但是，行为反驳才是对露丝的灾难化认知最强有力的反驳。首先她要上车（最开始带上一个朋友来帮她），然后开很短的距离。当她意识到没出现什么消极后果后，下一步就是独自开车并逐渐增加车程。随着信心的增加，她可以选择在车流更密集的道路上开。她会发现，并没什么可怕的事情发生，而这会直接颠覆露丝的灾难化思维，并一点点帮她恢复信心。

行为反驳对挑战非理性恐惧非常有效，因为我们直面恐惧可以更深入地认识到这些事情其实并不危险（另见第149、153和157页）。

> 尼尔从不表达自己的真实感受，因为他希望别人觉得自己坚强、有男子气概。他认为谈论感受是"女人才做的事"。最近，尼尔经历了一场最终导致他婚姻破裂的危机。尽管感到沮丧又孤独，尼尔还是不愿意寻求帮助。因为他认为谈论自己的问题是软弱的表现。他还认为自己是个糟糕的人，如果把自己的问题和盘托出，会受到心理咨询师非常苛刻的评判。

尼尔可以从逻辑上反驳自己的信念，即提醒自己去见咨询师是因为抑郁，而这并不意味着软弱或有缺陷。他还可以用苏格拉底式提问来检验现有证据是否支持"我是个糟糕的人"这一观点，从而认识到自己是在不理智地贴标签。

此外，尼尔还可以通过行为反驳来挑战自己的信念。尼尔的行为实验包括即使深感焦虑，也去找心理咨询师坦承自己的感受和经历。这样做以后，尼尔发现向一个合适的对象透露他的过往和困境不会导致消极的后果，反而会舒缓他的情绪。

杰里讨厌社交活动。尝试跟陌生人交谈所带来的压力让他感到很焦虑，他也担心自己会一个人傻站着直到活动结束。因此，杰里刻意回避派对和其他大多数社交活动。这种远离让杰里免于社交尴尬和自我关注，但也强化了他"社交场合危机四伏，自己应付不来"的信念。

杰里可以用逻辑来反驳自己"在社交活动中一个人站着会很糟糕"的信念，并承认尽管这种情况可能会很无聊，但不会导致灾难性的后果。他也可以用苏格拉底式提问来检验自己"从未在派对上玩得开心"这一信念的证据。

此外，杰里还可以通过行为实验来挑战他的信念，包括找机会参加社交活动，从简单、低威胁的活动开始，进而参与一些更有挑战的活动。以这种方式逐渐敞开自己后，杰里就会发现自己只要努力，通常是可以与他人正常交往的；自己有些时候即使说话不多，也不会造成什么灾难性后果。

练习 3.2　练习行为反驳

对下列每种情况中的无用认知给出行为反驳的建议（参考答案见书后）。

1. 我在全班面前说话会出丑，他们会嘲笑我的。
2. 我不能坐飞机，我会惊恐发作、崩溃或者发疯。
3. 我应该永远说别人爱听的话，不然他们就不会喜欢我了。
4. 决定有对错之分，我只有百分百确定自己的决定正确以后才可以行动。
5. 我如果在那个会上和他人搭话，可能得不到回应，让我看起来很傻。

6. 我的论文必须完美。我不能提交不完美的作品。

7. 运动很重要，但我需要提前 1 小时起床准备才行。早起太难了。

8. 独自一人太糟糕了，跟谁在一起都比孤零零要好。

聚焦目标思维

到目前为止，我们分别通过逻辑（直接挑战我们思维中无用的方面）以及行为（采取行动挑战不切实际的认知）对认知进行了反驳。第三种反驳方式是聚焦目标思维，包括认识到我们某些认知的自我挫败的本质——当前的认知阻碍了目标的达成。聚焦目标思维有时被称为"说服性反驳"，因为其机制是通过承认某些无用认知的消极影响来说服自己抛弃它们。这是一种激励策略，鼓励我们不再以自我挫败的方式思考。

在聚焦目标思维中，我们提醒自己把注意力放在"大局"——我们的基本目标上。一旦认识到自己思考方式的消极后果，我们就有动力放弃无用的思考了。问自己一个关键问题可以帮我们做到这一点：这样的想法或行为会让我心情舒畅或达成目标吗？

当面对不安情绪时，我们可以问自己这个问题，也可以根据自己的具体情况更有针对性地发问。例如：

◇ 告诉自己工作必须完美有助于我按时完成工作吗？

◇ 总是和伴侣生气会让我快乐并与之维持良好的关系吗？

◇ 专注于当下的不公，会让我心情舒畅、生活幸福吗？
◇ 要求别人有和我一样的价值观会让我跟别人相处得更好吗？
◇ 告诉自己"我因为犯了错，所以是个糟糕的人"会增强我的自尊吗？
◇ 担心自己的表现会让我放松和享受这个夜晚吗？

聚焦目标思维适用于很多情况，尤其是当我们愤怒、怨恨或沮丧时。

　　辛西娅夫妇和朋友约翰、南希一起去一个海滨胜地度假。两天后，辛西娅开始对约翰和南希的一些行为感到恼火。首先，他们很少购买日用品，都是用辛西娅他们的。其次，南希总是霸占浴室，约翰也比辛西娅印象里的自私多了。相处越久，辛西娅越觉得约翰和南希令人生厌。到了第六天，辛西娅听到他们的呼吸都感到讨厌。

这种想法让辛西娅情绪糟糕，也破坏了她的假期，于是她决定用聚焦目标思维来质疑自己的反应，把注意力集中在自己的认知上，探寻其自我挫败的本质："这么想会让我心情舒畅或达成目标吗？"

　　我来这儿是想玩得开心，但大部分时间我都愤恨不平。被他们的行为激怒只会惩罚我自己——我毁的可是自己的假期。我可以选择接受我们之间的差异，放下这些消极感受，不去操心那些琐事。

此外，辛西娅可以通过逻辑反驳来推翻她的信念：

他们花的钱的确不如我们多，但本来也没有多少钱，而且他们不是有意的。我烦恼的大多数事情都是微不足道的。虽然大家做事方式不一样，但他们没什么恶意。这真没什么大不了的。

*

卡伦在健身房和一名健身教练吵了一架。现在，她已经无法忍受他了。每次见到他，"混蛋"这个词就会立刻跃入她的脑海。每次听到他跟别人说话，卡伦都会低声嘟囔着"蠢货"。卡伦的问题是陷入了自我挫败思维——她的不满影响了健身时的情绪。

当意识到自我挫败态度时，卡伦采用了聚焦目标思维来激励自己改变应对方式，问自己："这么想会让我心情舒畅或达成目标吗？"

专注于教练的错误让我感到痛苦，浪费了我的精力，也让来健身房这件事变得不那么愉快。我几乎每天都要来这里，我希望舒服自在，不要关注教练。我不该再指责他，而要把注意力放在健身上。这是为了我自己好。

此外，卡伦还运用逻辑反驳推翻了她的信念：

他的确是那种我不愿意花时间相处的人，但他也算不上人渣。他可以按照自己的价值观和信念行事，完全可以做他自己。我用不着喜欢他，但也没必要恨他、关注他的缺点。

*

琳达答应了和一群朋友去餐厅吃饭。牵头的那个朋友平时花钱就大手大脚的。琳达看了眼菜单，就意识到今晚的开销会很大。琳达很生气，因为她朋友每次选择的餐厅都很贵。

现在，琳达整晚都在为饭菜价格和朋友欠考虑的行为而烦恼。但她也可以选择用聚焦目标思维来推翻自己的想法，问自己："这么想会让我心情舒畅或达成目标吗？"

我已经来了。纠结价格并不会让这顿饭更便宜，只会毁了这个晚上。我选择现在就让这件事过去，好好享受一番。

琳达还用了逻辑反驳来推翻她的信念：

尽管这顿饭很贵，但它不会对我的总体预算有什么大的影响。我可以纠结，也可以选择忘记它，但不管怎样都不会改变现状。下一次朋友组织饭局时，我会对餐厅提出意见，或者至少保留否决权，以防她又选一家这样贵的。

练习 3.3　练习聚焦目标思维

对于下列每种情况，利用聚焦目标思维给出应对方式（参考答案见书后)。

1. 金很期待她的 40 岁生日派对，但和她关系不好的母亲坚持要参加。金觉得母亲会破坏气氛，不希望她来，因此愤怒又不满。
2. 桑德拉很生男朋友的气，因为他们去她父母家吃饭的时候，他几乎没怎么主动说话。作为报复，桑德拉一连几天都冷漠地对待他。
3. 理查德答应陪女朋友看电影，即使他为了迎接即将到来的考试还有很多功课要做。整场电影下来，理查德感到焦虑又烦恼，觉得自己不该来。他有太多的事情要做，应该坚持不来的。
4. 辛迪发现她的一个同事缺乏职业道德，占用很多工作时间打私人电话。虽然辛迪选择什么都不说，但每次同事打电话时，她都暗自愤怒。

小　结

◇ 逻辑反驳包括找到自己的非理性思维、分辨其中的错误和以更现实、均衡的视角看待自己的处境。

◇ 把消极认知和逻辑反驳理由写下来，有助于强化更合理的思维方式。在这一过程中，思维监控表可以提供很多帮助。

◇ 苏格拉底式提问是反驳认知的一种途径。这种方式需要你提出具体的、有挑战性的问题，以严密的逻辑审视自己的想法。

◇ 有些消极想法和信念更适合通过行为反驳来推翻。行为反驳的具体做法是改变行为，然后观察结果。这种方法非常有效，因为我们可以在实践中认识到自己的思维是错误的。

◇ 聚焦目标思维是促使我们改变信念的一种激励策略。它让我们意识到当下认知的自我挫败的本质——它们并不能让我们心情舒畅或达成目标。

第四章

战胜挫折

> 我们必须学会忍受逃避不了的痛苦。我们的生活如同世界的和声，由不和谐的音符和不同的音调组成。既有甜美的，也有刺耳的；既有尖锐的，也有平缓的；既有柔和的，也有响亮的。如果音乐家只青睐其中一部分，他能唱出什么呢？
> ——法国作家米歇尔·德·蒙田（Michel De Montaigne）

挫折感是我们在需求得不到满足或遇到的某些阻碍导致我们无法达成目标时体验到的一种感觉。人们面对不容易解决的问题时常会感到沮丧，但有些人可以比其他人更好地应对生活中的挫折。有些人的挫折忍耐力低，因此很容易受挫。20世纪60年代，阿尔伯特·埃利斯首次描述了低挫折忍耐力的概念。埃利斯有时把它称为"不能忍受症"，因为挫折忍耐力低的人经常抱怨他们无法忍受这个或那个。他们一旦不如愿，就会陷入过度的沮丧。

学会应对挫折是个人发展中正常的一环。婴幼儿的挫折忍耐力低，是因为他们还没有成熟到可以耐受挫折。随着年龄的增长，人们学会了延迟对即时满足的渴望，接受了烦恼和挫折的发生，不会因此而深感苦恼。

但是，很多成年人依然无法很好地应对挫折。这可能是由生物因素决定的，例如，易怒气质会让某些人容易对普通的烦恼反应过度。易怒气质可能是由遗传决定的，也可能是在幼年时期为了应对高压经历（如反复无常的外界信息、身体或精神虐待、混乱失序的环境或父母难以捉摸的行为模式）而发展起来的。这些经历导致了此后生活中较高的生理唤醒性（arousability），意味着人的身体变得非常敏感，经受轻微的压力就会分泌很多肾上腺素。人们会因此而变得紧张，也很容易产生其他生理反应。

此外，我们所处的环境和文化也会影响我们应对挫折事件的方式。埃利斯发现，生活在现代西方国家的人往往很容易感到沮丧，因为他们已经习惯了大部分需求都能得到满足。在过去的半个世纪里，现代技术的进步和财富的增长对我们的生活产生了巨大的影响。现代医学使我们能够避免或控制很多曾让我们的祖先饱受折磨，至今仍在影响贫困国家居民的致命疾病。很多令人不适的病症——头痛、恶心、消化不良、便秘、焦虑、瘙痒、失眠甚至阳痿，都可以通过服药来缓解。家中有了下水道，我们可以不太费力地保持良好的卫生，避免了晚上顶着风雨上厕所。现代电器让我们享受冬暖夏凉。按一下按钮就能缓解无聊，打开冰箱就能填饱肚子，只需几秒钟就可以获取关于任何主题的详细信息。互联网和数字技术使我们的生活发生了天翻地覆的变化，这是之前几代人做梦也想不到的。所有这些发展都是积极的，它们让我们的生活比以往任何时候都更轻松、舒适和有趣。然而，它们也有消极的一面。

正因为适应了轻松的生活，很多人没有学会接受生活中难免出现的困难、挫折和不快的境遇。当事情出了差错或是遇到了麻烦和不便，我们就会过于心烦意乱。我们会如临大敌、抱怨不休，还会出现生理上的反应。因此，除了最初的问题，我们还给自己制造了新的问题——愤怒、怨恨或绝望等令人烦躁不安的情绪，而它们都源自"事情不该如此"的信念。

哈里今天过得很不顺利。他早上6点离家去健身房，到了却发现门还锁着。显然，钥匙出了问题，一个健身教练不得不回家拿备用钥匙。哈里很生气，心想："真是浪费我的时间！我本可以多睡会儿的。"在不得不缩减锻炼时间后，哈里接下来又不得不忍受高峰时段的交通拥堵。等到了公司，他感到特别烦躁。更令他恼火的是，他的秘书请了病假。"好极了！"就在哈里认为事情不会更糟的时候，他得知网络出了问题，要几小时才能恢复。"还能再倒霉点儿吗？！"他喊道。他的血压升高，情绪也越来越激动。

哈里的商业伙伴伊恩也会面对类似的问题，但与哈里不同的是，伊恩很冷静。出了问题后，伊恩能保持冷静，并集中精力寻找解决办法。尽管他也不喜欢麻烦，但当麻烦发生时，他不会把它灾难化或是认定它本不该存在。伊恩考虑问题的方式与哈里不同，因此他可以专心处理问题，不会自寻烦恼。

哈里把他的麻烦归咎于他人、交通、技术问题和坏运气，但他最大的问题在于他的思维。没人希望事情出错，尤其是几件事情同时出错，然而现实是生活中免不了遇到麻烦。接受这个简单的事实，同时尽可能寻找解决办法，是我们要面对的挑战。

无论我们面对的是电脑病毒、抛锚的汽车、顽劣不堪的孩子、请病假的员工还是与我们想法不同的人，抓住一切可能来寻找解决办法才是明智之举。但是，在我们无能为力的情况下，最好的策略就是练习接受，而不是"要求"问题消失。讽刺的是，当问题不可避免时，事情不该出错的信念反而会造成额外的痛苦。

造成低挫折忍耐力的思维模式

低挫折忍耐力和僵化、不变通的思维有关。我们内心要求事情如己所愿（"应该"的滥用），否则就会感到无法忍受（非黑即白思维）。我们夸大了这些情况的消极后果（灾难化），从而增加了自身的痛苦。

- 帕特里夏的朋友们在外面玩得很开心，她却不得不待在家里写论文。她感觉很沮丧。
- 休认为，只有某个政党才能解决国家的问题，但那个政党在选举中落败。休感到愤怒又沮丧。
- 米丽亚姆很痛苦，因为她家装修的工期比预期长很多，家里乱糟糟的，让人无法忍受。
- 尼克的工作需要和公众打交道。但他认为他们要求很多，不好相处又很愚蠢，因此他非常厌恶上班。
- 鲍勃在排队等了20分钟后走出了银行。他对银行低效的服务和必须找时间再去一次的事实感到愤怒。

或许上述每种情况都令人沮丧，但对于无法控制的事情，我们的适应能力决定了体验到的挫折感和其他不快情绪的程度。低挫折忍耐力会造成额外的痛苦，其典型信念如下：

- 我的生活应该顺顺利利，什么麻烦都没有。
- 大家应该按我认为正确的方式思考和行动。
- 迫不得已做我讨厌的事情太糟糕了。
- 我不应该忍受别人的不良行为。
- 我不应该做不喜欢的事情。

应对低挫折忍耐力

周一早上，斯坦正要去上班，打开车库门时却发现有人把车停在了他的车道上。"该死！"他心想，"真是太烦了！大家为什么就不能做正确的事呢？"他感到沮丧又愤怒。

斯坦遇到了意料之外的麻烦事，感到烦是合情合理的，一时愤怒也是正常的。问题是，之后怎么办？健康的应对方式是寻找解决办法，包括：

- 坐在车里按几分钟喇叭，看看车主会不会出现。
- 敲邻居的门，问他们知不知道车主是谁。
- 在车的挡风玻璃上留张字条，让车主把车移开。
- 报警请求帮助。
- 给主管打电话，告诉她事情的经过，让她知道自己今早会晚一些到，因为要乘公交车上班。

做完这些，斯坦反思了自己的情绪反应。他意识到自己的信念，包括：

- 大家应该始终做正确的事。
- 我的生活应该顺顺利利，没有麻烦。
- 事情出了差错，太糟糕了。
- 后果可能是灾难性的。

想到这里，斯坦开始用逻辑反驳性陈述来挑战这些信念。比如：

- 我希望人们始终做正确的事，但这并不现实。
- 生活中遇到麻烦很正常。每个人都有不如意的时候。
- 这件事让我很不方便，但不是灾难，在可怕程度表上可能只达到了5%，5年后就无关紧要了。
- 最糟糕的事情是什么？我今天要乘公交车上班。
- 我可以纠结这个问题，但我更希望把注意力放在解决方案上。

警察下午晚些时候联系上了车主，晚上车终于挪走了。虽然整件事情很麻烦，但斯坦意识到这并不是一场灾难。但是，如果他当时继续把情况灾难化，想着"这不该发生"，那么他就会觉得自己确实经历了一场灾难。

斯坦选择聚焦目标思维，避免了被消极情绪压倒。接下来的周末，斯坦在他的车库门上画了个大大的"禁止停车"标志。尽管斯坦知道这个标志并不能保证这种情况不再发生,但他通过采取行动降低了这种可能性,他很高兴。

　　罗伯特买了票,要和女朋友艾丽西亚去看一个他喜欢的艺人的演出。票上印着的开场时间是晚上 7 点。虽然时间看着有点儿早,但罗伯特以为就是这么安排的。可当他们 6 点 45 分到现场时,门是锁着的,外面挂着牌子,告知观众有些票上的开场时间印错了。暖场演出将于晚上 8 点开始,正式演出则要到 9 点 15 分。罗伯特意识到他们早到了两个半小时,觉得沮丧又愤怒。他本想退票,可是售票厅关着,他不知道该找谁。艾丽西亚跟罗伯特虽然处境相同,但她并不介意等待。她只是担心罗伯特是不是很生气。

这两个人在完全相同的情况下,一个感到非常愤怒和沮丧,另一个却若无其事。他们的反应为什么这样不同?谁才是对的?

这一切都和认知有关。罗伯特对事情应该怎样的信念缺乏变通,人为制造了痛苦,不单单是对这件事,对其他很多事也是如此。我们看一下哪些认知引发了罗伯特的不良情绪。

想法:

- 他们搞砸了,太可恶了!
- 还有两个多小时演出才开始,真是浪费时间!我本可以做很多事,而不用在这里闲晃!

信念：

- 人人都应该有效率且可靠，否则就太糟了。这样的错误不该发生。
- 我应该有效利用所有时间。我不该浪费时间。
- 有大把时间没事做，这太不好了。

罗伯特注意到艾丽西亚的冷静应对，开始质疑自己的反应："也许是我反应过度了？"罗伯特决定反驳那些让他感到痛苦的认知。

逻辑反驳性陈述：

- 我希望有效利用时间，多数时候也做到了，可偶尔闲着也没什么。
- 正式演出开始前我们可以找些别的事情做。
- 我不需要永远有效率地利用时间。
- 这是个麻烦事，但不是灾难。

罗伯特思考着如何用新方式来看待自己的处境，开始放松下来。他和艾丽西亚讨论了怎么利用额外的时间，他们决定这么做。

积极行动：

- 去电影院看看有没有想看的电影。
- 如果没有合适的电影，就去咖啡厅吃东西、喝咖啡。
- 如果还有时间，就去看暖场演出。

回顾当时的情形，罗伯特意识到他的消极态度——发牢骚、抱怨和小题大做，差点毁了一个非常美好的夜晚。虽然他也可以在售票厅开门时要求退票，但这样拿自己出气得不偿失，因为他和艾丽西亚都想看这场演出。罗伯特在此过程中控制住了自己，并有意识地放轻松，没有放任自己毁掉这个夜晚。

应对挫折的简单反驳性陈述：

- 生活中遇到麻烦很正常。
- 谁说事情应该一直顺顺利利？
- 我不能阻止麻烦事发生，但可以不让自己烦恼。
- 5年后这件事还要紧吗？不要为小事烦恼。

使用思维监控表

虽然逻辑反驳可以在头脑中完成，但写下来往往更有效，尤其是在我们学习提高认知弹性的时候。记录我们的想法和支持这些想法的基本信念，可以凸显我们思维中不合理之处，从而让我们更容易找到更适宜的思维方式。经常这样做，一段时间后，我们就能学会以更具弹性的思维看问题。

莉安同意了老板加班的要求，帮同事完成项目后才下班。晚上回到家后，她发现她的狗弗雷德从后院栅栏上的一个缺口跑了。她焦急地打了一通电话后，发现弗雷德被收容所抓走了，要花200元钱才能接回来。焦虑变成了沮丧。这似乎太不公平了——她在工作上帮了别人大忙，反而给自己带来了麻烦，还要损失一笔钱。

情况	我同意加班,回到家却发现弗雷德跑了,而且被收容所抓走了。我要花200元钱才能接它回来。
感受	愤怒、沮丧、紧张
想法	太不公平了!我本来是在帮同事忙,结果自己却惹上了麻烦。我当时就该拒绝,这件事就不会发生了。
信念	世事应该是公平的;慷慨的行为应该得到回报,而不是惩罚。 情况变得非常糟糕。
错误思维	公平错觉、灾难化思维、马后炮
反驳	没有法律规定做好事一定有回报。即使我一直在做好事,坏事也可能发生。谁都可能遇到麻烦。生活中经历挫折很正常。虽然看起来好像要花一大笔钱,但是弗雷德很安全,这比200元钱重要多了。 罚款确实让人失望,但不会对我的财务状况有什么影响。
积极行动	交200元钱罚款,把弗雷德从收容所领回来。 打电话给修理工,让他尽快把栅栏修好。

积极行动

有时候,仅仅反驳认知是不够的,我们还要采取行动来解决问题。事实上,有些情况迫切需要采取行动。

妮娜常常因为两个年幼的儿子总把房间弄得一团糟而感到沮丧。妮娜经常跟在他们后面打扫卫生,而她丈夫蒂姆几乎没有帮什么忙。

妮娜填写的思维监控表如下:

情况	孩子们总是把家里搞得一团糟,我不得不一直跟在他们后面收拾。蒂姆从不帮忙。我昨天很晚才回家,结果家里成了猪圈。

续表

感受	沮丧、愤怒、气血上涌
想法	我受不了家里一团糟！他们为什么不能负点儿责任自己打扫？为什么总要我来给他们擦屁股？
信念	他们应该更有责任感。他们应该积极保持房间整洁。蒂姆应该给我更多支持。
错误思维	"应该"的滥用、公平错觉
反驳	我希望孩子们更有责任感，帮我更多忙，但这个年龄的孩子就是这样的。 我要是想让他们帮忙，就要用一些策略激励他们。 蒂姆不常打扫，但他做了其他我不做的事。我想让他分担些家务，就得跟他直说。
积极行动	跟蒂姆好好谈谈，告诉他我的感受，以及我希望他和孩子们怎么做。开个家庭会议。和孩子们谈谈我对他们的期望。实施激励计划，告诉他们要打扫房间、不乱丢东西才有零花钱。如果他们把房间搞得一团糟还不收拾，就扣他们的零花钱。

在这个示例中，采取行动对解决问题非常重要。虽然妮娜可以提醒自己孩子这样很正常，丈夫在其他地方也帮了不少忙，让自己不那么沮丧，但是跟丈夫和孩子沟通、商量可能的解决办法（如表现好就有奖励、违背约定就要受到惩罚）也非常重要。良好的沟通可以帮助我们解决很多问题，并降低将来再次出现问题的可能。

练习 4.1

1. 在下列选项中，勾选出令你无法忍受的事：

   ☐ 堵车 　　　　　　　　　☐ 渴望一些自己无法拥有的东西

   ☐ 子女不务正业　　　　　☐ 不得不做一项无聊或困难的工作

第四章　战胜挫折 | 83

- ☐ 跟和自己想法不同的人打交道　　☐ 接受的服务很糟糕
- ☐ 跟做事缺乏效率的人打交道　　　☐ 排长队且移动缓慢
- ☐ 衰老或健康问题造成的生理限制　☐ 收到的账单有误
- ☐ 犯错误　　　　　　　　　　　　☐ 打不通政府部门的电话
- ☐ 伴侣不如意

2. 在你的选项中，低挫折忍耐力是如何影响你的感受的？
3. 假设你无法改变处境，你会如何思考？有什么感受？

"可我不想让它过去！"

我们始终希望能有好心情，不想体验糟糕的感觉。这一假设虽然有道理，但并不一定正确（毕竟，我们的心理很复杂）。在某些情况下，我们本能地想要维持自己当前的情绪，即使它令人不快。因为在更深的层面上，这种消极情绪会带给我们一种受保护感。上述例子中，妮娜或许注意到她在反驳自己的想法时遇到了一些阻力，似乎摆脱怒气会带来消极的后果。也许，连消极情绪都被化解了，就意味着什么都没有改变吧？妮娜试图通过保持愤怒的方式来确保她关心的问题不会被忽视。

我们对自己的想法和情绪的信念也被称为元认知信念（metacognitive belief）。首次将这一概念与认知行为疗法联系起来的是英国心理学家阿德里安·韦尔斯（Adrian Wells）。元认知信念通常是无意识的，但多半可以通过反思察觉。消极的元认知信念会让我们陷入担忧、纠结和持续的自我批评等无用认知，以及愤怒、焦虑、挫折、无望和内疚等如影随形的不快情绪，因为在某种程度上，这些情绪会带给我们一种受保护感。事实上，不愉快的情绪并非一无是处，尽管持续的痛苦情绪让我们付出的代价远大于可能带来的益处。例如，妮娜的元认知信念包括"保持愤怒会让我拥有力量，可如果我看开了，事情就不会有动力改变了"。看到保持愤怒的坏处，并使用其他策略来满足需求（如进行有效沟通、解决问题、奖励或惩罚孩子以及跟踪后续），会带来比坚持愤怒好得多的结果。

低挫折忍耐力与拖延

低挫折忍耐力会造成不必要的痛苦，因为一旦不如意，我们就会非常沮丧。低挫折忍耐力还有另一个坏处——常常导致拖延和自我挫败。一旦发现自己难以忍受不喜欢的事情，我们就会拖延，有时甚至索性不做。这之所以成问题，是因为要想实现许多重要而有价值的目标，我们需要在过程中忍受一些不适。为解决问题跟某人对质，辞掉一份不满意的工作，定期锻炼，打一通可能令人不愉快的电话，修完一门课程，改善饮食或主动结交新朋友，所有这些都需要我们有意愿走出自己的舒适区，也会在短期内让我们感觉不适。这就解释了为什么这么多人仍被困在充满虐待的关系、不健康的生活方式、孤独的生活和令人心灰意冷的工作中。

阻力最小的路很吸引人，因为它很容易走，我们只要不断逃避困难就行了。但是，这就让我们错过了改善状况和掌控生命中痛苦的机会。

苏珊在过去6年里一直深陷不幸的婚姻。她经常抱怨丈夫脾气不好、吝啬、控制欲强、难以相处。苏珊虽然很想离开，但从未认真考虑过这样做，甚至从未开诚布公地跟丈夫谈过。有些人会问，像苏珊这样聪明又迷人的女人为什么不跟她厌恶的人离婚？苏珊对离婚带来的短暂痛苦的恐惧盖过了她想要改善长远生活的决心。她选择了熟悉的煎熬，而不是未知的改变。

改变可能会带来恐惧、动荡和孤独。有时候，维持现状似乎比冒着承受痛苦的风险去做出改变更容易。但是，逃避一时的痛苦会以牺牲长期利益为代价，并让我们陷入不快乐的境地。

当然，这并不意味着婚姻不幸时就该选择离开。有时候，我们有充分的理由维持一段不太完美的关系。但是，无论我们选择怎么做，只要这个选择是基于理性和深思熟虑的判断，而不是出于惯性或低挫折忍耐力，我们幸福的概率就会增加。

练习 4.2

1. 想想你某次拖延该做的事当时的情况。
2. 你这次拖延有＿＿＿＿％是低挫折忍耐力引起的。
3. 你要怎么想才会有动力行动？（例如"没那么难，开了头就容易多了""做我不喜欢的事也没什么，因为回报值得"，等等。另见第九章。）

针对低挫折忍耐力的行为反驳

除了逻辑反驳，我们还可以通过行为反驳来修正认知——采取行动找出错误思维（见第63页）。挑战低挫折忍耐力的一个很好的行为实验就是迈出舒适区。把自己暴露在困难或不愉快的情况下，能让我们意识到这些事并没有那么可怕，终究是可以忍受的。讽刺的是，我们一旦不再试图逃避不适，就会发现其实情况并没有那么糟糕。随着挫折忍耐力的提高，我们完成了更多的事，常让我们感到沮丧的事情也就没那么重要了。

贝蒂经常被迫和亲戚家的某些成员一起参加晚宴和社交活动，每次都会感到沮丧。她觉得这些人是无知的乡巴佬，不愿花时间和他们相处。因此，每次家庭聚会都令她痛苦。有时她会找借口逃避，这让她的丈夫和婆婆很恼火。有时她勉强参加了，也很少和别人聊天。最后，贝蒂决定改变她的态度。她不再找借口，只要受邀就去参加家庭聚会。她在聚会上主动参与聊天，即使是和她并不喜欢的对象。贝蒂不再无视或评判他们，而是听他们说话，并努力认可他们持有某些观点的权利。尽管和他们的想法不同，但贝蒂逐渐接受了他们享有这种权利，和他们交谈时不再戴着有色眼镜。贝蒂改变了她的行为和态度后，曾经困扰她的事也不再令她痛苦了。

*

肯一觉得自己在浪费时间就难受。他认为自己应该始终高效利用时间，因此一遇到堵车、排队或办事效率低下的情况就很愤怒。有时他会非常激动，大吵大闹或做出令人反感的行为。在心理医生的建议下，肯决定用行为反驳方法来应对他的低挫折忍耐力。他开始开慢车，也不再频繁变换车道或超车。在超市里，他会让那些只买几样东西的人先结算。

他一天两次、每次花几分钟做正念呼吸练习。通过故意放慢速度，肯明白了即使多花些时间，也不会有什么严重后果，只是多花了些时间而已。

*

自从10年前放弃足球后，格雷格就越来越不爱运动了。现在，他已经40多岁了，体态臃肿。医生建议格雷格改变饮食习惯，每天做些运动，但这听起来并不容易。格雷格喜欢吃垃圾食品，而且几乎不锻炼。他很想做些改变，但为什么就这么难呢？

为了对生活做出积极的改变，格雷格需要接受一定程度的挫折和不适。第一步，他决心每天早上6点起床（即使是寒冬更愿意待在床上的早晨），然后散步半小时。他还决心只允许自己在周末吃垃圾食品。这意味着他午餐只能吃三明治或面包卷，用水果和坚果代替巧克力做零食。毫无疑问，坚持下去是很难的，因为他要放弃一些喜欢的东西。格雷格学着接受不适，这有助于提升对挫折的忍耐力，最终更容易保持健康的生活方式。

"它本不该发生"

认为已经发生的事不该发生的思维方式常常导致沮丧感和自我贬低。我们有时会对他人的行为做出这种假设（"他不该那样做"），但更多时候会把这种思维用在自己的行为上（"我不该那样做"）。对于已经发生的事情，我们越是固执地认为自己该做或不该做，就越会感到烦躁不安。尽管我们从行为中吸取教训并尽量避免重蹈覆辙是有用的，但告诉自己不该做某些已经做了的事既没有意义，也没有道理。

事出有因是一个基本的科学原则，既适用于自然规律，也适用于人类行为。宇宙中发生的一切都是由当时的环境引发的。不管是火山喷发、叶子从树上掉落还是电脑崩溃，这些事情的发生都是因为当时所有要素已经凑齐。人类行为也一样。我们所说和所做的一切（包括那些最终会产生消极影响的事情）之所以发生，是因为当时所有要素都已具备。考虑到当时包括我们有限的知识和意识在内的全部情况，我们不可能采取不同的行动。再来一次，我们还是会这么做。

回顾过去，我们可以看到自己行为的后果，并认识到如果当时换一种做法，结果会更好。我们可以在事情过后从经验中学习（新的知识和意识），尽量避免重蹈覆辙，但当时我们并不具备这些知识和意识。所以，因为之前的行为责怪自己是不理性和自我挫败的。

接下来，我要讲讲自己的例子。

几年前，悉尼遭受了严重的冰雹灾害，我家的屋顶损坏严重。由于同地区很多家都受了灾，修理工供不应求，我花了几周时间才终于找到一家同意下个月动工的公司。这家公司坚持要我在动工前支付修理费的10%为定金。由于保险公司已经赔付了足额支票，我便直接把这张支票给了修理公司。之后3个月，修理公司什么也没做，我家的屋顶一直在漏水。我打电话询问也常被无视或挂断，有时我甚至找不到人。

最后，有消息传来——这家公司欠了200多万元外债，已经进入破产管理阶段了。钱要不回来，屋顶也修不了了。"抱歉，运气不好。"

回过头再看这件事，不难看出，全额预付是个错误。一旦付了钱，公司就不会优先考虑完成这份工作了。如果我只付了10%而不是全额，也许这项工作就可以完成，最坏也不过损失那10%的钱。想到这些，我很容易自责、沮丧、愤怒甚至抑郁。我可以责怪公司没有职业道德，也可以责怪自己居然这么愚蠢。我可以一次又一次地告诉自己，我是个白痴，就不该那么做（马后炮的好例子）。但是，说我本可以不那么做，符合逻辑吗？

我付全款的行为是出于当时的认知（事实上，我确实想过预付可能会有风险，但依然付了全款，因为我还是倾向于事情会顺利进行）。如果我行事更小心，意识到可能会出问题，有可能不那么做。所以，现在告诉自己"我本可以不那么做"，是不符合逻辑的。考虑到我当时的行事风格和思维过程，我不可能做出其他选择——这是因果决定的事实。

"但我应该感到难过"——这是我的错

如前文所述，有时我们想要保持不良情绪，因为这么做会让我们有一种被保护的感觉。例如，我们犯了错就很难原谅自己，因为我们认定只有受了苦才能吸取教训。在无意识或模糊意识的层面上，"犯了错就应该感觉糟糕，原谅了自己就会再犯"的信念会让我们在几周、几个月甚至更长的时间一直处于自我批评和内疚之中。

那么，为了从错误中吸取教训，我们难道就要一直忍受痛苦吗？以我为例（预付了屋顶维修费），我应该痛苦几周甚至几个月才原谅自己吗？我如果只是提醒自己无法改变已经发生的事情，并决心下次再遇到类似情况时不这么做了，是否过于轻易地放过了自己？自责几个礼拜、对修理公司心怀怨恨或者情绪低落，真的有用吗？这种做法会让屋顶变好或是帮我其他忙吗？

我们犯错后感到沮丧是正常的，但是一直自怨自艾并没有什么用。承认自己的错误、思考从这段经历中学到了什么，以及下次出现类似情况时该怎么做，我们才会有收获。

最近，保罗因为搬动后院一棵很沉的盆栽而伤了后背。他非常沮丧，因为他拒绝了一个朋友的帮忙。"我为什么不让他帮我呢？"他心想，"我真是个傻瓜！"现在，保罗有两个难题——一是他伤了的后背，二是他的沮丧感。在反思错误几天后，保罗决定用思维监控表来反驳自己的消极认知。

情况	搬很沉的盆栽伤了后背。
感受	沮丧、生自己的气
想法	我应该接受伯特的帮忙。我应该更小心。我真是个傻瓜！这可能是永久性损伤。
信念	我应该意识到所有可能出现的问题并阻止其发生。我应该永不犯错。
错误思维	"应该"的滥用、马后炮、自责
反驳	人在回想时容易做出更理智的决定，但这在当时并不是那么容易。 每个人都会犯错，我也是。 自责不会改变什么，只会让我感觉糟糕。 我可以从这次经历中吸取教训，下次更小心。
积极行动	从现在开始，如果需要搬重物，我就找人帮忙。 约个时间去看复健医生。

请记住：

◇ 我们都会犯错。

◇ 回顾过去，我们很容易发现自己的错误，但这在当时不那么容易。

◇ 不断的纠结和过分的自责并不能改变已经发生的事实。

◇ 我们可以反思自己的错误，吸取教训，不让自己经受更多痛苦。

练习 4.3

1. 举出你因为犯了错而严苛地自责的例子。
2. 为过去的事惩罚自己合理吗？（想想当时条件决定当时做法这个事实。）
3. 自责对你有帮助吗？是什么？
4. 如果再发生这种情况，描述一种更积极的思考方式。

小　结

◇ 当遇到阻碍而无法达成目标时，许多人会感到沮丧。

◇ 有的人挫折忍耐力低，因此很容易产生痛苦情绪。

◇ 低挫折忍耐力会导致拖延和自我挫败行为。例如，我们可能会选择满足眼前的愿望，而不从长远角度考虑最大的利益。

◇ 我们感到沮丧时，把解决问题作为第一步总是很有帮助的。

◇ 通过逻辑反驳或行为反驳来推翻与低挫折忍耐力相关的信念，我们会提高挫折忍耐力。

◇ 有时我们不愿化解自我批评或烦躁不安的情绪，因为在某种程度上它们会带来一种保护感。我们认为这些思维过程或感受有益，不愿做出改变。

第五章

控制愤怒

> 原谅是为了我们自己，为了我们自身的健康。除此之外，我们如果紧抓着愤怒不放，就会停止成长，灵魂也开始枯萎。
>
> ——M. 斯科特·派克

我们觉得某件事很糟糕或不公平时，就会产生愤怒的情绪。这种不公平感常伴随着威胁感——感到被冒犯、被误解或处于险境。大多数情况下，愤怒是针对他人的。然而，有时我们也可能会对自己或某个实体（如组织、政府、系统甚至世界）感到愤怒。

凯蒂来找艾玛时，她不在办公室。桌子上放着她的工资单，于是凯蒂停下来瞥了一眼。这一眼让她怒火中烧。尽管她们做着类似的工作，但艾玛每年能多赚近1万元。凯蒂很生气。她没有考虑后果就径直走进老板的办公室，要求加薪。

愤怒会影响我们的行为。感到愤怒时，我们可能会退缩、发脾气、冲动行事、咄咄逼人或是说一些会让自己后悔的话。强烈、持久的愤怒会耗尽我们的精力，削弱我们的专注力，让我们无法感受快乐以及建立良好的人际关系。与长期愤怒相伴的，往往是无用的纠结。这会分散我们的注意力，让我们沉浸在不快乐的情绪里很多年甚至更久。

合理与不合理的愤怒

有时感到愤怒是合理的，偶尔爆发一次往往不是问题。例如，当我们发现做着相同工作的同事薪水更高，或是有人诬陷了我们，或是有人对我们撒谎，这些时候我们感到愤怒是很正常的。但愤怒发作的频率、强度和持续时间以及与之相关的行为或许并不合理。

妮基的丈夫比尔在客人面前指责她，她因此生气是有道理的。客人走后，她跟比尔谈论他的行为并解释为什么她会不高兴也是有道理的。但是，如果妮基气到破口大骂、摔盘子、把来吃晚饭的客人赶走，那么她的愤怒就是不合理且不健康的。除了让自己心烦之外，不时爆发的愤怒可能会破坏妮基的人际关系，愿意冒着风险应邀吃晚餐的朋友会越来越少。

战斗-逃跑反应

回想一下你和别人发生冲突的时候。你如果留意体内的变化，就会发现自己心跳加速、脸变得通红，还会觉得很热。你或许还会注意到自己呼吸急促、肌肉紧张。这些改变是感知到威胁时原始生物反应的一部分，被称为"战斗-逃跑反应"（fight-or-flight response）。因为对我们石器时代的祖先来说，面对危险（通常是捕食者或敌人）时，这种反应会提供战斗或逃跑所需的额外能量储备。

在战斗-逃跑反应中，许多生理变化调动了能量储备，使它们能够迅速得到利用。在感知到威胁后，我们的大脑会向肾上腺（位于肾脏顶部）发出电脉冲，促使其释放肾上腺素。这会引发一系列生理变化，包括：

◇ 鼻孔和肺部的空气通道扩张，使我们能快速吸入更多空气。
◇ 呼吸加速，让更多的氧气进入血液。
◇ 心跳更强更快，血压升高，把经由肺进入血液的氧气迅速输送给需要能量的肌肉。
◇ 肝脏释放葡萄糖，快速提供额外能量。
◇ 消化和其他非急需的生理过程减慢或停止。
◇ 血液被输送到肌肉，使其紧张起来，为行动（战斗或逃跑）做好准备。
◇ 注意力都集中在威胁源上，注意不到其他信息。

这些生理变化共同提升了我们遇到危险时的生存机会。虽然我们的反应依然和石器时代的祖先一样，但如今在大多数情况下，战斗-逃跑反应产生的额外能量储备已经不是必需的了，因为我们并没有面临真正的人身危险。事实上，这些影响往往会起到反作用，因为它们会产生不适宜的身体反应，损害我们清晰思考和机体良好运作的能力。

愤怒的益处

愤怒虽然有很多坏处，但有时也有益处。

1. 精力和动力

战斗-逃跑反应产生的高唤醒水平给了我们勇气去面对他人或采取一些积极举措来解决问题。例如，愤怒会促使你跟自私的邻居对峙，痛斥散布恶毒谣言的人，和你的伴侣探讨待解决的问题，给编辑写信控诉不公，争取和国会议员说上话，为正义事业捐款，或向经理投诉差劲的服务。对优柔寡断的人来说，愤怒是特别有用的动力。激励我们采取行动有助于解决问题，从而满足自己的需求。

2. 力　量

愤怒也可以赋予我们力量，因为发火可以让他人感到恐惧。大多数人不愿承受他人的愤怒，会想方设法避免这种情况。这意味着我们有时可以通过威吓别人得偿所愿。在医院、餐厅、酒店、百货公司和机场，愤怒、挑剔的人往往会比那些被动、耐心的人更快得到更多关注和更好的服务。在家庭和工作场所，容易生气的人往往会让其他人表现得小心翼翼，竭尽所能地避免冲突。这可能会让他们觉得自己很强大。

愤怒的坏处

偶尔、短时的愤怒没什么问题，只要它与情况严重程度相符且没有导致具有攻击性的不当行为，但频繁、强烈且持久的愤怒会对我们生活的很多方面产生不利影响，包括专注当前任务的能力、良好的人际关系、轻松愉快的感觉以及对目标的实现。愤怒会影响我们的想法、身体和行为。

1. 想　法

愤怒会干扰我们清晰、理性思考的能力，让我们的注意力从重要的事情上移开，转而关注违规、不公正和不端行为。愤怒是通过思维反刍（rumination）来维持和升级的。思维反刍是一种对"本可以"或"本应该"想法的再加工，会在脑海中反复重现当时的场景，如"然后他说……我说……他又说……我本该告诉他……他怎么敢……我当时这么说就好了……"这些思维反刍维持或加剧了我们的愤怒，引发了更多愤怒的想法，让愤怒像滚雪球一样增长。这种恶性循环会让我们陷入徒劳无益的思考，导致我们长时间处于注意力分散和生理唤醒的状态。

2. 身　体

愤怒会导致生理唤醒。如果我们经历的愤怒是短暂的，身体状态会在很短的时间内恢复正常，但频繁、持续的愤怒会让我们长期处于紧张、兴奋状态，从而给肾上腺和其他身体系统带来额外的压力。这些变化会导致血压持续升高，增加高血压的风险。有些研究显示，它们还会引发心血管疾病。

3. 行　为

愤怒驱使人们表现得咄咄逼人，导致争论、攻击、虐待、打击、责备或冷战。除非我们面临真正的人身危险（在这种情况下，为攻击做好准备或许有用），否则这些行为通常没什么用，非但不会解决问题，反而会产生更多问题。愤怒也会激发冲动行为，降低我们的判断力。有时，愤怒会引发暴力、财产损失、酗酒或吸毒。

虽然偶尔的愤怒能对他人形成威慑，但愤怒并不是能真正满足需求的好办法。攻击行为会造成他人疏远，长远看会让他人失去善意。在最好的情况下，愤怒的爆发会让他人在和我们交往时小心翼翼；而最坏的情况是，愤怒会让我们树敌。

愤怒的反应会让我们的人际关系变得紧张，可能会伤害我们关心的人。有时，我们会说或做一些之后会令自己后悔的事情。对家庭来说，频繁的愤怒造成的权力失衡往往会导致疏远、沟通不畅和关系破裂。容易被激怒的人往往是孤独的——人们不想承担压力，所以会选择远离。

有些人会通过被动攻击来表达愤怒。他们的目的是通过沉默或冷战等微妙的策略来惩罚或伤害对方。他们可能会选择忽视对方，保持距离或用单音节回应。虽然消极攻击的行为确实会让对方感到难受，但从长远看会起反作用。如果我们的目标是建立健康的人际关系，那么消极攻击并不能帮我们实现这一目标。

最终，愤怒会限制协商和解决问题的机会。愤怒的交流使我们处于防御状态，并制造一种不利于建立良好沟通的紧张气氛。注意力转向威胁时，我们就会忽略争论本身。一旦控制了愤怒，我们就更有可能解决分歧并维持健康的人际关系，这也会让我们更容易果敢地沟通，而不是咄咄逼人，从而满足我们的更多需求（见第十章）。

急火攻心与长期愠怒

人们感受到的愤怒各不相同。有些人容易急火攻心，这种愤怒爆发得很突然，持续时间也不长。他们可能突然暴跳如雷，但怒火去得也快，不到20分钟就消散了。这种愤怒虽然很快就会过去，但会造成很大的伤害。在急怒下，司机破口大骂，上司疏远员工，配偶虐待另一半，父母殴打孩子，友情也会被毁。而另一些人容易产生长期的愤怒或怨恨。在这种情况下，愤怒会持续几周、几个月甚至几年，分散注意力，让人无法专注和感受快乐。

压力的影响

生活中方方面面的压力会让我们更容易发怒。生理紧张和唤醒使我们进入"备战"状态，身体随时准备行动，即使是小烦恼也能引发大反应。例如，你在工作中面临着很大的压力，便可能会因为一些平时不在意的小烦恼而愤怒。长期处于压力环境中（例如失业、经济困难或关系动荡）的人更容易发怒，因为他们已进入持续的"备战"状态，"随时准备开火"，哪怕应对轻微的挑衅。周围环境中的噪声、拥挤或高温也会提高愤怒反应的可能。

脆弱因素

愤怒与感知到的威胁有关。虽然在意识层面上，我们对一些感知到的不公感到愤怒，但愤怒也有助于我们摆脱恐惧、伤害或脆弱的感觉。我们会愤怒，实际上是在利用让我们感到强大的情绪来压制让我们感到脆弱的情绪。

托尼的女朋友跟他提了分手,并要求他搬离公寓。托尼觉得受到了重挫,对她怒气冲冲,恶言相向。托尼的愤怒取代了他一开始受到伤害和被拒绝的感觉。

*

伯特妻子的医生告诉他,他妻子的癌症已经扩散了。伯特冲他发了火。伯特的愤怒代替了他的恐惧,让他不必思考那个新的恐怖现实。

*

苏菲屡次和一位同事示爱,对方却无动于衷。苏菲感到很伤心,觉得自己被拒绝了。她最初受到伤害的感觉后来变成了愤怒。愤怒帮她化解了被拒绝的痛苦,还减轻了心碎的感觉。

练习 5.1

1. 想想曾让你非常愤怒的事情。
2. 你认为这件事有什么不好或不公平的地方?
3. 你能找出导致自己愤怒的恐惧、伤害或脆弱情绪吗?

迁 怒

我们有时会向无辜的人大发脾气。当没有责怪的对象或无法对相应的对象宣泄时,我们就会迁怒。例如,弗雷德无法向挑剔的老板发泄怒气,于是在回家的路上对别的司机大喊大叫，呵斥了妻子，责骂了孩子，还踢了狗。对家庭暴力感到愤怒和无助的孩子，可能会在学校欺负更弱的同学或辱骂老师。伯特对妻子的医生发火，是因为他没有其他人可以责怪，尽管他知道妻子的癌症和医生没有关系。迁怒既不合理，也不公平，因为那些承受怒气的人并不是导致我们痛苦的原因。

易怒人格

有些人易怒是个性使然，可能是生物、心理和成长等因素造成的。在某些情况下，易怒是僵化的认知方式和低挫折忍耐力造成的。这种思维方式导致人在遇到问题时容易感到不安（见第76页）。例如，有些人易怒是因为认为别人不值得信任，因此常把别人的行为误认为是针对自己的冒犯之举。

童年生活中的高压或创伤事件也会影响人们看待世界的方式，包括如何解读他人的动机。例如，一位在幼年受过虐待的女性可能会认为压榨他人且不值得信赖是人类本性，一个经常被专横的父亲辱骂的人可能会对身居要职者产生敌意。

自我中心的人也往往易怒。他们无法从他人的角度看待生活事件，因而一旦需求得不到满足，就会觉得不公平。共情——以他人的视角看待事物的能力，有助于减少愤怒。

愤怒和攻击倾向也可以在生物学方面找到依据。例如，一些人的易怒人格是生理构成决定的，因此他们容易被生理唤醒并爆发怒火。有时候，特定激素（如女性的催乳素、男性的睾酮）水平超高的个体会表现出更强的敌意和攻击性。

神经递质（neurotransmitters，即大脑中的化学信使，特别是血清素和多巴胺）的失衡也会增强一个人的愤怒和攻击性。这些化学物质的表达受到基因的影响，而有时，遗传倾向和消极童年经历的结合导致了终生的易怒倾向。童年时期遭受的精神或身体虐待、创伤、持续的压力和安全感的缺乏会影响基因表达（名为"表观遗传学"的新科学领域描述的一个过程），并造成神经系统的敏感和永久性的过度反应。这也会造成多疑的性格和频繁的生理唤醒，因此，即使是小事件也会迅速激发受到威胁后的反应。出于这个原因，这些人可能会因为微不足道的挑衅而暴怒，或做出看起来毫无道理的举动。

对愤怒高度敏感的人往往要非常努力才能控制他们的愤怒，否则就只能面对难以接受的后果：人际冲突、孤独、频繁发作的痛苦情绪以及潜在的健康问题。了解愤怒、学习控制技巧并定期练习，可以帮助我们降低愤怒爆发的频率和强度。

缺乏愤怒

有些人很少表达愤怒。这可能是认知方式具有弹性的体现，也可能仅仅是出于对愤怒的抑制。抑制愤怒时，我们表面大度，实则内心充满怨恨。被压抑的愤怒往往会导致消极的攻击行为——我们假装不生气，但会吹毛求疵、消极评论或试图贬低对方。抑制愤怒的原因往往是觉得自己没有愤怒的权利，或者不知道如何恰当地表达愤怒，又或者认为愤怒是错误的。抑制愤怒带来的问题是，我们无法治愈内心的伤口，还筑起了与他人的屏障。

相比之下，有些人很少愤怒，或是只有在遭受了非常过分的挑衅后才会愤怒。这虽然让他们容易相处，但也有一个缺点。愤怒会促使我们勇敢面对不公或为自己挺身而出，但很少愤怒的人可能会在多数时候表现得畏首畏尾。如果对公平没有期待，我们可能愿意忍受糟糕的待遇，还不会提出抗议。我见过一些人容忍虐待或不合理行为（通常来自配偶或家庭成员）且没有抱怨。他们缺乏愤怒，也许是觉得自己没有资格这么做或是害怕冲突，意味着没有动力为自己挺身而出或明确什么行为是不可接受的。对于这些情况，适当愤怒是健康且有用的。

压抑还是发泄

公认的结论是，发泄愤怒好过压抑愤怒。这个理论认为爆发（比如大喊大叫）是释放愤怒的健康方式。早期流行的一些心理疗法，如亚瑟·杨诺夫（Arthur Janov）的"原始尖叫"（Primal Scream）疗法，旨在鼓励人们通过尖叫来释放愤怒。即使在今天，一些治疗师也会鼓励愤怒的病人"发泄出来，不要憋在心里"。

体育活动可以为发泄压抑的愤怒或沮丧提供良好的途径。打沙包、在花园里挖土、跑步或做任何形式的体育运动都可以迅速地让你如释重负。如果你只是经历了一段暂时的愤怒，那么这可能就是你需要的。

虽然运动可以帮助我们发泄情绪，但对某人大喊大叫却没什么帮助。大喊大叫往往会激起别人的反击，反而加剧紧张。许多人表示，在激烈争吵后他们会更愤怒，因为攻击行为助长了怒火。大喊大叫也常常会伤害我们关心的人，让我们事后感到内疚和怨恨。

练习 5.2

1. 你是否曾因愤怒而冲别人大喊大叫？
2. 大喊大叫让你感觉好点儿还是更糟了？你之后感到内疚或后悔吗？
3. 大喊大叫如何影响了你和他人的关系？态度坚定的沟通是否会比激烈的争吵更好？

控制愤怒的策略

就愤怒管理来说，处理突发愤怒的策略与处理长期愠怒和怨恨的策略是不同的。这是因为两种情况涉及的大脑运作方式不同。为了理解这些方式，需要先了解一些相关的生理过程。

1. 剖析愤怒

我们大脑前端有一个很大的外延部分，被称为"前额皮质"（prefrontal cortex）。这一区域负责思考、判断、推理、评估、决策、规划和组织，有时也被称为大脑的"执行"部分。大脑内部较低和较深处有一个包含很多结构的"边缘系统"（limbic system），作为大脑的情感中枢发挥作用。边缘系统是大脑中比较原始的部分，控制着生理冲动和反应。杏仁核（amygdala）为边缘系统的一部分，位于大脑两侧，是一处杏仁核形状的结构。它对情绪和动机（特别是与生存有关）有着重要作用。靠近大脑中心部位（即脑干上方）有一个单独区域，被称作"丘脑"（thalamus）。这一结构是我们感官信息的门户，会将感觉神经元产生的脉冲引导到前额皮质的适当区域。

通常，当我们通过五官接收外界信息时，前额皮质会评估这些信息并赋予其意义。各结构正常运作时，前额皮质可以调节杏仁核产生的情绪冲动，但如果感知到特别的压力或威胁，丘脑（作为"中继站"，将信息引至大脑的适当部位）就会彻底绕过前额皮质，直接将信息发送到杏仁核。如果传入的信息导致的情绪负荷足够大，杏仁核就会进入一种控制当前心理过程的警觉状态。这种状态有时被称为"热"情绪。

这种状态让前额皮质失效，因此我们无法进行逻辑思考或做出正确判断。《情商》（*Intelligence*）一书的作者、心理学家丹尼尔·戈尔曼（Daniel Goleman）创造了"杏仁核劫持"（amygdala hijack）一词，用来形容这一过程所引发的与实际情况不相称的压倒性情绪反应。一旦被"劫持"，我们可能会说出或做出一些令自己后悔的言语或行为。大多数人需要可能长达20分钟的时间才能将信息传递到前额皮质（即重新开始理性思考）。其间，很多伤害已经造成。

2. 阻止愤怒爆发

易怒的人非常清楚怒火失控的坏处，如失去友谊、工作上遇到问题、婚姻破裂以及社交上被孤立。因此，制定策略、准备好应对愤怒"导火索"被点燃的时刻是非常重要的。

化解急怒的关键是识别警报信号。当杏仁核发出警报时，我们会产生强烈的生理反应：紧张、发热、心跳和颤抖。大脑处于"战斗状态"，让我们感觉自己已经准备好出击了。留意这些感觉，我们就可以认识到正"身处险境"，并提醒自己有必要进行干预。下面的步骤有助于帮我们解除杏仁核劫持现象。

解除杏仁核劫持

1. 标记和观察：一旦注意到出现了预示急火攻心的生理症状，就在心里将其标记为"杏仁核劫持"。把注意力转移到内心，观察身体的变化。你甚至可以想象你的杏仁核在搏动和传导，向身体的每一个部位发出"高度警惕"的信号。标记并观察你的内在状态，会将你的注意力从令你感受到威胁的信息（你愤怒的对象）转移到自己的认知过程上。这样做可以减轻情绪反应，使前额皮质重新开始起作用。

2. 呼吸：做几次缓慢的深呼吸。这有助于降低生理唤醒，转移对威胁的关注，还能重新激活前额皮质。

3. 离开：在物理上摆脱当下的情况。你可以外出、散步或回家。如果在工作中或其他不能离开的情况，也可以去洗手间或其他房间，做做深呼吸。这样做可以让你避免在"劫持"现象的顶峰期受到伤害，因为在这段时间，攻击的冲动占据了主导。

4. 运动：可能的话，做些运动。如走路、在消防楼梯跑上跑下、打扫房间、捶打枕头或者去健身房锻炼。

情绪难以平复的后劫持期

虽然我们愤怒的顶峰并不会持续太长时间，但几小时或几天是很正常的。愤怒是可以自我延续的，因为当我们感到愤怒时，大脑会进行思维反刍，从而助长这种情绪。伴随着愤怒的情绪，冒犯我们的人的念头或画面以及特定的冒犯行为会反复在我们脑中出现，有时甚至一小时出现几十次。我们的脑海里充满了这种思维反刍：始作俑者的种种不端行为，我们会怎么惩罚他们，以及他们会因此感到多么后悔和无力。

大多数人承认，在这种状态下会沉溺于自己的思维反刍——想象我们惩罚别人的感觉很不错。但是，我们最后还是不满意，因为自己也清楚，冒犯我们的人并没有真的受到惩罚。此外，这种思维反刍占据了我们巨大的精神空间，分散了我们对其他事情的注意力，并让我们和厌恶的人保持着心理上的密切联系，就好像我们被他们的行为伤害得还不够，还允许他们留在我们的大脑里继续骚扰。

3. 正 念

当情绪很"热"的时候，逻辑反驳是非常困难的，因为杏仁核支配着我们的反应。我们甚至可能感觉到前额皮质（我们大脑负责思考的部分）在和杏仁核（原始情绪反应）拔河。原始情绪压制住了理性思考的尝试。鉴于此，换一种方式使用我们的思维可能会有所帮助。

感受到强烈不快情绪（如愤怒、恐惧、沮丧、内疚或不耐烦）时正是练习正念的好时机。在这一过程中，我们的目的是投入当下的体验，秉持着好奇而非挑剔的心态去进行观察（见第十二章）。

愤怒时采用正念方法应对，可以让你把注意力向内心转移，关注此刻自己身体的变化。观察你的想法是怎样四处游荡的，关注与不公、背叛、复仇有关的念头，以及这些想法又是怎样不断回来侵扰你的。留意你的生理反应，包括肌肉紧张度、呼吸和心率的变化。你或许会察觉攻击和惩罚的想法，如果是这样，带着好奇心去观察这股冲动。

对想法、情绪、身体感受以及行为的正念关注有助于我们后退一步，以好奇而不妄下判断的态度观察自己的内在体验。我们会更多地意识到自己的思维反刍，注意到它每次出现的时机。练习观察我们自己的反应，可以让认知过程产生微妙的变化，从而给情绪降温。

观察我们脑中浮现的想法，给它们贴上标签（例如"我又开始反刍愤怒了"），承认它们只是想法，可以帮助我们改变与它们的联系。这虽然并不一定会消除愤怒的思维反刍，但会腾出观察的空间。在《穿越抑郁的正念之道》（The Mindful Way Through Depression）一书中，作者马克·威廉姆斯（Mark Williams）、约翰·蒂斯代尔（John Teasdale）、辛德尔·西格尔（Zindel Segal）与乔·卡巴-金将观察反复出现的想法的过程描述为"看一盘在脑中播放的磁带"。这盘磁带"会一直制造麻烦，直到'电池'耗尽，自己停下来"。通过对思维反刍的正念式观察，我们既没有深陷其中，也没有思虑细节，而是给耗尽"电池"留出了时间。虽然正念并不是一种快速解决不良情绪的方法，但许多人反映，当他们退后一步观察时，情绪反而没那么强烈了。

4. 聚焦目标

一旦愤怒的热度开始消退，前额皮质重新活跃起来，人们就有可能运用逻辑思考问题。聚焦目标思维（见第67页）是一种有效的考虑问题的方式。问问自己"我想要什么"，通常可以找到很好的理由释放愤怒。例如：

- 和他人相处融洽。
- 让孩子快乐、听话。
- 和另一半感情好。
- 事业成功。
- 避免不必要的压力。

- 享受这个夜晚。
- 注重健康。

无论当时的目标是什么，问问自己生气能否帮你实现这些目标。放眼全局时，你会发现，沉迷于愤怒只会做出自我挫败的行为。

5. 更多的抽离时间

多数人只要离开现场几分钟，就能阻止可能的爆发反应。但如果发泄的渴望一直不消退，就需要更多的抽离时间。你可以去散步、听音乐、修剪花草或者打些不相干的电话，这些会帮助你冷静下来。专注主要目标，如果有需要，计划可能的解决方案也会降低说出事后会后悔的话或做出此类行为的可能。

如果你很容易发怒，那么计划一下抽离时可以做些什么是个不错的主意。一旦意识到愤怒的情绪开始露头，你就告诉自己"我要抽离一会儿"，然后投入准备好的活动。这会加强你的掌控力。

> 蕾娜的女儿两岁大，无法讲道理，只会尖叫。于是她走进卧室并关上了门。虽然蕾娜不能离开女儿太长时间，但抽离一段时间可以让她消消气，免得打骂孩子。

*

> 伊丽莎白的母亲患了老年痴呆，要求很多又不讲道理。于是她去花园里待了一会儿，冷静了下来，并提醒自己，她的母亲现在已经不能自控了。

*

里克和老板发生了冲突。随后，他打电话给会计，取走了干洗的衣服，还缴了煤气费。虽然里克回去后需要跟老板谈谈，但抽离出来去关注一些琐事给了他时间恢复冷静，并以新的角度看问题。

*

罗伊对十几岁儿子的无理行为感到愤怒，于是走进客厅去听他最喜欢的歌剧。这让他冷静下来，没有大吼大叫，也没有让情况变得更糟糕。

6. 降低生理唤醒程度

愤怒会触发高度的唤醒状态，让我们的身体做好行动的准备。唤醒程度降低时，愤怒会消退，通常思维反刍也会减少。因此，如体育锻炼、缓慢呼吸和深度放松等降低唤醒程度的策略可以缓解愤怒。

有些人很容易进入生理唤醒状态，可以通过规律的唤醒调节技巧练习改善情况。不喝咖啡因含量高的饮料、每晚充足睡眠（睡眠不足会让人变得易怒）也对他们有帮助。酗酒会增加暴力袭击的可能，因为过量酒精能消解抑制效用。

运动

体育运动有助于消耗战斗-逃跑反应催生的能量，改善我们的情绪。运动后，我们的唤醒程度大幅下降，身体也开始放松。剧烈的运动还能刺激体内内啡肽的释放。内啡肽是我们身体的天然鸦片，可以增强我们的幸福感。因此，运动是非常好的愤怒管理工具。虽然最常受到推荐的运动类型是有氧运动（快走、慢跑、骑自行车、游泳或在健身房锻炼），但任何类别的剧烈运动（包括举重、打沙袋甚至是性生活）都有助于缓解愤怒。像拖地、擦窗、吸尘或在花园里挖地这样的家务劳动也许不那么令人愉快，但同样有效。

膈式呼吸

几千年来，呼吸作为降低生理唤醒程度和引导内心平静的途径，在瑜伽和冥想等实践活动中得到了广泛应用。当我们感到愤怒或焦虑时，缓慢呼吸、让空气进入肺部深处是降低唤醒程度的有效策略。呼吸时，重复一些让人平静的词，如"放松"或"放手"，会让我们更加放松（见第186页）。

深度放松

深度放松是一种身体状态。在这种状态下，我们全部主要肌肉群都非常松弛。由于在高度唤醒状态下很难深度放松，这种技巧并不适用于急火攻心的时候（体育运动、有节奏的呼吸或正念认知会更合适），但它是一种很有效的长期调节工具。每天练习深度放松有助于降低唤醒基线，从而减少暴怒的倾向。

应对长期愠怒

不同于急火攻心的快起快退，持续的愤怒需要较长的时间才能消解。接下来将讨论如何应对持续几小时甚至几天的愤怒情绪。

1. 解决问题

有时候，我们认识到自己什么也做不了，唯一的选择就是运用本章中提到的多种认知策略来帮助自己接受现实。偶尔，我们也可以通过解决问题的方式来破局。无论成功与否，知道自己已经尽了最大努力会给我们带来一些安慰。只要我们不去强求不同的结果，明白自己尽了全力，再没什么可做的了，就会对我们有所帮助。

每当你发现自己对某种情况感到愤怒时，寻找你能控制的事情。记住关键的问题："我怎么做才能最好地解决这个问题？"

*

罗谢尔很生气，她因为违章停车收到了罚单。可那个地方的标志太不清楚了，她实在看不出那里禁止停车。

*

伊娃借给朋友一本对她来说很珍贵的书。6个月后，当她问起时，朋友否认借过这本书。

*

卡伦很生男朋友托尼的气，因为他从不做家务。

*

罗恩花了一大笔钱重新装修浴室，工程质量却不好。他很生气。

在这些例子中，每个人都因为别人做了他们觉得不好或不公的事而感到愤怒，他们可以采取某些行动，努力解决遇到的问题。罗谢尔可以写信给监管机构，解释自己违章是因为停车区域的标志不清楚，并附上一张现场照片为证。伊娃可以明确地告诉朋友，这本书对自己很珍贵，让她努力找找。卡伦可以跟托尼谈谈目前家里的状况，让他知道她对自己承担大部分家务感到不开心，并要求他分担。罗恩可以打电话给施工公司，礼貌但果敢地提出需要补救的地方，也可以考虑采取进一步措施，例如向消费者团体投诉或咨询律师。多数情况下，采取建设性的行动有助于解决部分甚至所有问题。

2. 有时让事情过去会更好

有时我们发现自己遭遇了显而易见的不公，但无能为力。或者我们意识到公平很难获得，而追求公平的成本可能很高。打一场没有胜算的仗，并不值得我们付出那么多的时间、努力、精力、金钱，承受那么大的压力。权衡利弊后，我们就会做出一个理智的决定：让事情过去。在这种情况下，我们最好的选择可能是练习接受。

练习 5.3

1. 举出一件你最近感到愤怒的事。
2. 你能做些什么来补救吗？
3. 在这种情况下，你需要接受什么？

安东尼奥在一家大公司的建筑工地做木匠。他是个不错的手艺人——认真、勤奋、有道德，是别人眼里的完美主义者。他以自己的工作为荣，总是百分百地付出。可惜，他的同事几乎没有跟他一样的。大多数人很懒散，有些则冷漠、马虎、得过且过。安东尼奥对他们的行为很愤怒。他几次向主管抱怨，但似乎没人在意。安东尼奥对同事的愤怒让他开始反感这份工作，变得暴躁而郁郁寡欢。最近压力大还引起了他的头痛。虽然安东尼奥在找新工作，但他知道这不能解决问题，因为问题的一部分是他自己的期望造成的。他填写了如下思维监控表：

情况	我同事干活慢、话多、做事马虎。我把这事告诉了老板，但他无动于衷。
感受	愤怒、沮丧、身体紧绷、头痛
想法	他们没救了！他们根本不在乎活干成什么样。
信念	每个人都应该秉持负责任的态度，努力工作。 他们应该跟我一样有职业道德。
错误思维	贴标签、"应该"的滥用、非黑即白思维
反驳	我希望所有人态度更端正，但这是个奢望。 我不能要求所有人有和我一样的工作态度。 虽然花费的时间更多，但工作还是可以完成的。 这份工作很枯燥，也许他们才会浑水摸鱼。 老板不在意，我也用不着太烦心。
积极行动	如果出了问题，让老板知道是怎么回事，但不要为别人做的事负责。专注自己的工作。

除了反驳他的认知，安东尼奥还用了聚焦目标思维来激励自己放松：这样的想法或行为会让我心情舒畅或达成目标吗？

我的目标是做好工作、享受工作、感到轻松和保持健康。我每次生气，就会在工作中分心。我感觉糟糕，身体也变得紧张起来，这对我的健康和情绪都没有好处。我用不着这样，我可以不去关注其他人在做什么。

安东尼奥开始区分他能控制和控制不了的事。他不再纠结改变不了的事，比如同事的态度和行为，开始只对那些可控的事（比如他的工作）负责。此外，每当陷入了愤怒的思维反刍，安东尼奥就会提醒自己："我又这么做了！"然后把注意力转回手头的工作上。现在，安东尼奥承认，他的工作环境虽然不理想，但也不是那么糟糕。

给自己些"静置时间"

应对非常严重的不公时，我们需要一些时间来消化自己的想法。在发怒的时候，允许自己"静置"一会儿。其间，做做运动、谈谈这件事甚至写封信都会有所帮助。只要没有事后会后悔的言语或行为，生气几小时甚至几天都没关系。

和别人谈谈

谈论那些让我们心烦意乱的事情有助于舒缓心情，尤其当听众有同理心的时候。有时候，只要有个在意我们的人倾听并附和我们的话，情况就可以得到缓和。

虽然对第三方倾诉会有帮助，但有时最好是直接与让我们感到愤怒的人谈。描述我们的感受有助于释放累积的愤怒和怨恨。但正在气头上的时候，这么做并没有什么好处，因为很可能引发冲突。

写信或发邮件

有时,直接面对让我们感到愤怒的人很难,我们没有信心保持冷静并清晰地表达自己的想法。较高的唤醒程度会让我们难以顺畅地交流,导致我们不是喋喋不休就是咄咄逼人。因此,有时候,把想说的话写下来是个不错的选择,能让我们有时间整理想法,准确地表达想说的,而不需要承受面对面交谈带来的更强的情绪压力。虽然写信或发邮件可以帮助对方理解我们的立场,但有时最重要的是写的过程。信写好后可以扔掉或删掉。

改变你的想法

我们感到愤怒时,就会把注意力放在别人的错误上。我们指责别人说:"我这么愤怒都是因为他/她!"事实上,他人并不会让我们愤怒,而只是提供了一个刺激。像所有其他的情绪一样,愤怒是由认知引起的。人的行为常常是不合理的,但我们是否愤怒、有多愤怒,取决于自己的想法和信念。因此,有些让我们怒不可遏的情况(例如朋友总迟到、餐馆服务很差或其他司机抢道),其他人并不在意,因为意义都是我们自己赋予的。

1. 关于愤怒的元认知信念

第四章介绍的元认知信念(我们对自己的思维过程和情绪的信念)会使我们不希望改变自己的感受(见第84页)。就好像我们内心有一部分想要抓住那些无用的情绪,因为在某种程度上,这些情绪会给我们一种受保护的感觉。愤怒尤其如此。

愤怒通常会激发源源不断的思维反刍,让我们纠结我们认为不好的事和该为之负责的人。我们反复回顾他们在我们眼中不端的行为，思考我们当时本该说些或做些什么，这件事有多不公平，他们应该为自己的错误感到痛苦，我们要说些或做些什么才能让他们付出代价。我们虽然在理智上明白这浪费了时间和精力，但并不想停下来，甚至觉得愤怒才是恰如其分的反应。我们不愿意放弃愤怒的想法，因为这感觉像是在让罪魁祸首脱身。这种认定了愤怒有好处的信念会让我们陷入徒劳无益的思维反刍。

我们想保持愤怒的想法哪怕只有一丝，也会阻碍消解愤怒的决心。有些信念会促使我们沉溺于对愤怒的反复思虑。找出并反驳这些信念有助于消除关键障碍，从而释放愤怒情绪。下面的例子说明了该如何反驳对愤怒的积极看法。

对愤怒的积极看法	可行的、符合实际的观点
保持愤怒给了我力量——放手意味着投降。	保持愤怒并不会给我力量。愤怒分散了我的注意力，浪费了我的精力，让我不停地想起憎恨的人。愤怒会夺走我的力量。
我的愤怒可以惩罚对方。	我的愤怒对对方毫无影响，深受影响的只有我。
放弃愤怒就是把胜利拱手让人，意味着他们赢了，而我输了。	放弃愤怒并不会对他们有什么影响，因为我的想法左右不了他们。这不是我的胜利，因为愤怒剥夺了我的力量。
我的愤怒会让对方保持距离，让他们伤害不了我。	愤怒让我和他们联系紧密，因为他们一直在我脑子里。我可以选择保持距离，但不生气。

辛迪的男朋友吉姆3个月前提了分手，自那以后辛迪一直很愤怒。在辛迪看来，吉姆冷酷无情，不值得原谅。"他是个混蛋，为什么我要努力消气呢？我就应该生气！"

第五章 控制愤怒 | 117

问题是，辛迪，受苦的是谁？

刚分手时，辛迪感到愤怒是完全合理的，但几周甚至几个月都处于愤怒的状态，既令她痛苦又会导致自我挫败。愤怒不会伤害对方——它伤害的是我们自己。即使我们可以通过冷落、抱怨或公然的敌意让对方感到不舒服，但还是要跟他们一起受折磨。为什么要这么对待自己呢？

2. 成本收益分析

对愤怒进行成本收益分析，可以有力地证明长期愠怒会产生反效果，从而促使我们放手。通过列出保持愤怒的收益和代价，我们可以更清楚地看到长期愠怒是多么徒劳和自我挫败。

我们来看看辛迪对吉姆长期愠怒的成本收益分析：

收益	代价
<ul><li>理直气壮的感觉——我觉得我应该生气。</li><li>这给我和朋友们提供了话题。</li></ul>	<ul><li>我一直想着这件事。它让我无法专心工作，也没办法去思考其他更有价值的事情。</li><li>我被搞得心烦意乱，每次一想起这件事就反胃。</li><li>我睡不好觉，躺在床上想着这件事，毫无睡意。</li><li>每次遇见他或他的任何一个朋友，我都觉得很难过。</li><li>这件事影响了我的生活。我对我妈也暴躁易怒。</li><li>这极大地浪费了我的时间和精力。</li></ul>

在权衡了利弊之后，辛迪意识到长期愠怒的代价远大于收益。这让她更坚定地要尽最大的努力释放自己的愤怒。

3. 用聚焦目标思维应对愤怒

愤怒会起到反作用，因为它常会阻碍我们得偿所愿。它会让我们失去和另一半关系和睦、受到同事的尊重、和孩子相处融洽、整晚玩得开心或仅仅是感到快乐和放松的可能。愤怒会影响我们的情绪、损害我们的人际关系，所以这种感觉对我们没有益处。

聚焦目标思维（见第67页）可以有效促使我们转变思维。像成本收益分析一样，这类反驳方式的关注点是我们思维的自我挫败本质。要记得，关键问题是，这么想会让我心情舒畅或达成目标吗？

> 德里克有两个10来岁的儿子。他常对他们发火，因为觉得他们不好好学习，一心扑在玩电脑和看电视上。他对他们很暴躁，常常控制不住脾气，因此家里气氛很紧张，儿子们总躲着他，或对他视而不见。德里克意识到这么做行不通，但他真的要改变态度吗？

德里克决定用聚焦目标思维来激励自己做出改变。他自问：这么想会让我心情舒畅或达成目标吗？

> 我的目标是有一个关系亲密的家庭——和妻子瓦尔以及孩子们关系融洽。我觉得孩子们浪费时间并因此冲他们发火并不能改变他们的行为，只会让他们感觉糟糕，跟我疏远。要求他们表现得更负责并不能改变他们的行为，反而会拉大我们之间的距离。我已经多次跟他们说过我的想法，现在我需要放手，让他们为自己的行为负责。

第五章 控制愤怒

*

珍妮很生气，因为她的伴侣史蒂文想周末去看望和前妻的孩子，而珍妮更希望他周末能跟自己在一起。

珍妮自问：这么想会让我心情舒畅或达成目标吗？

我的目标是和史蒂文过得幸福、恩爱，但每当他周末要去陪孩子，我就会生气，也让他不好受。我们常为这件事吵，等他火上来，我就不说话了。我的愤怒让我们很难通过沟通或协商达成一致，会引发争吵并危及我们的关系。不要小题大做，学着接受这一点才是对我最好的。

*

萨姆和萨莉正要与朋友们出去吃晚饭，这时萨姆说了一句话，让萨莉大为恼火。"就是这句！"萨莉心想，"我现在真的很生气！"

尽管萨莉很想在晚上剩下的时间保持愤怒和沉默，但她意识到这会毁了所有人的心情。她自问：这么想会让我心情舒畅或达成目标吗？

"我们要和好朋友一起去一家很不错的餐厅吃饭——我希望今晚玩得开心。为什么要因为那句话生气呢？这不值得！"萨莉决定忘掉那句话，好好享受一下。

*

丹妮尔的婆婆常用消极、刻薄的口吻说别人的坏话，就好像她的座右铭是"要说就说坏的"。丹妮尔受不了她，每次必须见面时都感到很厌恶。丹妮尔觉得自己这么想很正常，因为她婆婆太让人讨厌了。

丹妮尔自问：这么想会让我心情舒畅或达成目标吗？

我的目标是快乐而不是烦恼。每次见到她，我都感到愤怒和怨恨，只会让自己心情不好，还会让拉里不高兴。我不想在这个问题上浪费精力。我宁愿接受她就是这样的人，在见面时保持心情愉快。

找出并反驳引发愤怒的认知

我们一旦有了动力放弃愤怒，下一步就是反驳那些让愤怒持续的僵化认知。易怒思维表现在"应该"的滥用上——对别人应该怎么做、世界应该是什么样产生的僵化、不变通的信念。

- 朋友们应该支持我。
- 我儿子应该努力学习，准备考试。
- 我丈夫应该跟我好好说话。
- 我妻子想要的应该跟我一样。
- 同事们应该认真负责。

- 老板应该公平对待我。
- 火车应该准点到。
- 顾客应该把手推车还给超市。
- 狗主人应该捡狗屎。
- 邻居应该小点儿声放音乐。

死守这些信念令我们易怒。当然，这并不是说我们不应该对别人有任何期望，或是就该接受不合理的行为而不去质疑。有时候，表明立场并尽我们所能应对不公是很重要的。

但是，保持灵活变通并接受现实世界中人们并不总会做我们认为该做的事，这一点也很重要。

会导致愤怒的正常信念

- 人们应该始终做正确的事（或我认为正确的事）。
- 世界应该是公平的，人们应该始终体面、有道德。
- 我应该始终得到公平的对待。
- 我应该顺顺利利，不该因别人的过错而心烦。
- 做错了事的人就是糟糕的人，他们应该为错误受惩罚。

---

1. 公平错觉

所有这些信念的共同主题是对公平的期待。我们希望世界是公平的，希望自己始终受到公平的对待。这种信念从很小的时候就产生了。儿童无法忍受他们在生活中感受到的不公——"她的果汁比我的多！""这不公平！""为什么他可以到8点再睡觉，我不可以？"

这种期望的问题在于它不符合现实。纵观历史，暴君和专制者屡屡上位。即使到今天，许多人仍然生活在充满不公、剥削和苦难的环境中，另一些人则享有自由和非常舒适的生活。在我们的社会中，贫困家庭的孩子生活中的机会比富裕家庭的孩子的少，穷人的健康状况比富人的差，全因死亡率也比富人的高。在任何一个大型工作场所，你都会发现有才、勤奋的员工得到的报酬很低（有时甚至被裁员），而身居高位、收入丰厚的员工却能力不足、缺乏奉献精神。欺凌或恐吓同事的人如果不好惹，没有人敢让他们承担责任。外表出众、擅长运动或幽默风趣的人往往可以得到普通人无法得到的特殊待遇和权利。每个社会、家庭和工作场所中都存在不公平的现象。即使是为维护正义而建立的制度本身，也是不公平的（试想一下，你想打官司却没有钱支付律师费，你还能不能成功）。也许大人应该让孩子从小就认识到，很多事就是不公平的。

当然，这并不意味着我们应该无底线地被动接受不公平、不道德或糟糕的行为。如果我们能做些什么来解决不公，那么的确应该采取行动。我们经常是可以成功的。

只是，我们无法消除所有不公。有时我们需要接受"我们生活的世界是不完美的，存在很多不完美的人和事"这一事实。保持心理健康的一种方式是我们在可以做到的时候采取行动解决问题，同时接受很多事情无法改变的事实。

帮助化解怒火的逻辑反驳陈述

- 人们受体现了他们过往经历的价值观和信念的驱动行事,所以他们不会始终有跟我一样的价值观和信念。
- 如果世界是公平的,那就再好不过了,但事实并非如此。如果我不能改变现状,一味纠结它不该如此也不会让情况变好。
- 每个人都会遭遇不公,它是生活中不可避免的一部分。
- 我很幸运,在一生的大部分时间里没有遭遇过什么不公。
- 选择接受我无法改变的情况是强大而非软弱的表现。

马特最近出了场车祸,很明显是对方司机的错。司机当场承认负全责,马特便没有费心去找目击证人——他以为不会有问题了。两周后,对方司机的保险公司发来声明,声称事故是马特造成的。对方司机对事故原因公然撒了谎。马特气坏了。他现在不得不走自己的保险,这意味着他要付额外的钱,还会失去无赔偿奖励。情绪发酵了几天后,马特决定使用思维监控表来反驳自己的想法。

情况	车祸是对方司机的错,但他对车祸的情况撒谎了。现在我不得不走自己的保险,自己承担费用。
感受	愤怒、胸闷
想法	这件事太恶心了!人怎么能这么不诚实?那家伙是个混蛋。
信念	人应该诚实、有道德。世界应该是公平的。我应该始终被公平对待。
错误思维	公平错觉、灾难化思维

续表

反驳	有人就是会不诚实,而我无能为力。 确实有这样的人,我偶尔也会遇到,好在这种情况不常发生。 反复纠结不公平改变不了任何事。 我无力改变现状,但我可以接受这一点,而不是强行要求事情不发生,否则只会使情况变得更糟。
积极行动	写一封信给保险公司,解释事情的经过。 从经验中吸取教训,如果再发生类似的情况,即使对方司机承认负全责,也要找一位目击证人。

2. 错误思维

易怒的人往往会觉得世界非黑即白,看不到灰色的阴影部分。他们刻板地认定别人应该如何行事,会迅速地对那些不守他们的规则的人产生反感。一旦觉察对方的不妥行为,他们就会对其做出整体的消极评价,用上"混蛋""傻瓜""白痴""低能"这类词。给别人贴上有缺陷和无能的标签既不符合现实,也很自我挫败。通过心理调节保持心理健康意味着不憎恶任何人,即使我们对某些人就是缺乏好感。

西沃恩非常憎恨她的前夫。"他真是个混蛋!"她跟所有人都这么说。她每次听说某些朋友依旧跟他有来往时都会感到愤怒。"他们只能在支持我和跟我作对之间做出选择,"她心想,"那些继续见他的人就是在跟我作对,我也不想再跟他们有任何关系了。"西沃恩在处理她前夫以及仍跟她前夫有来往的朋友的问题上存在非黑即白的思维,这助长了她的愤怒,也让她疏远了朋友。这种心理也会导致她的非理性和自我挫败行为(因为她失去了那些继续和她前夫见面的朋友),最终让她更不快乐。尽管西沃恩把自己的不幸归咎于他人，但化解她的怒气的关键在于改变她本质上非黑即白的思维。

*

菲奥娜被学生投诉了，于是校长找到她，要求她改善引发学生不满的情况，包括迟到、上课准备不充分以及不批改论文。菲奥娜气坏了。"他们是在报复我，"她跟朋友说，"不就是几个差生投诉吗？他们都欺负我！"

菲奥娜以非黑即白的思维看待这种情况（"我对，他们错""我好，他们坏"），因此不认为他们提出的问题或许有一定的合理性。这是一种自我挫败的行为，不仅造成了菲奥娜无谓的愤怒，还阻碍了她以合适的方式应对学生的投诉。因此，菲奥娜失去了审视她教学中可能存在的不足的机会，也就不会采取必要的措施对其进行改进。

3. 不公平可能是主观的

在上文的例子中，菲奥娜的学生认为她的教学还有很多不足之处，但在菲奥娜看来，她的教学水平完全没问题，是投诉不合理。这个例子说明，正确或错误的概念是高度主观性的。毫无疑问，有些事情怎么看都是不公平的，但也有很多情况属于广阔的灰色地带。尽管我们对好与坏、对与错、公平与不公有自己的信念，但并不存在适用于所有情况的普适性标准。通常情况下，只有在意的人会发现不公的存在。

列昂没能得到晋升机会，非常生气。"这不公平，"他心想，"我勤勤恳恳工作了12年，理应得到提拔！"在管理层看来，列昂是个混日子的——工作不出错，但并不出色。他们决定把这个职位给一个新员工，因为他表现出了更强的能力，也更有潜力。管理层觉得公平的决定，从列昂的角度来看却明显不公平。

*

瑞安非常愤怒，因为他父母在遗嘱中留给他弟弟汤姆的财产更多。"这不公平，"瑞安心想，"我们应该平分。"但在父母看来，瑞安工作不错、生活富裕，而汤姆在经济上没有保障。他们决定多留些钱给汤姆，是因为他更需要帮助。在瑞安看来，他的好工作和经济保障是他多年努力的证明。他为什么要因此被亏待呢？

这里要吸取的教训是，虽然我们可能会强硬地坚持自己的观点，但它不一定是"真理"，可能只是我们看待事情的许多角度之一。

一个老朋友打电话给玛克辛，问能不能去她那儿住6周，完成暑期学校课程。玛克辛同意了，可相处得不太愉快。她的朋友表现得很随便：吃了她的东西也不补上，打了很多长途电话，在繁忙的早晨时间占用浴室。这个人从来没有主动付过钱，离开时甚至连表示感谢的礼物也没有留下。玛克辛填写了一份思维监控表来帮助自己应对愤怒情绪。

情况	薇拉待了6周。她很不见外，毫无感激之情，最后甚至没有送我礼物。
感受	愤怒

续表

想法	我被她占了便宜。 她不断索取，却从不付出，也从没表示过感谢。 如果我是她，我会多为别人着想。
信念	人们应该感恩别人的善行。人们应该做"正确的事"。 她本该心存感激并表达出来。
错误思维	公平错觉、"应该"的滥用、灾难化思维
反驳	如果我是她，我会多为他人考虑，但我并不是她。 像薇拉这样的人确实存在，我在生活中也会经常遇到，不过这种情况只是一时的。 她表现得是很差劲，但终归没有给我造成很大损失。问题是她不知感恩，而不是我在金钱上亏了多少，我还是可以忍受的。 我不必再跟她打交道了，也不必继续生气，让自己心烦。
积极行动	观察我脑海中浮现的想法，给它们贴上"思维反刍"的标签，然后把注意力放在当下发生的事情上。 如果下次她还想借住，我就拒绝她。

4. 对人错觉

当遭到不公、粗暴或攻击性的对待时，我们常感到愤怒，因为认为对方是在针对我们。然而，情况并非总是如此。他人的行为反映了他们的个性、生活经历、信念和沟通方式，这些往往与我们无关。

有时我们甚至会发现别人也有同样的感觉，从而感到一种解脱。当我们发现别人也不喜欢工作中令人不快的主管、脾气暴躁的邻居或难相处的妯娌，我们就会确信问题出在他们而不是自己身上。

每当受到不礼貌的对待，内森就像被按下了什么按钮一样。开车时，如果别人抢了道，内森就会觉得受到侵犯并生起气来。吃饭时，如果服务员用傲慢的语气对他说话，内森就觉得受到了奚落，甚至产生暴力冲动。打车时，如果他叫的车没有停下来，内森就觉得这种拒绝是针对他的，感到很愤怒。给朋友打电话时，如果对方不回，内森也会感到被冷落。办事时，如果政府人员不通融，内森就觉得自己被轻视了。上司说了句不好听的话，内森也会觉得是针对自己的，哪怕对方对哪个下属都没有好脸色。

*

索尼娅讨厌某个邻居。他的举止常令人不快，有时他还无理地抱怨索尼娅那群年轻室友的行为。因此，听到他自杀的消息，索尼娅感到震惊又恐惧。这件事让索尼娅意识到此前他的行为并不是针对自己的。很明显，那个人遭受着内心的折磨。那些看似针对她的粗暴行为实际上反映了他自己的抑郁状态。

有时别人会表现得粗暴、自私或令人讨厌，但这并不总是跟我们有关。我们发现别人有这种行为时，问问自己"他/她这么做反映了什么"，也许会有些新发现。

贝弗的母亲会习惯性地陷入焦虑，经常在贝弗开车送她时对贝弗挑三拣四。贝弗对她这一点很生气，特别是在自己帮她忙时。

情况	开车送我妈去赴约，她一路都在抱怨我开得不行。
感受	愤怒，简直想勒死她。

续表

想法	她真是不知好歹。我在帮她的忙,她却毫不感激,简直是神经病! 她应该表现得冷静、积极且理智。
信念	人们应该感激别人的帮助,而不是抱怨个不停。
错误思维	"应该"的滥用、公平错觉、对人错觉
反驳	我希望她更随和,但她不是那样的人。她总是很焦虑,所以才会这么挑剔。她的行为只体现了她本人的情况,因此我不必把这当作是针对我的。我不喜欢她这种态度,但我可以接受她就是这样的人。
积极行动	冷静地跟她说话。告诉她,她批评我开车的时候,我很不高兴。让她尝试放松,告诉她我开了这么多次车,就没出过事。(不要奢求奇迹,接受她不太可能会改变的事实。)

5. 共 情

怨恨那些言语或行为令我们反感的人很容易,而理解他们的想法、动机、不安全感或痛苦要困难得多。也许在过去的某个阶段,你曾有过这样的经历:一开始不喜欢某些人,后来却和他们有了些共鸣。你发现了他人的脆弱,并从他们的角度理解了情况后,就不会再感到愤怒,而会产生共情。

值得牢记的一点是,我们都在利用自己能得到的一切资源努力生活。这些资源包括我们的认知方式、解决问题的技巧、获得的社会支持、固有的安全感和自我价值感,以及我们与人沟通和相处的能力。我们每个人可用的资源由两个因素决定:

◇ 生活经验。

◇ 生物因素(包括数百种化学物质和结构,它们决定了我们的气质、对压力的反应、智力水平、能量水平、体力、记忆力和其他许多过程)。

一些人在这两方面都具有优势，可以很好地应对生活中的挑战。他们思维灵活，有良好的沟通能力和幽默感，有健康的自尊心，而且朋友众多。他们慷慨、善良，因为他们感到安全，并能积极地看待自己和世界。

另一些人在这两方面毫无优势。他们几乎没有资源可供调用，而且会习惯性地以非正常的方式应对各种情况。他们可能留给别人粗鲁、消极或傲慢的印象，甚至可能因为缺乏自我意识而看不到这一点。看似不合理、自私、愚蠢、神经质、粗野或令人讨厌的行为，往往反映出他们用来应对生活挑战的资源有限这一事实。他们可能不知道其他应对方法。

当然，人们可以通过有意识地反思自己的反应、倾听他人的反馈、从生活经验中学习、反驳自己的消极想法和阅读自助类书籍来改变自己的思维方式，但在做到这一点之前，他们需要意识到自己的思维是不正常的，需要有动力去改变它。

理解别人的行为，以及他们为什么这么做，并不意味着我们喜欢他们的行为——事实上，我们可能很厌恶它。然而，这有助于我们不把它当作是针对我们的。共情对我们彼此都有好处。

6. 行为反驳

你如果怨恨某人（可能是同事、邻居或家人），可以尝试这样一个行为实验：友善地对待他们（不需要刻意谄媚，友善就足够了）。如果你不常见到这个人，试着寄张卡片或发封友好的邮件。这个任务很难，因为它违背人的天性。这就是挑战所在。改变我们的敌对行为会改变我们人际交往的方式，进而改变我们的情绪反应。"放下武器"可以缓解紧张关系，往往也可以减少敌意。我们一旦不再怨恨，就可以把精力放在其他更有价值的事上。

你可能会问："如果行为实验的结果很糟糕，怎么办？""如果我对他们很好，可他们对我仍然很差呢？为什么要让他们觉得自己赢了？"虽然多数时候，他人会积极回应友善的表示，但即使没有这样，又有什么损失呢？我们至少可以享受占据道德高地的感觉，至少知道我们的行为是文明的，而不用去在意他人的反应。毕竟，我们不需要别人来决定我们该怎么做。

行为反驳是化解愤怒和怨恨的最有力的方法之一。很多做过这类练习的人都惊讶于它的效果，因为它可以终结多年的痛苦和浪费的精力，让人自由地专注更有价值的追求。如果你觉得很难激发对这项练习的热情，那就从对坚持敌对行为的成本/收益分析开始，即自问：这么做真的符合我的利益吗？

7. 沟 通

当面对我们认为不公平的情况时，沟通往往是有效的。恰当的做法包括写信、跟经理谈谈、提出索赔、打电话或寻求他人的帮助。良好的沟通技巧是解决问题、纠正不公和与人相处的宝贵工具。当我们感到愤怒时，与他人沟通可以从两个方面帮助我们。

首先，当我们告诉对方其行为给我们造成了困扰时，对方可能会改变。有时候对方根本不知道自己的行为是怎么影响我们的，和他们讲讲我们的感受也许会促使他们采取不同的做法。例如，如果你因为一个朋友经常迟到而生气，告诉她你很介意这件事，或许会促使她以后做到准时。如果你因为一个同事没有履行他的某些职责而感到愤怒，而这影响了你的工作，那么用一种温和的方式跟他谈谈或许会激励他干得更出色。如果你因为伴侣在别人面前贬低你而感到愤怒，告诉他/她这种行为让你很受伤，或许会促使他/她变得更体贴和圆滑。

其次，沟通的过程本身有时也会让我们感觉更好。告诉对方我们对其所做的事感到愤怒或沮丧可以让我们释放愤怒，尤其是直接和让我们感到愤怒的人交谈时。如果我们能够以一种平静、温和的方式进行沟通，对方甚至会肯定我们的担忧——表示理解我们的感受。有时，他们可能会承认自己做错了，或者为自己的行为道歉。虽然这种情况并不常发生，但一旦发生，就像是为我们的伤口抹上了药膏。犯错的人只要承认错误并道歉，一般都可以获得原谅。

> 海伦终于鼓起勇气告诉她的朋友艾米丽，当初她的婚姻即将结束时，她很需要帮助，可艾米丽没有支持她，让她感到伤心又愤怒。艾米丽感到遗憾和羞愧，并向海伦承认自己确实做得很不好。虽然过去的行为不可挽回，但她的悔意使海伦能够放下怨恨，也让她们的友谊得以延续。

一般来说，虽然与我们认定的犯错者沟通是恰当的做法，但有时我们可能需要与有权力进行干预的第三方交谈，尤其是在我们最初的做法效果甚微时。例如，你可能会向校长抱怨某位老师的行为让人不满意，或者向商店经理抱怨店员服务差，或者向上司抱怨你的某些同事态度不佳。

有时候，沟通最好以书面形式进行。当我们需要提出正式的投诉或者当面沟通太困难时，以书面形式沟通是必要的。花时间整理我们的想法，能让我们传达出明确的信息。无论是口头还是书面，冷静、理性地传达信息总比对抗性的沟通更可取。这有助于我们更好地解决问题，并帮助我们长久地维系积极关系（另见第十章）。

练习 5.4

在下列每种情况中，分别描述：

a. 你可以采取哪些行动来化解愤怒。

b. 导致你愤怒的信念。

c. 可以用来减轻愤怒的辩驳性陈述（参考答案见书后）。

1. 你视为朋友的人在你需要时没有提供帮助。
2. 你的伴侣在社交场合表现粗鲁。
3. 你的朋友总迟到。你和她约好了午餐，但已经等了一个多小时了。
4. 你把装可回收垃圾的桶放在外面，总有人往里面扔其他垃圾。
5. 你告诉别人一些秘密，后来发现他们说出去了。
6. 去政府机关办事时，某些不合理的环节给你带来了极大的不便。
7. 每次你联系某个电信公司，都要在线等待半个小时才有客服响应。
8. 某家店敲了你一大笔钱。
9. 你所在的公司残酷地剥削员工。
10. 有人无缘无故对你很粗鲁。

小 结

◇ 我们感到某件事很糟糕或不公平时，就会产生愤怒的情绪。愤怒常伴随着受威胁或脆弱的感觉。愤怒有时虽然会促使我们果敢行动或解决问题，但也会带来很多消极的后果。

◇ 急发、剧烈的愤怒是有害的，因为它引发的行为会持续伤害我们（以及其他人）。持续的愤怒也会消耗能量，使我们不快乐，并对我们的健康产生不利影响。应对急火攻心和长期愠怒的策略并不相同。

◇ 我们相信保持愤怒是有益处的，相信它可以给我们力量，或化解愤怒就是让别人不战而胜。这些信念使我们想要保持愤怒的状态。可事实上，愤怒的作用却恰恰相反。认识到保持愤怒其实是自我挫败行为，有助于我们不再紧抓着愤怒不放。

◇ 有助于化解愤怒的认知策略包括成本收益分析、聚焦目标思维、找出并反驳引发愤怒的认知、正念、共情以及反驳关于愤怒的元认知信念。

◇ 化解愤怒的行为策略包括降低生理唤醒程度（如进行体育运动和深度放松），以及解决问题和利用有效沟通的方法。此外，行为反驳（主动友善对待令我们愤怒的对象）也会产生积极影响。

第六章

应对焦虑

> 心灵有它自己的世界，可将地狱变天堂，亦可将天堂变地狱。
>
> ——英国诗人约翰·弥尔顿（John Milton）

焦虑（anxiety）是感知到情况可能不妙时产生的忧虑和恐惧。它常伴随着躯体症状，如心跳加快、呼吸急促、肌肉紧张、胸闷和出汗等。每个人都会不时焦虑，但有些人焦虑得过于频繁，这影响了他们正常行动，阻碍了他们享受生活，降低了他们的安全感。焦虑问题是造成人们向心理健康从业者（如咨询师、精神科医生和心理学家）寻求帮助的最常见的原因。焦虑不分男女，但女性受焦虑及其障碍影响的概率是男性的两倍。

焦虑源于人们对威胁的感知——预感要发生不好的事。这通常是一种暂时的状态，一旦威胁消失就会过去。约会要迟到了、就不愉快的问题与某人对峙或当众讲话是经常触发焦虑的几种情况。这种感觉可能持续几分钟、几天、几周，有时甚至是几个月或更长时间。例如，你从后视镜里看到了警车的灯，或许会感到一阵焦虑，可一旦警车开过，你就会放松下来，顿时松了口气。要跟某人对峙所引发的焦虑可能会持续几天或几周（你越拖延，焦虑持续的时间就越长），对财务状况或孩子病情的焦虑可能会持续好几个月，但在通常情况下，一旦我们感知到的威胁过去，焦虑也就消退了。

"焦虑"常与"恐惧"相通，但二者并不是一回事。"恐惧"是对即时人身危险的反应，例如被恶狗逼到墙角、要去坐过山车或走在危险的黑暗小巷。"焦虑"是对未来的威胁的反应，例如被要求发表演讲、需要打个令人不快的电话或即将经历痛苦的疗程。

常见威胁

我们意识到珍视之物受到威胁时，就会变得焦虑。最常受到威胁的如下：

◇ 人身安全：如独自走夜路或等待病理报告时。
◇ 物质财富：如面对巨额债务、裁员风险或开展新业务时。
◇ 自尊相关：如在工作中出现重大失误或费力去做对别人很容易的事时。
◇ 社交安全：如觉得不受某人认可或要去往都是陌生人的社交场合时。
◇ 心理健康：如开始感到抑郁或被焦虑（本身就可成为威胁源）压垮时。

进化效益

焦虑在进化过程中扮演了积极角色。历史上看，焦虑让我们的祖先具备了生存优势。在人类几千年的进化历程中，焦虑提高了人类探测周边威胁的能力，从而增大了逃离危险的概率。对我们石器时代的祖先来说，战斗-逃跑反应会提供战斗或逃跑所需的额外能量储备。即使是今天，在某些情况下，战斗-逃跑反应依然可以派上用场。例如，你在围场里被公牛追赶或在打架时逃跑，战斗-逃跑反应引发的能量激增会让你比平时跑得更远、更快。

比起我们的祖先在草原上游荡，我们如今生活的世界已经发生了巨大的变化，大多数被我们视作威胁的情况也不同了。今天，我们感知到的威胁已经从人身安全转向情绪：任务的截止日期、苛刻的顾客、经济压力、考试压力、家庭和工作上的要求，以及让人不快的冲突。这些情况不会对我们的生存构成威胁，但我们的身体依然会做出好像命悬一线的反应。

可惜，在这些情况下，处于高度生理唤醒状态并做好行动准备并没有什么益处。事实上，频繁的生理唤醒引发的生理变化会导致头痛、胸痛、胃部不适、抽搐、激动、疲惫和惊恐发作等问题。

斯蒂芬是一位才华横溢的年轻设计顾问，经营自己的公司已近10年。虽然公司生意兴隆，但斯蒂芬常常感到焦虑。忙的时候，他担心自己跟不上工作的节奏。不忙的时候，他担心自己会没生意可做。他还担心自己不能在最后期限之前完成任务，满足不了客户的期望，无法与新的大型设计公司竞争，保不住现在的优势。虽然斯蒂芬是业内最优秀的设计师之一，但焦虑让他很难享受成功或对未来感到乐观。

焦虑倾向

像斯蒂芬一样，很多人都有焦虑倾向。我们将这种情况称为"高特质焦虑"（high trait anxiety），因为焦虑倾向是个性的一部分。有这种特质的人更可能将中性或低威胁情况视为危险，并常常高估坏事发生的可能性（如"我的孩子可能出了事故""我可能赶不上飞机""他们可能觉得我不好")。这种特质是个人幸福的主要障碍,因为它让我们无法放松、专注于正在做的事情以及享受当下。

在同卵和异卵双胞胎中进行的焦虑程度研究发现,焦虑倾向受基因和早期童年经历影响(各占约50%)。有挑剔、严苛、热衷惩罚、喜怒无常、传递过于危险的世界观的父母,遭受了贫穷、暴力,以及家庭环境不安全或不稳定,这些都属于早期童年经历。此外,生物因素也会导致焦虑气质。

虽然焦虑倾向会提高焦虑的可能性,但这并不意味着我们注定要在余生忍受焦虑。不过,与低特质焦虑的人相比,高特质焦虑的人需要付出更多努力来控制焦虑。

焦虑的多种原因

虽然大多数人都会在经历某些情况(比如被迫上台演讲或确诊重病)时感到有威胁,但焦虑的原因并不完全相同。例如:有些人在得不到他人认同的时候会特别焦虑,却不太在意自己的人身安全;而有些人会对财务安全感到焦虑,但不太在意别人的反对;也有些人在身体健康出问题时会异常焦虑,但不会太担心自己的工作表现。我们的过往经历影响了我们赋予生活事件的意义,以及触发我们焦虑情绪的具体问题。

焦虑障碍

虽然焦虑是应对威胁的一种正常反应,但它如果干扰了我们的生活和行为能力,就进入了焦虑障碍的范畴。与普通焦虑相比,焦虑障碍的症状及其对我们生活的影响更为普遍和深远，可能会持续几个月或几年。

研究估计，澳大利亚每年有14%的人患有焦虑障碍，其中包括广泛性焦虑、社交恐惧症、惊恐障碍、广场恐惧症、强迫症、创伤后应激障碍，以及特殊恐惧症（例如飞行恐惧、幽闭恐惧和蜘蛛恐惧）。焦虑障碍会干扰人们的行为能力，让人无法正常工作、赶上飞机、开车、离家、交朋友、享有正常的人际关系或对外部世界的安全感。患有焦虑障碍的人可能也深受其他问题的困扰，如抑郁或失眠。

同普通焦虑相比，焦虑障碍对行为能力损害更大，因此很难单纯通过自助来控制。你如果患有焦虑障碍，向有经验的心理健康专家寻求帮助是很重要的。目前，每种类型的焦虑障碍都有适用的认知行为疗法。随着持续评估和深入改进，认知行为疗法对焦虑障碍的疗效也在不断完善。

本章将介绍如何应对普通焦虑，其中部分信息对焦虑障碍也有帮助。但是，正如所有自助类书籍一样，本章内容并不是针对特定焦虑障碍的完善治疗，因此我强烈建议焦虑障碍患者寻求专业帮助。

焦虑的影响

焦虑会影响我们的想法、躯体感觉和行为。

1. 想　法

我们的思维方式会影响焦虑倾向，反之亦然，焦虑也会影响我们的思想。处于焦虑状态时，我们会更关注威胁，大脑不断搜寻可能的危险。我们会高估坏事发生的可能性，并在心理上夸大相应的后果。

焦虑会限制我们的注意力，因此让我们无暇顾及其他问题，一味关注威胁。例如，如果在派对上和他人交谈这件事让你感到焦虑，你或许会发觉自己很难听清他们说话的内容，因为你的一部分注意力集中在自己的表现上。许多焦虑的人会担忧自己的记忆力和专注力，因为对感知到的危险的关注限制了他们用于关注其他问题的精神资源。

2. 躯　体

如前文所述，焦虑会触发生理唤醒。高特质焦虑的人会经历躯体症状，即心理因素导致的身体症状，其中最常见的是心悸、颤抖、胸闷、睡眠障碍、头痛、恶心、头晕和疲乏。以下症状也很普遍：麻木、刺痛、抽搐或触电感、厌食、腹泻、呕吐、消化障碍、头晕、心律不齐、皮肤发痒、肌肉僵硬、喉咙发紧或吞咽困难、潮热、头皮疼痛或紧绷，以及恍惚感。

这些症状令人不适又很难解释，因此很多焦虑的人都担心自己的健康出了问题。专注躯体感觉可能会使焦虑更甚，并建立自我延续的循环：焦虑导致躯体症状，躯体症状被视作危险信号，而这一感知会引发更深的焦虑，进而加重躯体症状。由焦虑或惊恐发作引发的原本无害的躯体症状，最终常常导致焦虑患者住院。

3. 行　为

所有情绪都会影响我们的行为，焦虑可算是最强的驱动力。焦虑可以促使我们行动起来保护自己、争取生存，也可能导致严重影响我们生活质量的行为。

动机和表现

有时，适度的焦虑对我们是有益的。例如，在体育运动中，赛前的焦虑可以增强动机，促使运动员超常发挥。考试前的焦虑可以激励学生努力学习，在考试时出色发挥。对演讲的焦虑可以激励演讲者充分准备，从而有精彩的表现。对于一份要求很高的工作，适度的焦虑能让人保持动力和专注。

虽然适度的焦虑可以带来更好的表现，但严重的焦虑则不然。高度焦虑在工作中会导致人注意力不集中、犯错、效率下降和精疲力竭；在竞技体育中，它会妨碍运动员发挥；在首演之夜，被吓坏的舞台剧演员可能会忘词；在考试时，它会造成考生头脑空白和答题失误。

回 避

回避行为是焦虑及其相关病症的共同特征。一旦觉得事情不安全，我们就会试图回避。例如，我们如果有社交焦虑，就会回避需要与人交谈的社交场合；我们如果有健康方面的焦虑，就会因为害怕查出问题而推迟体检；我们如果因为可能惊恐发作而感到焦虑，就会回避较为封闭的公共场所（例如购物中心、公共交通工具和隧道）；我们如果对他人怎么看待自己感到焦虑，就会回避表达观点，犹豫着不想沟通，或是拒绝拨打会令自己不愉快的电话；我们如果惧怕失败，就会回避可能失败的情况，比如求职面试、有挑战的工作或继续深造。

回避使我们得以逃避焦虑带来的不适，在短期内感觉良好。但是，回避会产生反效果，因为它强化了世界不安全的信念，长期看反而延续了焦虑状态。拒绝正视恐惧意味着我们永远学不会克服它。回避也会严重限制我们的生活。那些允许焦虑支配自己行为的人，往往只能过着有限而无趣的生活。

有些人试图通过暴食、酗酒、吸烟、服用非法药物或赌博来麻痹自己，逃避焦虑。这些行为往往能给我们带来一时的解脱，所以我们会一再沉溺其中。问题是，这么做并非长久之计。与解决的麻烦相比，造成的麻烦往往更多。事实上，焦虑是成瘾习惯和其他自我挫败行为的常见预兆。

安全行为

寻找自我保护的方法是对危险情况的正常反应。例如，我们如果在电影院闻到了烟味，可能会从最近的出口离开。这是一种正常且恰当的反应，可以保护我们免受伤害。但如果我们有高特质焦虑，就会高估发生危险的可能性，常常会做些什么来保护自己。这些安全行为（旨在最小化伤害风险的策略）可以是心理策略（如回顾最近的谈话，寻找反证的迹象），也可以是具体行为（如多次预约检查，排查患病的可能）。其他常见的安全行为包括：

- 找人陪伴，以免独自面对。
- 定期给关心的人打电话，确保他们安全。
- 在网上查询可能造成当前身体症状的原因。
- 进行过度的准备和心理上的演练。
- 试图把事情做得完美，以获得认可或避免批评。
- 坐在出口旁，以便快速逃离。
- 服用维生素或采用未经证实的治疗方法来保持健康。
- 自带瓶装水并常小口啜饮。
- 回避与焦虑有关的情景。
- 控制并检查物品的使用。

第六章 应对焦虑

- 为假想的问题制定解决方案。

虽然安全行为的目的是降低伤害风险，我们却很少能做到这一点，而且通常造成的问题多于所解决的。安全行为让我们无法意识到自己的恐惧并不合理，从而维持了焦虑。如果没发生什么糟糕的事情，我们不会认为糟糕的事情确实少见，而是会无意识地将这种情况归功于安全行为。

为了消解或减少焦虑，我们需要找出并放弃安全行为。这可以分小步来完成，这样我们就可以习惯新的行为，而不会感到不知所措。通过逐渐放弃安全行为并直面自己的恐惧，我们会发现这个世界终究还是安全的。就算我们不做干预，多数事情也不会出问题。更重要的是，即使在极少数情况下，事情没有按预期进行，我们也明白自己有能力应对。

练习 6.1

1. 将你为保证自身安全而做出的安全行为（包括你回避的事情）记录下来。如果有其他行为出现，再添加进去。
2. 这些行为的后果是什么？它们真的能保护你或你在意的人不受伤害吗？
3. 写下这些行为的所有不利方面。

延续焦虑的思维习惯

焦虑源于对威胁的感知。找出维持焦虑的思维模式和行为并学着改变，可以帮助我们减少对威胁的感知。以下是常见的会延续焦虑的思维习惯。

1. 担　忧

担忧是对可能发生的坏事的纠结想法。偶尔担忧是正常的，因为这一过程可以帮助我们找到解决问题的方法。但是，很多人的担忧远远超出了有益的范畴。我们感到焦虑或沮丧时，会比平时更容易担忧，因为情绪会影响我们的想法。担忧是所有焦虑障碍的共同特征，但我们担忧的问题会受特定障碍的影响。例如，有社交恐惧症的人会担忧社交场合，有健康焦虑的人会担忧生病，恐慌症患者会担忧未来不知什么时候惊恐发作，而恐惧症患者则会担忧不得不面对自己恐惧对象的情形。

对各种问题的持续担忧是广泛性焦虑（generalised anxiety disorder，GAD）的一个主要特征。5%～7%的澳大利亚人在一生中的某个阶段都会受其困扰。患有广泛性焦虑的人更可能以灾难化的方式解读可能性繁多的事件（如"老板为什么不对我笑？她一定讨厌我""老公下班晚了，是不是出事了"），并经常陷入没有根据的担忧（如"要是我失业了，怎么办""要是我摔倒了，怎么办""要是我出糗了，怎么办""要是我病了，再也无法工作了，怎么办""要是我找不到停车位，怎么办""要是我的伴侣死了，怎么办"）。

一天晚上，吉娜参加了一个露天派对。她注意到手指上有些血，以为是自己的，便本能地舔了舔。这本来不是问题，直到她发现这些血竟然是站在她头顶阳台上的一个年轻人的——他被开瓶器割伤了。吉娜意识到自己舔了别人的血，顿时感到头晕目眩。她立刻想到血里可能有艾滋病病毒，会害她染上艾滋病。虽然没有证据表明血液被污染了（或是舔别人的血一定会导致艾滋病），但吉娜倾向于关注威胁，并严重高估了坏事发生的可能性，导致自己陷入恐慌。

2. 关于担忧的元认知信念

我们在第五章中看到愤怒的元认知信念是如何使我们长期愠怒的。同样，担忧的元认知信念也会使我们持续担忧。容易担忧的人常表示自己无法将注意力从恐惧上移开，并一想到放弃担忧就觉得不舒服。这是因为担忧并不是毫无益处的。很多人对担忧有着积极的信念，例如"担忧给了我掌控感""担忧有助于我找到解决办法""担忧阻止了坏事的发生""担忧让我对最坏的情况做好了准备"。

这些信念中的大多数是下意识形成的，但通常可以通过反思觉察。虽然关于担忧的积极信念在很大程度上并不理性，但我们只凭直觉会感到它们很真实，也极少停下来仔细研究它们。我们只要相信担忧能保护或帮助自己，就不会轻易摆脱这个习惯。因此，识别并反驳对担忧有益的非理性信念是很重要的。下面举的例子说明了要如何做到这一点。

关于担忧的积极信念	更符合现实的观点
担忧可以阻止坏事发生。	担忧对发生的事情毫无影响。 除非我做点儿什么去解决问题，否则担心的过程并不会影响生活中的事件。
担忧有助于我准备好应对未来的威胁。	我不可能为每一种消极的突发事件做好准备。过于关注潜在威胁，会导致我忙于应对无谓的可能性，忽略其他更为紧迫的需求。担忧可能引发其他问题，造成时间和精力浪费。
担忧有助于我找到解决办法。	忧心忡忡并不能解决问题。不担忧能有效（或更有效）地解决问题。担忧不会带来任何好处。

续表

关于担忧的积极信念	更符合现实的观点
担忧使我做好了最坏的打算。如果真的发生了坏事，我也有心理准备。	如果发生了坏事，提前担忧并不会给我提供情绪保护，而只会产生毫无益处的焦虑。为什么要忍受极小概率事件的折磨？如果事情出了问题，我会在需要的时候处理。提前担忧并不能提供额外的保护。
担忧让我有掌控感。	担忧并不能让我掌控一切。除非我能解决问题或采取些积极行动，否则担忧并不会对结果产生什么影响。
担忧促使我行动。	我可以通过设定目标并付诸行动来获取所需。我不需要为完成任务而感到担忧。

格雷格讨厌看牙医，在过去15年里都没有检查过牙齿。最后，在妻子的离婚威胁下，他勉强同意了去做检查。刚预约，他就开始担心和想象，如果需要补牙会有多可怕。到了那"可怕"的一天，格雷格坐在候诊室里，纠结着自己的命运，感到深深的焦虑。确实，牙齿检查结果是他将面临最恐惧的事——要补两颗龋齿。虽然在补牙过程中他确实经历了一些不适，但最糟糕的情况只持续了6分钟——60秒注射和5分钟钻孔。格雷格之前焦虑的好几个星期远比短暂的补牙过程痛苦。

*

我自己计划冬季去墨尔本旅行的经历也说明了同样的道理。年中休息似乎是探望家人的好机会，于是我订了飞往墨尔本的机票，准备稍做停留。墨尔本天气最好的时候也不暖和，隆冬时节则常是阴冷的。我比多数人都怕冷，所以旅行前的两周我都在揣测和担忧冬天的严寒。结果，墨尔本的天气完全不成问题——大部分时间，我要么穿得很暖和，要么待在室内。我非常享受这次跟家人和朋友们叙旧的机会。旅行本身很愉快,但前两周的消极预期却很痛苦。我将这次经历视作一次及时的提醒:我们大部分痛苦源自消极的预期,而非事情本身。

3. 过度渴望认可

想被他人喜欢是人类的正常反应。我们对被接纳的渴望是与生俱来的。对我们石器时代的祖先来说,被部落接纳意味着安全,被排斥则意味着死亡。但在现代社会中,即使不被喜爱和接纳,我们也可以生存得很好。虽然如此,一些人仍然渴望得到认可,好像这件事依然左右着他们的性命。

高特质焦虑人群往往会过度渴望认可,因此对从别人那里接收到的信息过于敏感——无论是口头的还是书面的。例如,如果某人看起来比平时冷淡,我们可能会感到焦虑,更可能将中立的评论或手势误解为不赞成或拒绝。对于自己的行为和给别人留下的印象,我们也会有自己的想法,因而往往会担忧自己的言行,以及别人的看法。

自信心不强的情况会强化我们对认可的渴望,因为我们觉得自己很可能被拒绝。于是,我们寻求他人的认可,以确保这种情况不会发生。我们可能会寻找认可的迹象,比如肢体语言和评论,有时会想方设法去获得他人的喜爱。我们也可能因为害怕不被认可而不愿意承担社交风险或有大胆的举动。我们害怕可能会爆发冲突,有时会竭力避免。

翻修房子时,里克注意到厨房和浴室的工程质量不太好。他和施工方协商后,施工方保证他担忧的问题都会得到解决,但完工后还是有很多问题。里克知道他应该再找施工方谈谈，并坚持要求他们解决问题，但一想到可能发生的冲突，他就感到焦虑。里克不喜欢"制造麻烦"或麻烦别人，于是选择什么也不说，并劝自己忍受这些小毛病。

里克的行为是过度渴望认可的典型例子。潜在冲突引发的焦虑导致了他为了维系和谐，忽视自己的长远利益。

行为反驳

和所有信念一样，对认可的过度渴求和对遭到拒绝的恐惧都会反映在我们的行为方式上。例如，为了取悦他人或留下好印象，我们往往会同意他们的意见，含糊地表达自己的想法和需求，过分慷慨或是过于努力地让他人喜欢我们。在上述例子中，里克没有告诉施工方他对工程质量的真正想法，因为担心他们意见不合。

有些人太在意别人怎么看自己。对这些人来说，行为反驳是瓦解这种担忧的良好途径。"我们如果做了别人不认同的事情，就会造成灾难性的后果"这种假设是否正确，可以通过改变行为来证明。认知行为疗法的先驱阿尔伯特·埃利斯首先提出的羞耻攻击练习是这种方法的例子。这一练习的主要内容是故意做出一些可能引发消极评价的行为。

埃利斯在一次著名的个人经历中实践了这一练习：他曾坐在公园的长椅上搭讪了100多名女性，以此来对抗自己对被拒绝的恐惧。他说："我意识到在这次练习中，没人呕吐，没人报警，我也没有死掉。通过尝试新行为并理解现实世界而不是想象所发生的事情，我克服了和女性搭话的恐惧。"

练习 6.2

如果你过度渴望认可，写下那些你为了赢得他人认可所做的事。在接下来的几周，进行放弃这些行为的行为实验。改变行为有什么后果？会导致拒绝或反对吗？有很多消极后果吗？有什么积极结果吗？

这种方法的倡导者提出的其他羞耻攻击练习包括：

◇ 进入电梯后，面对其他人而不是门站着。
◇ 周围全是人的时候，自顾自地唱歌。
◇ 衣着惹眼，如穿印有夸张标志的T恤、系出格的领带或戴滑稽的帽子。
◇ 在街上走到一个人面前，告诉（而不是问）对方时间。
◇ 乘坐公交或火车时，每次停车都报出站名。

在针对社交焦虑的认知行为疗法小组项目中，羞耻攻击练习往往是参与者认为最重要的学习体验。一位参与者说："我真不敢相信，在悉尼大街上跳康茄舞会给我这么自由的感觉。大多数人看都不看我们，而那些看了看我们的人好像并不在意。这真的让我明白了一个事实，那就是对别人看法的担心都是我自己的胡思乱想而已。"

这样的练习让我们明白，即使我们看起来很傻或是吸引了目光，其实人们也并不关注或在意我们。即使有些人觉得我们很奇怪，也不会有什么严重后果。

上面列出的练习对一些人来说可能太"疯狂"了，不过任何涉及减少寻求认可行为的练习都可以被纳入羞耻攻击练习的框架。更常规的练习包括在通常不会说什么的情况下果敢地沟通，或者诚实、开放地面对通常觉得羞于承认的事情。如果你常因为害怕不被认可而避免表达自己的观点，那么在有机会时大胆地表达观点来挑战自己吧。说出你的想法，而不是你认为别人想听的话，并观察是否带来了消极后果。如果你常为了赢得他人的认可而附和他们的意见，那么当你真的不认同时，试着表达不同意见吧。如果你常为了讨他人的欢心而过分慷慨，那么要有意识地控制这种行为——或者更好的办法是也请他们帮你一个忙。注意寻找机会，自发地进行羞耻攻击练习。每当你发现自己在想"我不能那样做，那会让我看起来很糟"时，就用这句话作为迎接挑战的契机。

行为反驳会激起焦虑，因为新行为与我们坚持的信念并不相称。但是，通过反复面对恐惧，我们会明白自己的假设并不正确。人们很少像我们假设中那样评判别人，即使有些人不认可我们，我们也能比想象中更好地应对。

4. 完美主义

和大多数特质一样，完美主义人格可能是在生物倾向和/或童年经历的影响下发展起来的。对孩子期望过高、经常批评孩子、根据孩子的表现决定亲疏以及自身有完美主义行为的父母，更可能培养出具有完美主义特质的孩子。具有高天赋和能力的孩子受老师、家人和伙伴抱有高期望的影响，更容易在成年后表现出完美主义特质。此外，高特质焦虑人群往往会被完美主义行为吸引，因为这种行为会给他们控制感。

我们追求完美，是因为完美让我们的世界看起来具有规律，因而更安全。这种行为也满足了我们对认可的渴望，因为我们相信做事完美会提高他人对我们的评价，让我们受到欢迎和尊重。

虽然高标准有其好处，但认为事情必须做得完美的信念却会导致焦虑，因为我们仍有可能达不到自己的期望。完美主义态度往往会导致拖延，因为对失败的恐惧会让我们很难开始行动。它还会让我们效率低下，因为我们说不出"已经够好了"，从而会在不值得的任务上花费太多时间。这样做往往收效甚微，但耗费的成本却可能非常巨大。"要做到完美"的想法会让我们陷入左右为难的困局：要么很难开始，要么很难结束。

完美主义也会使我们过于关注小缺点和错误，并贬低自己的成就和取得的成功。我们很难承认自己做得不错，可一旦表现没有达到期望，就会自我鞭笞。频繁的自我批评让我们感到沮丧和不满。完美主义态度限制了我们放松、拥有健康的自尊以及不关注结果而只享受活动乐趣的能力。很多具有完美主义特质的人也会对他人（伴侣、朋友、孩子或同事）提出高要求，并且百般挑剔。这让他们很难相处，进而影响了人际关系。

这并不是说完美主义态度始终是不可取的。有些情况确实需要严格的标准。例如，在进行手术时，因为性命攸关，外科医生就要力求完美。在战区工作的拆弹专家和军事人员也必须是完美主义者，因为微小的错误可能会带来可怕的后果。其他某些危急情况也要求参与者一丝不苟。然而，对大多数人来说，多数情况下，完美主义的期望既没有必要，也毫无用处。

凯茜给一位会定期采访知名嘉宾的著名的电台主持人当研究助手。除了为节目寻找嘉宾以及调查他们的背景，凯茜还会在采访前致电每位嘉宾，以更了解他们。作为一个完美主义者，凯茜认为自己必须在给每位嘉宾打电话前读完搜集到的所有资料，否则就会感到焦虑。虽然凯茜认为这份工作本身就很有压力，但事实上凯茜的完美主义才是主要问题。她认为自己必须读完所有材料的想法既不现实，也不可行。凯茜想把工作做得更好，反而造成效率低下的结果，因为阅读所有背景资料的额外收益微不足道。有趣的是，采访的质量始终很高，无论凯茜是花了几小时研读资料还是根本没时间这么做。

虽然完美主义常常表现在我们对工作和学习的态度上，但我们在其他方面也会有完美主义态度，如穿着打扮，买的东西，对伴侣、朋友和孩子的期望，参与体育运动或休闲活动的倾向，甚至是做家务的方式。

> 雷琳在做家务时追求完美。尽管房子始终干净整洁这一点让她很自豪，但她的完美主义态度也有缺点。一旦房子看起来没那么完美，雷琳就会感到有压力。有朋友突然到访时，雷琳担心他们会注意到家里乱糟糟的，对她印象不好。她重视房子的干净整洁并不是问题，在任何感兴趣的领域想要做得出色都是值得的。问题在于她的认知僵化——她的房子必须总是漂漂亮亮的，以及她无法对房子没那么完美的状况释然。雷琳的完美主义态度非但没有让她更快乐，反而让她感到焦虑。因此，无论是漂亮的房子还是朋友的到来，都无法让她感到高兴。

行为反驳

对于像凯茜一样以完美主义态度对待工作的人来说，行为反驳是最有效的策略。给执行的任务设定时限，让自己有机会观察相应的后果。

凯茜决定把她用来研读采访嘉宾简介的时间控制在一小时内，结果发现这件事对节目准备或是电台采访的质量毫无影响。凯茜的想法改变了，这让她可以更有效地完成工作。

雷琳选择一周不整理床铺。虽然一开始这让她更焦虑了，但随着时间的推移，在发现降低标准不会导致消极后果后，她便不再焦虑了。她哥哥从法国回来之前，她还克制住了请假三天打扫房子的冲动，并再次发现这完全没有影响自己享受哥哥在家里暂住的乐趣。

塔恩的完美主义常导致拖延，这给他的记者工作制造了麻烦。但通过先打一份草稿的方法，他学会了克服这个毛病。一旦草稿写完，他就不再焦虑了，从而可以继续完善稿件。

*

马里奥选择在发邮件前只检查一次，以挑战对写作的完美主义态度。

*

托德选择在周赛中故意失误，以挑战对比赛标准的完美主义态度。

*

妮基决定把化妆时间控制在10分钟内，并改掉出门前反复换衣服的习惯，以挑战对自己外表的完美主义态度。

*

阿德里安每天都故意把办公室弄乱，来挑战自己对整洁的执着。

弗蕾娅请朋友吃饭时，下午5点才开始准备。她决定提供简单的意面和沙拉而不是精心制作的美食，并在朋友到来之前只给自己留几小时做饭。这有助于弗蕾娅挑战她心目中认定的请客时要达到的完美标准。

练习 6.3

如果你是一个完美主义者，写下一些能体现你完美主义态度的例子。设计一些行为实验来检测你关于完美需求的假想是否属实，并坚持几周。修改你的完美主义期望会带来什么后果？

5. 过度渴望控制

通过解决问题或反驳消极想法来控制棘手情况会让我们感觉不错。这样做可以减轻我们的焦虑和无助，营造出一种掌控感。然而，过度渴望控制会适得其反——它会延续焦虑，并导致没有好处的行为。

天生焦虑者往往过度渴望控制。他们试图通过最大限度地减少出错的可能来使我们的世界安全和可预测。因此，他们会有预测、搜索、准备、发起、抢先、修复、预警、安排、检查、调整、计划、解释以及组织等行动。

问题是，有很多事情我们无法控制，而试图控制它们并不能让自己感到安全，反而常会起反效果。这样做还会浪费我们的精力，分散我们的注意力，使我们无法过上充实而有意义的生活。健康的心态是我们接受很多事情无法控制的事实，而不是试图控制它们。

瓦莱丽17岁的女儿谢里尔最近宣布，她要和男友马克同居。瓦莱丽气疯了。马克很有礼貌，但瓦莱丽觉得他头脑过于简单。他没受过很好的教育，不太会说话，也没什么抱负。瓦莱丽不明白谢里尔看上他哪一点了。她还认为谢里尔太小，过早和男友同居最后只会受到伤害。

瓦莱丽关心谢里尔的幸福再正常不过了，因为像所有的父母一样，她希望女儿幸福平安。因此她需要和谢里尔谈谈，解释自己的担忧，指出她计划里的缺陷，并提出替代方案（如"不如接下来的6个月你们继续约会，他周末可以来。如果到了年底你的想法还没变，你们再搬到一起"）。谢里尔是否会采纳瓦莱丽的建议，要看她的个性以及她和母亲的关系。关键是，一旦和谢里尔谈过，瓦莱丽就没有其他可做的了。和许多青年的父母一样，瓦莱丽需要接受自己无法再控制女儿行动的现实。放弃控制权很痛苦，但有必要。对无法改变的事情选择放手的能力是衡量良好心理健康的标准之一。

通过反驳自己的某些认知，瓦莱丽反驳了她无益的想法和信念。

情况	谢里尔宣布她打算搬走，和马克同居。
感受	焦虑、愤怒、紧张、生理唤醒
想法	她怎么会有这种想法？她还小，不能跟男友同居，否则最后一定会受伤的。
信念	她的决定很糟糕。 我应该保护她，避免一切可能的危险。 如果他俩过得不好，结果就无可挽回了。 她应该做我认为正确的事情。
错误思维	"应该"的滥用、杞人忧天、非黑即白思维

续表

反驳	她也许会受到伤害，但和马克在一起也可能会很幸福。 就算不幸福，她也可以从中吸取教训。她任何时候都可以回家。 我希望她能做我认为正确的事，但没有哪条法律规定她必须这样做。她有权做她认为对自己最好的事情。 她就算因此受到伤害，也会恢复的。生活中痛苦的事情很多，我不可能一直保护她，让她不受苦。
积极行动	跟她谈谈，解释我为什么担忧，提出一个折中方案，但也接受她不同意的决定。

行为反驳

改变行为并观察后果的行为实验可以挑战我们对事物过度的控制欲。例如，如果你常有为别人解决问题的冲动，那就下决心不再管别人。如果你常试图控制伴侣或孩子，那就有意识地选择放手，看看会怎么样。在上述例子中，瓦莱丽首先驳斥了自己无益的认知，然后选择不再控制女儿的行动。谢里尔搬去和马克同住后，瓦莱丽发现并没有出现那么可怕的后果。

> 露西娅生性焦虑，对孩子有很强的控制欲。她常责备他们学习不够努力，不该和狐朋狗友混在一起，穿着不得体，以及不该听某些类型的音乐。当她十几岁的女儿带着文身回家时，露西娅气坏了——她绝不允许这种事发生！露西娅决定挑战她对孩子们的控制欲，少干涉他们的生活。她虽然照常作为家长引导他们，但给了孩子们更大的自由去做决定、分配时间以及做他们喜欢的事情。采取更宽容的态度后，露西娅发现并没有出现什么灾难性的后果。相反，孩子们更快乐了，也体现了为自己做出理智决定的能力。

*

皮普喜欢事情都按自己的方式来。和朋友一起出去看电影或吃饭的时候，他们必须去他选择或者愿意去的地方，不然他整晚都会情绪低落，让别人也觉得不舒服。皮普可以通过有意让别人做决定并跟随他们来挑战自己的控制欲。"随大流"的做法让皮普明白，事情并不总是要以他的方式进行。听从别人的选择没什么大不了的，相反，还会有积极的附加效果。比如，如果电影不好看或饭不好吃，他也不会感到内疚了。

*

格伦认为，同事们应该用他设计的办公系统，哪怕他们更喜欢用另一种。他也不愿意把工作分配出去，因为他喜欢完全掌控项目每个阶段的感觉。这导致他效率低下，和同事的关系也很紧张。格伦决定使用同事设计的系统并客观地评估其利弊，以此来锻炼思维的灵活性。此外，把一些任务分配出去后，格伦意识到放弃部分控制权是有益处的，可以让他的工作更轻松。

*

亚娜很想控制体重，对自己的饮食要求十分苛刻。为了打破对体重的痴迷，亚娜决定随意地吃东西，每天吃一些正常的小零食，外出吃饭时点些甜点。打破严格的饮食控制后，亚娜意识到这么做没什么灾难性后果，她担心的体重激增也没有出现。

*

每次克劳迪娅和其他男性说话时，男友彼得都会很焦虑。他们外出参加社交活动时，他会一直盯着她。如果看到克劳迪娅和年轻男性说话，他就会在回家路上发火或挖苦她。克劳迪娅想和朋友出去时，彼得也会百般刁难她，因为他担心自己不在，克劳迪娅会遇见其他男人。彼得试图控制克劳迪娅的行为并没有帮他克服恐惧，反而增加了他的不安。对彼得来说，一个很不错的行为实验就是试着不再控制克劳迪娅，也不再监视她的一举一动。虽然一开始这会让他更焦虑，但慢慢地，彼得会发现他们感情很稳定，因此他不必为了留住克劳迪娅而控制她。事实上，一旦彼得停止了他的控制行为，克劳迪娅会更快乐，对这段感情也会更投入。

*

费利克斯对生活有很强的掌控欲，希望每天都过得有规律，不发生预料之外的状况。他很抗拒计划外的行为，比如朋友突然来访或者打电话找他做什么。费利克斯意识到思维不变通对自己没什么好处，于是决定挑战自己的刻板行为。他决定抓住所有机会，即便有的行为会让他偏离原定计划。例如，费利克斯在下班回家的路上遇到了一个老朋友，他当即决定改变计划，抓住这个机会和朋友喝杯咖啡。减少了生活中的条条框框后，费利克斯发现他不需要坚持僵化的日程，这也为他的生活增添了一些情趣。

练习 6.4

你对哪些方面有过度的控制欲？将它们写下来。设计一些行为实验，看看放弃控制有什么效果，并在接下来的几周将其付诸实践。放弃控制有什么后果？是否导致了你所畏惧的消极结果？产生了什么积极结果吗？

解决问题

每当发现自己处于压力之下，我们最该做的第一步就是寻找解决办法。解决问题的行为增强了我们的控制感，所以对下一步行为的决定通常会让我们感觉更好。情况不同，我们所能施加的控制力也不同。有时，我们就算想得很好，但对现状无能为力。在这种情况下，最佳选择就是锻炼认知弹性——接受有些情况我们无法控制的现实。如果有办法解决，那么通过头脑风暴得出一些可选方案是一个不错的开始。

珍妮特在一家大出版公司当编辑。在过去的12个月里，工作量增加了。那段时间，珍妮特尽了最大的努力来应付工作。最近，珍妮特又被分配了额外的工作，截止日期近在眼前，让她的焦虑度飙升。珍妮特非常认真，觉得自己有义务按时交付成果，但她知道这是不可能的。她感到一阵胸闷不适，有时甚至呼吸困难。

截止日期定得很不现实，这给珍妮特造成了巨大的压力，她意识到自己必须做些什么。她考虑过辞职，但这么做似乎太极端了，所以她决定探索其他选择。她列出了以下可能的解决办法：

- 把工作按优先顺序安排好，重点关注最紧急的那些。
- 跟路易丝（同事）谈谈，看她愿不愿意帮忙分担一些项目。
- 这周每天早到晚走。
- 周末加班，把紧急的工作做完。
- 跟贝丝（团队负责人）谈谈，解释我的情况，请她通融。

当珍妮特将这些策略付诸实践时，她发现把工作按优先顺序安排好和早到晚走让她感觉更有控制力。虽然她不喜欢周末加班，但这一决定给了她额外的喘息空间，让她没那么焦虑了。她还跟同事聊了聊。同事虽然很同情她，但无法分担额外的工作。同事强烈建议珍妮特和贝丝谈谈，因为贝丝可以减轻她的负担。

解决问题的障碍

尽管和上司谈话是显而易见的关键一步，但珍妮特对此非常抵触。经过思考，她意识到这源于她对求助的信念："我应该始终靠自己""求助意味着我无能""别人会看轻我"。为了做好工作，珍妮特需要拓展认知弹性。在考虑这个问题时，她写下了以下反驳性陈述：

- 我想完成分配给我的所有任务，但我并不总能做到这一点。

- 工作量过大时求助是能干而非失败的体现。
- 经验告诉我，人们很少像我评价自己那样苛刻地评价我。

在承认并挑战了阻碍前进的心理障碍后，珍妮特找到贝丝，跟她进行了一次有效的讨论，从而延长了一些期限，也让工作量更合理了。

我们发现自己对某个问题感到焦虑时，寻找解决方案往往是一个很好的开始。我们创造性地思考并挑战阻碍解决问题的障碍时，往往可以得到部分或全部解决方案（另见第九章）。

练习 6.5

阅读下列 8 种情况，思考下面的问题：

a. 导致焦虑的想法和信念。

b. 可以减少焦虑的辩驳性陈述。

c. 有助于改善情况的解决方法（参考方案见书后）。

1. 伊芙要去参加一个社交活动，但她谁也不认识，感觉很焦虑。
2. 巴里和医生约好了时间却无法准时到达，他因此感到很焦虑。
3. 金因为要面向一大群专业人士演讲而感到焦虑。
4. 里克要就某个潜在矛盾和同事据理力争，他因此感到很焦虑。
5. 邻居的狗一直在叫，费伊不得不去提意见，她因此感到很焦虑。
6. 杰里米为即将到来的工作面试焦虑不安。
7. 克莱夫因不得不把一些商品退货而感到焦虑。
8. 奥利维娅的女儿睡过头了。她担心女儿会错过度假的航班，感到很焦虑。

挑战灾难化思维

认知行为疗法策略的目的是培养健康、均衡的思维,即以正确的视角看问题,认识到大多数问题的可怕程度在5～20之间,而不是我们有时以为的90～100。除了承认我们担心的大多数情况并不会发生,我们也要知道,即使问题真的发生了,我们也可以应对。要记住以下两个重要的事实。

1. 担心的事中超过90%不会发生

把你担忧要发生的灾难次数相加,和实际发生的灾难次数进行比较,你认为会发现什么?你所担忧的绝大多数事情不会发生(如果你是一个经常担忧的人,更可能的结果是,你所担忧的事中有90%以上从来没有发生过)。尽管你非常恐惧,但演讲并不像你所担心的那样失败,可怕的晚宴也没能把你搞垮,公司重组也没有影响到你。回想起来,天很少会塌;每次焦虑过后,你的生活都像以前一样正常。

2. 后果很少是灾难性的

即使在极少数情况下,你担心的情况确实发生了,后果通常也没有那么糟糕。大多数时候会出现暂时的不便、不适或苦恼,但很少如预料的那样大祸临头。当然,这并不是要你低估一些有时的确会发生的严重情况。极少数情况下,我们最大的恐惧会变为现实并产生严重的消极后果——诊断出危及生命的疾病、被伴侣抛弃、失去家园、痛失所爱或意外致残。这些事件影响深远。当它们发生时,我们感受到巨大的痛苦是正常的。但问题是,大多数时候,预设的最坏情况并没有发生。

玛丽莎最近一直觉得精力不济，还常感到渴。朋友告诉她可能是糖尿病，让她去检查一下。这个慢性健康问题的暗示使玛丽莎陷入了恐慌。一想到自己生病了，要注射胰岛素，生活也会脱离控制，她就感到不知所措。很快，焦虑就变成了绝望。随后医生的会诊证实玛丽莎患上了糖尿病。虽然一开始这个消息似乎是灾难性的，但玛丽莎慢慢地适应了。她学会了如何通过饮食、规律锻炼以及药物来控制病情。虽然患上糖尿病依然是件坏事，但玛丽莎发现，起初看来是场灾难的事情还属于可以应对的范畴。

有时，看似灾难性的情况也会产生一些积极的后果。

艾伦两年来一直在努力挽救他的生意，因此被严重的焦虑折磨着。在这段时间里，他一直担心自己的财务状况，难以入睡。最后，在很多次自我反省和焦虑后，他决定终结这种状态。他没想到的是，一下决定，顿时就感到松了口气。而且，艾伦渐渐意识到自己更快乐、更放松了。公司的倒闭促使艾伦重新评估自己的优先事项，并对自己的生活方式做出了积极的改变。艾伦不再长时间工作，有了和家人在一起、做自己喜欢的事的更多时间。他发展了一些新的业余爱好，包括在丛林中徒步、开船出海和打高尔夫。压力减轻让他更快乐、更容易相处，和妻子的关系也得到了改善。因此，虽然公司倒闭当时似乎是场灾难，但回想起来，艾伦意识到这其实是件好事。

*

芭芭拉6个月前跳槽到了一家新公司，一直做得不错，但最近在转账时犯了个错误，可能会造成非常严重的后果。虽然她发现了错误并及时纠正，但她还是担心这件事会被管理层发现。芭芭拉决定使用思维监控表来反驳自己的认知。

情况	我意识到我把钱转错账户了。我及时补救了，但上司可能会发现。
感受	焦虑、胸闷
想法	每个人都会知道我犯了个错误。 大家会觉得我很差劲。 这会损害我在公司的信誉。
信念	我不应该犯错。 上司如果发现了，就会严厉地批评我。 犯错意味着我无能。
错误思维	杞人忧天、妄下消极结论、"应该"的滥用、贴标签
反驳	人都会犯错，这很正常。 98%的时间里我的工作都做得不错。 大家会通过我大多数时候的表现来评判，而不是某次事件。 大家也极少像我对自己这样苛刻地评价我。 这件事不太可能会对我的职业生涯产生长期影响，但如果确实如此，我可以在发生时再应对。
积极行动	跟我的主管谈谈这个错误是怎么犯的，并向她保证下不为例。

以苏格拉底式提问法消除担忧

处于焦虑状态时，我们的注意力集中在威胁上。我们关注令人恐惧的可能性，高估最坏情况发生的概率，并预测灾难性后果。由于我们的信念偏向威胁，我们对危险的评估并不可靠（感觉到危险，并不意味着危险就是真的）。因此，用客观的标准来评判我们的情况会有所帮助。

我们对现状灾难化或产生不必要的担忧时，以下的苏格拉底式提问有助于缓解高度焦虑。这些问题关注的是证据而不是直觉，因此有助于我们以更现实的方式看待自己的处境。

以苏格拉底式提问法消除担忧的流程：

1. 描述你担忧的情况。
2. 你最害怕会发生什么？
3. 从 0 到 100% 对其发生的可能性进行评估。
4. 有什么证据支持你的担忧？
5. 有什么证据不支持你的担忧？
6. 如果你恐惧的情况真的发生了，你可以怎么做？
7. 实事求是地说，最坏的情况是什么样的？
8. 最好的情况是什么样的？
9. 最可能发生的情况是什么样的？
10. 你现在能采取什么有用的行动吗？
11. 如果你的朋友碰到了你的情况，你会怎么劝他/她？
12. 从 0 到 100%，实事求是地重新评估你的恐惧变为现实的可能性。

威廉是一位成功的艺术家，但经济衰退以来，艺术品销售额直线下降，他的收入也受到了影响。他决定在即将到来的艺术展上租个摊位，试着找找新的渠道，希望能卖掉一些画作。威廉花了5000元租摊位，但现在他转念一想：这真的是个好主意吗？结果会不会非常糟糕？他决定用苏格拉底式提问来探究自己担忧的事。

1. 描述你担忧的事。

   我很担忧即将到来的艺术展。

2. 你最害怕会发生什么？

   画卖不出去，我却白白花了5000元，感觉会很丢脸。这笔钱会打水漂，我的名声也会受损。

3. 从0到100%对其发生的可能性进行评估。

   50%。

4. 有什么证据支持你的担忧？

   市场目前没什么动静。我的画卖得不好，同行也是。

5. 有什么证据不支持你的担忧？

   上个月我卖了三幅画。虽然价格比前几年低，但还是合理的。

6. 如果你恐惧的情况真的发生了，你可以怎么做？

   我可以通过我的网站和其他美术馆出售这些画。我也可以和其他州的画廊联系，把作品的照片发给他们。

7. 实事求是地说，最坏的情况是什么样的？

   我花了5000元，却一幅画都卖不出去。准备画展则要占用我很多时间和精力。

8. 最好的情况是什么样的？

   我卖出很多画，还和经销商以及画廊老板有了合作，这将带来长期的收益。

9. 最可能发生的情况是什么样的?

   我可能会卖出一些画,但收入不抵支出。

10. 你现在能采取什么有用的行动吗?

    我可以完善剩下的作品,迎合市场;好好布置展台;让我的搭档帮忙布置;联系之前的客户,送他们展会门票。

11. 如果你的朋友碰到了你的情况,你会怎么劝他/她?

    如果你一幅画都没卖出去,这的确很让人失望,但一次展会本身也不会让你功成名就或是一贫如洗。有时候你必须尝试新事物才能知道什么有效,什么无效。如果试都不试,你永远不会知道。如果在这儿卖不出去画,可以试试其他展会。别人既不关心也不在意你做了什么,所以你感受到的任何羞辱完全是自己的想象。

12. 从0到100%,实事求是地重新评估你的恐惧变为现实的可能性。

    10%。

*

塔莉娅为儿子卢克高中最后一年的成绩感到非常自豪,高兴地告诉所有朋友儿子的成绩有多好。但她后来意识到,朋友们的孩子都没有进像她儿子的高中那么好的私立学校,成绩也不好。塔莉娅感到非常羞愧和焦虑。她觉得自己这么做很糟糕,朋友们一定对她心怀怨恨。

1. 描述你担忧的情况。

   我担忧因为自己炫耀卢克的成绩而冒犯了朋友。

2. 你最害怕会发生什么?

   她们会感到受伤和怨恨,会讨厌我。我会失去和她们的友谊。

3. 从0到100%对其发生的可能性进行评估。

   60%。

4. 有什么证据支持你的担忧？

   我没有任何证据，但是感觉很真实。

5. 有什么证据不支持你的担忧？

   在那以后，我和其中3个人聊过，她们对我的态度和往常一样。没有迹象表明她们对我心怀敌意。

6. 如果你恐惧的情况真的发生了，你可以怎么做？

   我会为自己的莽撞向她们道歉。我还是会有其他朋友和家人。

7. 实事求是地说，最坏的情况是什么样的？

   有些朋友会因为我说的话而恼火，开始讨厌我。

8. 最好的情况是什么样的？

   我的朋友没有一个因为我的行为而生气或不安。我们的友谊一如既往。

9. 最可能发生的情况是什么样的？

   也许有些朋友会气恼，但不太会影响我们的友谊。

10. 你现在能采取什么有用的行动吗？

    我可以和那些我认为可能冒犯到的朋友谈谈，并为自己的行为道歉。我会承认卢克的学校不错，这让他占了不少便宜。

11. 如果你的朋友碰到了你的情况，你会怎么劝他/她？

    你谈起卢克的成绩是因为别人问你了。你没做错什么，也没想伤害任何人。你总是在担忧，所以很可能又把这件事灾难化了。没有证据表明有人不高兴或是看轻你。朋友们知道你是个善良的人。即使真有人认为你在炫耀，他们也不太可能因此全盘否定你（否则这从

第六章 应对焦虑

一开始就不算什么友谊）。

12. 从0到100%，实事求是地重新评估你的恐惧变为现实的可能性。5%。

> **练习 6.6**
>
> 想想你目前担忧的问题。用上述苏格拉底式提问来检验你现在的看法是否正确。

识别焦虑的想法

虽然焦虑是对感知到的威胁的一种反应，但人们无缘无故感到焦虑也是很常见的。有人会说："我什么都没想，却感到焦虑。"另一些人可能会莫名其妙地在半夜被强烈的焦虑感唤醒。如第二章所述，不是所有认知都能立刻被意识到。我们用心观察内心状态会促进这一目标实现。闭上眼睛，关注内心的活动，有助于我们将当前的想法、感受和身体感觉连接起来，从而觉察自己的认知。

蕾米下班回家后经常很焦虑，却不知道为什么。她把注意力集中在自己的想法和身体感觉上，意识到焦虑源于独自在家时不知道该怎么利用时间，对此很迷惘。

*

查尔斯用心分析了自己目前的状态，才找到导致焦虑的原因。他意识到自己的焦虑是由于拖延了一项令人不快的任务。

无端焦虑

有些人经历过似乎无关某个特定问题的持续焦虑时期。无端焦虑是对感知到的危险的一种反应，而在这种情况下很难定义威胁源。这是焦虑障碍，即长期处于"高度戒备"状态的一项特征。我们始终觉得世界不安全，因此即使具体的威胁已经消失，或者我们不清楚威胁是什么，我们仍然会保持警惕。

有时，无端焦虑是由生理变化（如经前激素变化、高咖啡因摄入或停药）引起的，这种变化会引发生理唤醒。但在大多数情况下，无端焦虑反映了我们对威胁的感知，而这种威胁并不会立刻显现。对那些经历过焦虑的人来说，任何生理唤醒的迹象都可能引发焦虑。在这种情况下，他们感知到的威胁是焦虑本身，并由此引发了进一步焦虑。

继发性焦虑

对焦虑的焦虑，或称"继发性焦虑"，是所有焦虑障碍的共同特征。我们可能没有想到任何具体事件，但大脑会将我们的焦虑和与之相关的生理反应视作一种威胁，使焦虑陷入自我延续的循环。

克雷格在过去的两年一直饱受焦虑之苦，担忧永远无法从中解脱。在寻找恢复迹象的同时，克雷格十分警惕焦虑的症状。因此，每当他感到胸闷或心里七上八下的，焦虑反而会加剧。这正是矛盾所在——监控焦虑的过程使克雷格保持警惕和生理唤醒，进而增强了他的焦虑。

焦虑会延续，是曾经遭受焦虑困扰的人们的共同担忧。监控身体的焦虑症状并不能解决问题，因为我们越关注，大脑越会将其视作威胁。例如，最初（主要）的焦虑可能与工作压力、人际关系冲突或财务方面的问题有关，但随后焦虑本身就成了主要的威胁源。检查我们的焦虑、想知道它什么时候会结束的行为让我们保持警惕和生理唤醒，从而延续了焦虑。

大多数受困于继发性焦虑的人都对接受焦虑或"放弃抵抗"的想法感到震惊。"我永远不会放弃"是一种常见的反应。停止尝试似乎是违反直觉的，因为我们知道，当我们认真努力时，许多问题都可以解决。但是，在陷入焦虑的自我循环的情况下，放弃是我们的最佳选择。

不再试图控制焦虑而是专注于生活其他方面，为减少焦虑提供了空间，至少会让我们更容易忽视它。当不再自我监控、寻找改善的迹象或是猜测焦虑什么时候会过去，我们就解决了焦虑自我延续过程的一个关键问题。

打破自我延续的循环

试着留意每次你在心里评判自己是否焦虑、寻求安慰或是希望它消失的行为。

给这个过程贴上"又在自我监控了"标签，然后把注意力转回你当时正在做的事情上。不要试图压制自我监控的想法，但要承认其存在，并在每次意识到的时候给它贴上标签（一开始，这可能每天会发生数百次）。

接受"目前焦虑是我生活的一部分，改变不了"的事实。放任焦虑存在，不要试图控制它。

找到对你很重要的生活目标：人际关系、家庭、工作、学习、锻炼、新的兴趣等。设定具体的目标，努力实现，不管你的生活中是否存

> 在焦虑。专注于你的目标。
>
> 不要等焦虑消失后再继续你的生活。不管焦虑与否，现在就为你的目标努力。焦虑总会过去。

我们不再绝望地试图消除焦虑时，反而创造了一个让它慢慢消退的空间。如果有时你的焦虑无法承受，那么就把注意力集中在呼吸、声音或身体与物品的接触点（例如，脚与地板或臀部与椅子）等中性的事物上，这样可以帮助你克服不适。这一方法虽然并不能永久消除焦虑，但可以在不适时期提供喘息的机会（另见第十二章）。

暴　露

对于会引起强烈恐惧反应的情况（如演讲、社交焦虑、惊恐发作时乘坐公共交通或是经历车祸后再次上高速公路），暴露练习是减少恐惧的一种非常有效的方法，因为这可以让我们通过体验式学习意识到我们的恐惧并不合理。体验式学习可以让我们超越理性，从知道某事很安全到感觉它很安全。在反复暴露后，我们的恐惧减少了。

1. 直面你的恐惧

回避我们认为危险的情况是人类的自然反应。但如果危险是想象的而非真实存在的，回避会加强我们对危险的感知，因为我们没有机会发现自己的恐惧是被误导而产生的。我们如果不在某个阶段直面自己的心魔，就永远学不会克服。把自己暴露在恐惧的事情中，我们会发现其实这些并不会带来伤害。你越常站在人群前、登上那架可怕的飞机、打那通电话或是勇敢地要求你想要的东西，下一次就越容易做到这些事。

丈夫去世后，芮妮对晚上独自在家感到很焦虑。为了克服焦虑，她尽可能多地住在女儿家里，有时还让已经成年的儿子来家里住。这暂时缓解了她的焦虑，但并没有解决问题——她不能指望孩子一直陪在她身边。芮妮回避了她最恐惧的事（晚上独自在家），反而延续了焦虑。芮妮需要反复将自己暴露在恐惧的事中，就算她讨厌这么做。她把恐惧放在一边，选择晚上在家睡觉，慢慢适应便不再害怕了。

有时，我们担心的情况似乎过于严峻，于是我们可能更愿意利用可能的一切资源，循序渐进地暴露自己。这就是"逐级暴露"，因为我们在一步一步地面对自己的恐惧。对芮妮来说，一开始她可能需要让子女每晚和她待一段时间，但不留下来过夜。一两个星期后，子女可能需要每晚跟她通电话，再慢慢缩短通话时间。当完全暴露感觉太可怕时，逐级暴露就很有效了。但无论如何，这种方法的目标始终是渐渐实现完全暴露。

弗朗西丝在某政府部门做了5年的高级行政。虽然一开始她很喜欢自己的工作，但后来的人事变动导致她和新主管发生了直接冲突。几个月后，弗朗西丝辞职了。这次经历让她情感上很受伤，于是她决定在找另一份工作之前给自己几周时间恢复。但很快，几周变成了几个月。现在弗朗西丝感觉很焦虑，不想找工作了。拖延的问题在于，她回避找工作的时间越长，越不想求职。弗朗西丝需要接受她的焦虑感，并行动起来重返职场，哪怕这似乎很难做到。

由于弗朗西丝缺乏求职的信心，她可能要从逐渐放松自己开始，包括一开始做些志愿工作或帮她的妹夫打理生意。或者，她可以从一些完全能胜任的工作开始。一旦信心恢复，她就可以申请更有挑战性的工作（另见第180页"暴露练习"）。

2. 应对惊恐发作

高度焦虑时，随之而来的身体症状可能会变得更强烈。心悸、胸闷、呼吸困难、胸痛、颤抖、出汗和头晕常伴随着高度焦虑而来。这可能是一种惊恐发作现象。有时，即使是轻微的身体症状也会导致焦虑，从而触发惊恐。例如，在感到心跳加速、胸口发紧或呼吸困难时，你可能会有如下灾难性的想法：

- 我的心脏病要犯了。
- 我要崩溃了。
- 我快喘不上气了。
- 我要失控暴走了。
- 我没法离开这里，不能回家了。
- 我要死了。

这样的想法会导致焦虑升级，反过来又会提高生理唤醒。快速呼吸常导致换气过度，会使血液的含氧量过高。氧和与其相关的二氧化碳水平的提高会导致更多不适症状，如头晕、混乱、颤抖、眩晕、四肢麻木或刺痛、胸痛和出汗。

惊恐发作是由不适的躯体症状引起的，会随着我们对症状本身的恐慌而更加强烈。这有时被称为"惊恐循环"——焦虑的躯体症状成为威胁源，导致焦虑升级，反过来又会让我们更加惊恐，从而导致躯体症状进一步升级。

为了终结这一过程，我们需要纠正维持这一过程的灾难化认知。"我要失控了"或"我快喘不上气了"这类想法助长了惊恐发作。重要的是要认识到，伴随着焦虑和恐慌的躯体症状虽然令人不适，却是无害的。虽然你可能会感到不安全，但惊恐发作的症状的确不会造成什么伤害。你不会犯心脏病，不会呼吸困难，不会崩溃或死掉，不会乱跑，不会发疯或健康受损。发生的最糟糕的事情就是你有不适的躯体感觉而已。

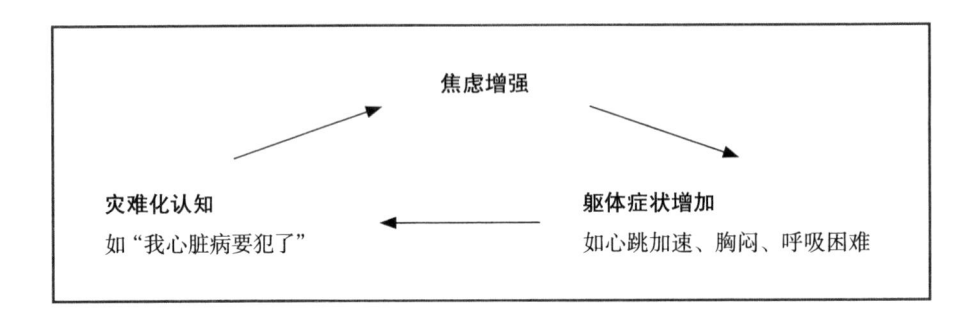

```
                    焦虑增强
                ↗            ↘
    灾难化认知  ←           躯体症状增加
    如"我心脏病要犯了"        如心跳加速、胸闷、呼吸困难
```

3. 惊恐冲浪

可以说，缓解惊恐发作最有效的方法就是允许症状继续存在，而不是试

图摆脱它们。由澳大利亚心理学家罗恩·劳佩（Ron Rapee）和安德鲁·贝利（Andrew Baillie）创造的"惊恐冲浪"一词形象地描述了对惊恐的健康反应。你需要把抵御惊恐想象成对抗海浪，用四两拨千斤的方法让海浪载着你。你以一种可接受的方式驾驭着焦虑的浪潮，而不是试图阻止或控制它。实事求是地辨识你的躯体症状（如"战斗-逃跑反应"），让你的身体去做能让激增的肾上腺素消退的事。大多数人会惊讶地发现，一旦不再抗拒或试图控制这些不适的感觉，它们很快就会消失。

应对惊恐发作

给躯体感觉贴上"战斗-逃跑反应"标签（无害）。

对躯体症状进行惊恐冲浪：乘上焦虑的浪潮，使其累积并达到顶峰，然后慢慢消退，不要试图阻止或控制它。让你的身体经历必要的感受，给它空间来完成这一过程。

4. 内感性暴露

"内感性暴露"的做法是主动制造惊恐发作时经历的躯体感觉。虽然大多数焦虑者都对这一想法感到恐惧，但这其实是一种非常有效的方法，因为有意选择再现恐惧感受的做法最终会减少人的恐惧。

人们在惊恐发作时体验到的生理反应可以通过一些方法来模拟：急速呼吸、坐在椅子上旋转、左右摇头、原地跑步或上下楼梯、把头放在两腿之间然后迅速抬头（需重复做）、用吸管呼吸或坐在过热的房间里（产生与所恐惧的症状最相似的感觉，效果最好）。

在不焦虑时有意制造生理反应，为我们提供了一个练习惊恐冲浪的机会，有助于我们对恐惧的生理反应脱敏。通过躯体症状冲浪，我们会体验到这些症状自行消失的感受，从而有助于我们消除恐惧。在这一过程中，很多人感觉获得了力量，因为他们发现，可以自行诱发和管理惊恐的感觉，于是在这些感觉自然出现时就不会那么害怕了。但如果这种做法对你挑战太大，你也可以在心理医生的帮助下练习。

5. 通过放慢呼吸控制换气过度

另一种应对惊恐发作的方法是故意放慢呼吸（参见第188页的"慢节奏呼吸"练习）。放慢呼吸可以结束换气过度的情况，降低血液中过高的含氧量，缓解与之相关的躯体症状。这与用纸袋呼吸（惊恐发作的传统疗法）效果相同，有助于恢复血液中氧和二氧化碳的正常水平。减少换气过度的不适症状可以减少对威胁的感知，并增加掌控感，进而降低生理唤醒等症状。

惊恐冲浪和放慢呼吸都有助于消除惊恐发作的症状，那么哪一种方法更好呢？惊恐冲浪的好处是有助于我们克服对躯体症状的恐惧。惊恐冲浪让我们直面恐惧感，而不是试图阻止它。这一过程让我们不再过于恐惧我们的恐惧感，长远看减少了我们对惊恐发作的恐惧。但是，一些人更能接受放慢呼吸，觉得这种方法短期看没有那么可怕。所以，尝试两种方法后再决定哪一种更适合，可能才是最好的选择。

6. 惊恐发作的情境暴露

上述策略虽然有助于在惊恐发作时（或即将发作时）及时喊停，但也许无法完全消除我们对惊恐发作的恐惧。要做到这一点，我们需要反复面对与惊恐发作相关的情境。反复暴露在这些情况下会导致习惯化（habituation），从而使恐惧消退。我们认识到自己设想中会发生的灾难性后果最终并不会发生，从而加强了习惯化。我们发现自己不会死，不会喘不过气，不会发疯，也不会永远被困在反感的情境中，从而意识到自己的灾难化想法毫无根据。我们还明白，放弃抵抗以及不再试图掌控情况反而会让自己获得控制权。

两年前，本在一家大型百货公司购物时有过一次糟糕的经历。他当时感觉不舒服，向出口走去的路上感到头晕、天旋地转，心脏在怦怦跳，呼吸也很困难。有那么一会儿，他觉得自己要不行了。

从那时起，本就一直非常关注自己的身体，想要确保不再出现这些症状。他每次发现自己又心跳加速或感到头晕（通常是在购物中心里、公交车上或电影院里），就会尽快逃离。于是本尽量避免去公共场所，因为在那里惊恐发作很尴尬，也让他很难脱身。本没有意识到回避这些情况并不能解决问题，因为他没机会发现自己的恐惧其实是毫无根据的。

另一个问题是，本过于关注自己的躯体症状。因为害怕再次惊恐发作，本不断地监控自己的身体，寻找生理唤醒的迹象。这就属于"过度警戒"了。这是一种自我挫败行为，因为专注躯体症状会让本更加焦虑，反过来又会加深他的生理唤醒，并提高进一步惊恐发作的可能性。

7. 暴露练习

心理学中的一个基本原理是，反复接触我们害怕的东西会让我们习惯化，从而慢慢地减轻恐惧。反复的暴露使我们切实了解到，这种情况并不危险，因为我们面对恐惧时，什么可怕的事情都没有发生。

成功暴露的秘诀

◇ 重复：反复做暴露练习，越多越好。

◇ 时长：在恐惧的情况下待足够长的时间，让自己习惯化。

◇ 有挑战性：暴露练习应该多少引起一些焦虑，如果太容易，就不是"治疗"了。

◇ 每日练习：每天做一些暴露练习。

◇ 自发：抓住一切机会做暴露练习，包括计划外的情况。

设计暴露练习的一个有效途径是创建"暴露计划表"（见下页），写下目前所有导致焦虑增加的情况。如果你目前还没有勇气挑战它们，可以从"最不会引起焦虑"到"最令人恐惧"的情况循序渐进地列表，即进行逐级暴露。

一旦制订好计划，就可以开始暴露练习了。这种练习需要你置身于暴露计划表指定的情境中并停留足够长的时间，以减少恐惧。暴露足够长的时间以实现习惯化是很重要的，不要刚出现焦虑的迹象就逃跑。如果你在这个过程中感到恐慌，那么就对躯体症状进行惊恐冲浪，允许你的身体做出必要的反应。在此期间，焦虑会起起伏伏。尽可能频繁地重复暴露练习，直到达成习惯化。大多数情况下几次练习就足够了，但也有一些情况需要更多次。

暴露计划表

练习	试验1	试验2	试验3	试验4	试验5	试验6	试验7

记录事项：日期、暴露时间、经历的最高程度的焦虑（0 = 不焦虑；10 = 焦虑无法忍受）

为了克服对公共场合的恐惧，本为自己制订了一个逐级暴露的练习计划。他列出了所有激起恐惧的情况，然后以从最不容易引起焦虑到最容易引起焦虑的顺序排列。之后，以最不容易引起焦虑的情况为起点，他开始反复面对每一种情况。以下是本的暴露时间表：

练习	试验1	试验2	试验3	试验4	试验5	试验6	试验7
和妻子一起去超市	5月4日 15分钟 7	5月7日 20分钟 6	5月11日 35分钟 4	5月16日 45分钟 3	5月22日 15分钟 1	5月24日 10分钟 1	
独自去超市	5月12日 15分钟 5	5月14日 25分钟 6	5月15日 10分钟 5	5月17日 25分钟 3	5月20日 15分钟 2	5月23日 25分钟 1	5月26日 15分钟 0
避开高峰期乘三站公交车	5月20日 5分钟 8	5月22日 5分钟 8	5月23日 5分钟 6	5月26日 5分钟 2	5月29日 5分钟 1		
避开高峰期乘公交车进城	5月26日 25分钟 7	5月29日 25分钟 5	5月31日 25分钟 6	6月6日 25分钟 3	6月9日 25分钟 1	6月13日 25分钟 0	6月17日 25分钟 0
在高峰期乘公交车进城	6月10日 35分钟 9	6月12日 30分钟 4	6月15日 35分钟 8	6月16日 30分钟 4	6月19日 35分钟 3	6月22日 35分钟 1	
看电影	6月1日 1.25小时 8	6月6日 1.5小时 7	6月9日 1.5小时 4	6月12日 2小时 5	6月19日 2小时 2	6月26日 1.5小时 1	
坐渡轮	6月14日 30分钟 9	6月19日 30分钟 9	6月25日 35分钟 6	6月30日 30分钟 7	7月3日 30分钟 6	7月5日 30分钟 2	7月10日 30分钟 1

每天练习令本解决了焦虑问题。反复体验恐惧的场景让他的焦虑减轻了。随着惊恐发作的减少，他不再对公共场所充满恐惧并想要回避了。

暴露练习有助于克服所有类型的恐惧和恐惧症，包括社交恐惧症、特殊恐惧症（如蜘蛛恐惧、飞行恐惧、电梯恐惧和蛇类恐惧）以及非常普遍的演讲恐惧。针对每种恐惧创建一个计划表，然后故意让自己在这些情况下待一段时间，实现习惯化。

虽然现实生活中的暴露练习会让我们很快恢复正常，但有时这并不现实，因为我们在现实世界中很难反复接触到害怕的对象（如蜘蛛、蛇、雷暴、飞行等）。这时候，就可以通过互联网这个丰富的图像源来进行反复的暴露练习了。我们也可以借助想象力来构建暴露练习的场景。这跟现实生活中的暴露练习很相似，但我们不需要真的接触恐惧对象，而只是在脑中构建场景。我们可以用录音设备（录音机、手机等）生动地记录场景的细节并反复倾听，直到恐惧开始减弱。我们也可以通过写作来进行虚拟暴露练习，包括以书面形式描述场景（手写效果最佳），然后每天重复阅读20分钟。在接下来的几天里，我们可以在文本中添加更多内容或新场景，并继续阅读我们的故事。虽然一开始，这个过程会引发高度焦虑，但多数人在重复写作和阅读后就会习惯化。之后，我们可以在接下来的每一次写作中把故事转移向更恐惧的场景。

罗斯有飞行恐惧，这是个大问题，因为他的工作需要定期出差。罗斯开始了一个虚拟暴露计划，列出了与飞行相关的恐惧场景：

- 乘出租车去机场。
- 在机场过安检。
- 坐在候机厅。
- 起飞前登机。

- 穿过气流。
- 开始降落。

罗斯从第一个场景开始进行了详细的口头描述，用录音机录下来，然后反复听录音。听了5次后，罗斯对乘出租车去机场的恐惧从8分降到了3分（满分10分）。接下来，他详细、生动地描述了自己过机场安检的画面并听了6次，直到恐惧从9分降到2分。通过对列出的每一个场景重复这一过程，罗斯注意到自己的恐惧在持续减少。虽然一开始他对飞行的恐惧达到了9分，但经过两周密集的虚拟暴露练习后，他的恐惧已经降到了3分。

放松技巧

如前文所述，焦虑会引发强烈的生理唤醒和肌肉紧张。我们只要持续感到有威胁（真实的或想象的），就会保持紧张和生理唤醒的状态。大脑的恐惧中枢向我们的身体发出信息，让我们保持警惕并准备好行动，因此我们会本能地保持高度警惕。出于这个原因，在极度焦虑的状态下放松身体是很困难的——大脑一旦感知到高度危险，就会抗拒放松。但在中度焦虑状态下，深度放松是可以实现的。

定期练习深度放松——理想的频率是每天两次——有助于降低生理唤醒，并向我们的大脑反馈"放松是安全的"这一信息。经常这么做有助于终止过度警惕和生理唤醒状态，从而更长久地减少焦虑。定期放松让我们意识到自己平时承受的紧张，这样我们就更容易在紧张升级之前辨识并有意识地缓解它。深度放松与我们结束了一天工作后休息、散步或听喜欢的音乐时体验到的正常放松并不一样。深度放松是更深入、强烈的状态。随之而来的生理变化包括：

◇ 心跳减慢。

◇ 呼吸放缓。

◇ 血压下降。

◇ 肌肉放松。

◇ 耗氧量（代谢率）下降。

这些变化和战斗-逃跑反应过程中发生的变化相反。我们进入一种深度放松的状态，就会扭转战斗-逃跑反应引发的身体变化，从而驱散随之而来的不适症状。事实上，深度放松和深陷焦虑是几乎不可能同时存在的。

深度放松练习是一种有效的技巧。经常做深度放松练习，有助于减少过度警惕和生理唤醒的情况。定期练习提高了我们控制焦虑的能力，不仅能立即减少焦虑，还能让我们在心理上受益。

实现深度放松的方法有很多，包括渐进式肌肉放松、提示词控制式放松和视觉镇静法（见第188页）。此外，在极度焦虑的时候，也可以用呼吸练习来降低生理唤醒。

1. 渐进式肌肉放松

渐进式肌肉放松是一种身体上的过程，即通过系统化地放松主要肌肉群（脚、小腿、大腿、腹部、胸部、肩膀、手臂、手掌、颈部和面部）来放松身体。通常做法是顺次专注每个肌肉群，并有意识地放松肌肉。在放松之前，短暂收紧每个肌肉群几秒，会产生更深入且立竿见影的放松效果。在放松一个肌肉群后，我们花些时间感受这种感觉，让肌肉再放松些，再转向下一个肌肉群。这一过程通常需要约20分钟。我们一旦掌握了方法，也许就能在更短的时间内实现深度放松。不过，保持20分钟或更长时间的放松状态依然是有益的。

2. 提示词控制式放松

我们处于深度放松状态时，可以让某些提示词形成与这种状态的心理关联。例如，我们可以告诉自己，"吸气"意味着吸一口气，"放松"意味着呼一口气。通过在深度放松状态下每次吸气和呼气都重复这些词语，我们就在心理上将这些词和我们的生理状态联系起来，随后便能更快地利用这些提示词进入深度放松状态。当我们的时间有限时，这种方法很有优势。

冥　想

上述方法的目的是通过有意地缓解肌肉紧张来实现深度放松的状态。与之相反，冥想是一种不去刻意创造放松状态（虽然经常导致放松的结果）的心理过程。最常用的冥想技巧是：把注意力集中在一个特定的物体上，同时被动地释放在这一过程中产生的思想。聚焦的对象可以是身体的一部分（例如我们的肺、心脏或位于双眼间的一点）、我们的呼吸、反复在心里叨念或大声喊出的词语或声音（咒语）、外部声音（如音乐、海浪或鸟鸣）、实物（如蜡烛或图片）或可视的图像或符号。

近年来，正念冥想（mindfulness meditation）在西方国家得到了广泛应用。正如第十二章所述，这种方法包括专注冥想（如把注意力放在呼吸上）以及观察当前感官体验的方方面面（如想法、情绪以及躯体感觉）。正念可被用来应对各种问题，比如强烈的情绪（包括愤怒、恐惧和沮丧）或日常的活动（吃饭、洗澡、打扫、散步或游泳等）。在此过程中，我们并没有故意制造放松或任何特定的状态，而是充分意识到当下的感知并与其产生联系。

大多数人认为冥想比放松练习更有挑战性，因为思维的自然趋势就是发散。第一次就保持注意力超过几秒并不容易，但和大多数技能一样，专注力是可以通过定期练习来提高的。

呼吸练习

虽然上述放松技巧可用于控制中度焦虑，但很难用于重度焦虑或恐慌情况。当我们的大脑感到高度的威胁时，我们的身体通常会抵抗放松。对于这一点，呼吸练习是有效的。

我们呼吸的方式反映了我们的感受。当我们平静且放松时，呼吸是缓慢而有节奏的。当我们焦虑或恐慌时，呼吸则十分短促。虽然呼吸反映了我们的生理唤醒程度，但我们也可以通过呼吸来调节生理唤醒。通过有意识地放缓呼吸，我们可以防止换气过度，降低生理唤醒程度，并消除换气过度引起的多种不适。此外，专注呼吸会分散对灾难性认知的注意力，从而防止焦虑升级。下面两种呼吸练习可以帮助你降低生理唤醒程度。

1. 膈式呼吸

膈式呼吸指有意识地将呼吸向下导至肺部深处。这需要使用横膈膜（将肺腔和腹腔分开的肌肉）来引导呼吸。你可以通过这种方式监控呼吸过程：将双手放在胸腔底部，也就是肚脐正上方的位置，让双手的中指指尖刚好能相碰。当你将呼吸缓慢导入下肺时，你会感觉到自己的指尖由于腹部的胀大而稍稍分开；当你呼气时，指尖则会再次碰到。

2. 慢节奏呼吸

慢节奏呼吸对缓解惊恐发作时的换气过度非常有效。用膈式呼吸的方法吸一口气，屏住呼吸数到10，接着慢慢呼气，同时心里默念"放松"。然后吸气数到3，再呼气数到3，每次呼气时都默念"放松"。这一过程将使你的呼吸减缓到每分钟10次。重复10次。再做一次膈式呼吸，数到10，然后转回慢节奏呼吸。继续重复这个过程5到10分钟，或者直到焦虑减轻为止。

视觉镇静法

视觉镇静法有助于降低生理唤醒，并加深放松程度。它可以是渐进式肌肉放松的辅助手段，也可以单独使用。具体做法是沉浸在能让我们联想到和平与安宁的画面中，应用最广泛的包括想象自然场景（雨林、海滩、乡村、瀑布、美丽的花园）、梦幻般的画面（飘浮在云端或魔毯上），遇到一位守护天使或引路人。给这些意象增添诸如声音、色彩、形状、纹理、气味、温度和身体感觉等感官信息，会带来更加生动的体验，例如"穿过森林的时候，我听到了脚下树叶噼啪碎裂的声音和鸟儿的鸣叫，闻到了灌木丛中湿润的芬芳，看到了小径旁生长的色彩鲜艳的野花，感受到了古树粗糙的纹理……"。

指导练习

你可以在网上找到很多提供冥想练习、渐进式肌肉放松和视觉镇静法指导说明的音频。在练习这些技巧时，外部指导是非常有用的。

小　结

◇ 焦虑是对感知到的威胁的反应，它会带来思想、生理和行为上的变化。

◇ 有些焦虑可以起到保护作用，但频繁或强烈的焦虑有很多不利影响，并会使生活质量下降。

◇ 感到焦虑时，我们会更关注威胁，所以事情看起来比实际情况更具灾难性。

◇ 回避和安全行为是我们试图保护自己远离感知到的威胁的常见方式。这些通常是自我挫败行为，最终会导致长期的焦虑。

◇ 过度的担忧、完美主义、过度的控制欲和试图得到认可的行为，都属于维持焦虑的认知安全行为。

◇ 直面我们恐惧的对象有助于逐步减少焦虑。反复的暴露和行为实验让我们得以了解到，我们担心的很多事情并不危险，也不太可能发生。

◇ 深度放松练习、呼吸技巧有助于减轻生理唤醒和身体紧张，进而减轻焦虑。

◇ 冥想也许会带来额外的好处。

第七章

维护自尊

世上最伟大的事情就是知道如何忠于自己。

——米歇尔·德·蒙田

自尊是一种感知——我们对自身价值的感知。我们赋予生活中各种事情的意义、应对某些情况的方式以及大部分时间的感受，都会受到自尊的影响。缺乏自尊会使我们更容易感到内疚、无能、羞愧、焦虑和抑郁，导致我们无法轻松、融洽地和他人相处，也左右了我们对朋友和伴侣的选择。自尊还会影响我们从事的工作类型、承担的风险以及处理人际关系时的魄力。缺乏自尊会提高抑郁的可能性（反过来，抑郁也会导致自尊降低）。最重要的是，自尊会影响我们感到幸福和安全的能力，即明白自己和其他人一样有价值，有在这个世界上生存的权利和能力。

自尊和自我效能感不一样。我们可能对自己做某些事的能力很自信，却仍然感到自卑。例如，我们可能对做好本职工作、演讲、修电脑、跑马拉松、成功举办晚宴或音乐演出充满信心。明白自己能做好一些事情，并不意味着会以积极的方式看待自己。自尊是对自己的总体价值而不仅仅是某些领域内的能力的评价。

苏珊从小就很努力，想要赢得别人的重视和接纳。她聪明、能干，还很有魅力。34岁时，她创建了一家成功的公关公司。到40岁时，她赚的钱就够退休花了。同事们尊敬她，朋友们钦佩她，她的成功显而易见。可她还是觉得自己能力不足，深陷自我怀疑。她对别人的反馈非常敏感，再小的批评也会让她陷入自我怀疑和纠结之中。一旦事情出了差错，苏珊马上觉得是自己的责任，并认为其他人一定会严苛地评判她。和很多人一样，苏珊缺乏自尊。尽管她外表看来很自信，但还是忍不住认为自己不够好。

影响自尊的因素

和所有感知一样，对自我的感知是由我们的性格和生活经历共同塑造的。

1. 气　质

虽然自尊不是基因决定的，但我们的个性和气质会影响我们对事情的解读，反过来影响自尊。一个天生易焦虑的人更可能关注潜在的消极信息（例如"我和她说话时，她走神了"），而且更倾向以消极的方式解读含糊的暗示（"她显然不喜欢我"）。与友善、外向者相比，害羞的人不常与他人交流，因此不会接收到很多社交强化信息。与适应力强者相比，天生高度情绪化和敏感的人更容易受到消极经历的影响，而他们的过度反应也会造成他人疏远。

2. 童年经历

童年经历对个体的塑造和世界观的形成有着重要作用。通常，父母的影响最大，其他人（兄弟姐妹、祖父母、堂表兄妹、老师甚至同学）也会造成一定影响。这些人向我们佐证了我们是否招人喜欢以及是否有价值。我们在童年接收到自己不重要、有缺陷、无价值或不招人喜欢的信息，会对自我认知造成长期的消极影响。在青少年时期发生的消极事件（如被欺负、排挤、嘲笑或拒绝）也会对自尊产生深远影响。

如何有效地摆脱低自尊或自己有缺陷的信念取决于我们后来的经历以及内在的韧性。有时，在之后的生活中建立的充满关爱、互相支持的人际关系，会帮我们推翻早期认为自己无价值的信念。天生适应力强的人即使经历了挫折也能振作起来，从而保护自己免受童年经历的潜在创伤效应的影响。

3. 成年后的人际关系

我们与包括朋友、同事、熟人、伴侣和孩子在内的他人的关系会影响我们的自我概念。表明我们被关爱、接纳和重视的人际互动以及反馈有助于我们提升自我感知。例如，伴侣、朋友或家人说你很棒、讨人喜欢并对他们很重要，会帮你提升对自我价值的认知；另一半经常挑剔、批评和贬低你，则会产生相反的效果。

4. 脆弱与永久受损的自尊

消极经历和/或易感气质会致使自尊脆弱或永久受损。自尊脆弱的人在大多数时候自我感觉良好，可一旦发生消极事件就会变得不堪一击。例如，失业、生病、丧失社会角色或地位、失败（工作、教育、经商或家庭关系出现问题）或是遭到拒绝，都会引发强烈的自我怀疑和不足感，并持续数月或更长时间。自尊会随着时间的推移或环境的改善而恢复。积极事件也会促进自我价值感。成功实现目标、在某领域做出成绩或得到他人的赞扬和认可，都有助于维持积极的自我概念。

有些人从幼年开始直到青春期都过得很艰难。这类人自尊永久受损的风险更高。这意味着不管个人长处、成就或人际关系如何，他们会时刻感受到自己的不足和缺陷。童年的生活经历以及天生的气质会在生活的诸多方面——尤其是人际关系——造成长期的困难。虽然积极事件会给人一时的宽慰，但仅靠自助很难永久改善自尊。心理治疗对这类人群是有用的。

5. 社会条件

在我们的社会中，某些特质、优秀品质和成就被高度重视，另一些则被忽视或轻视。因此，对于要怎么做才能取得成功、维系人际关系和活得快乐，我们形成了自己的信念。这些信念如果死板而不知变通，就会造成痛苦并损害自尊（见第23页，"应该"的滥用）。只要现实符合我们的信念（换句话说，我们实现了自己认为重要的事），我们就会对自己感到非常满意。然而，当我们不能满足自己死板的期望（我们认为"应该"实现的目标），问题就出现了。影响自尊的信念可以分为四大类：

外表：

- 我应该苗条、迷人。
- 我应该年轻、性感。
- 我应该身材高大、肌肉发达、头发浓密。

第七章 维护自尊 | 193

性格特质：

- 我应该永远保持心理积极健康。
- 我应该机智、外向。
- 我应该保持轻松、惬意，并能掌控自己的情绪。

表现/成就：

- 我应该工作体面、收入高。
- 我应该接受大学教育。
- 我应该赚很多钱。
- 我应该有座漂亮、整洁的房子。
- 我应该事业有成。
- 我应该"性"致盎然。
- 我应该擅长运动。

社交关系和互动：

- 我应该有很多朋友。
- 我应该轻松地和每个人搞好关系。
- 我应该结婚或感情稳定。
- 我应该很有桃花运。
- 大家应该喜欢并认可我。

削弱自尊的思维模式

反映并延续低自尊的常见习惯包括攀比、根据成就衡量自己的价值、过于努力地获得认可，以及根据经验给自己贴标签。下一节中，我们将详述这些习惯，以及应对它们的策略。

1. 攀　比

最近，凯茜遇到了15年没见的老同学安西娅。一番叙旧后，安西娅邀请凯茜和丈夫周六来家里吃晚餐。安西娅住在环境宜人的郊区，有一座漂亮的房子。她的丈夫是一家著名律师事务所的合伙人，英俊而有魅力。他们的孩子上的是一流的私立学校，聪明伶俐又善于交际。这顿晚餐是一场盛宴，菜品精美，服务周到。他们的交谈妙趣横生。孩子们在餐前给客人们弹奏了钢琴。完美一夜的一切要素都具备了，那为什么凯茜离开时会感觉如此沮丧呢？

凯茜落入了最老套的圈套——和别人攀比。我们很多人都会这么做。像凯茜一样，我们特别喜欢把自己和周围的人（社交圈里的人、家人、邻居、同龄人以及同行）进行比较。我们比较成就、物质财富、外貌、朋友、伙伴甚至子女的成功。凯茜在晚餐结束时本可以感到兴奋、佩服、为朋友高兴、惊讶、受到鼓舞，可她却深感无能和沮丧，是因为她把自己的生活状况和朋友的比较，发现自己输了。

和他人攀比常让我们陷入困境。问题在于，总有人比我们更聪明，更苗条，更有魅力，朋友更多，更受异性欢迎，更幽默，性生活更和谐，赚钱更多，住房更好，车更好，谈吐更风趣。

虽然这些听起来让人沮丧，但是反过来想也成立。总有人和我们相比不够有魅力，不够聪明，不够富裕，不够合群，条件不够好。如果我们的自尊很脆弱，就会忽视第二类人群，把攀比对象限定在我们认为某种程度上比自己强的人群中。

第七章　维护自尊　195

为了应对这个难题，有些人坚持认为世界上的所谓成功人士并不是真的那么快乐——"她老公可能是个糟糕的爱人……没外人的时候他们或许经常吵架……他们的孩子长大后多半会成为无聊的律师或是金融经纪人。"诚然，外表可能具有欺骗性，成功可能只是一种幻觉，但我们不需要为了自我满足而让自己相信其他人过得不好。更健康的思维方式是承认有些人特别幸运、有才或起点就高，既不嫉妒他们的好运，也不把他们的成功作为衡量我们自身价值的标准。相反，我们可以为自己设定切合实际、能提升生活水平的目标，并享受为此努力的乐趣，而不是同他人攀比。

毕业后，特洛伊和他的朋友彼得一同供职于一家大型保险公司。在工作的6年里，彼得几次晋升，最近还得到了一个非常高的职位。特洛伊也有过几次升职，但发展得并不快。

情况	彼得告诉我他升职为业务经理了。
感受	沮丧、无能、焦虑、绝望
想法	那我呢？彼得晋升了四次，我却只有两次。 为什么我没有一同升职？因为我不够好。
信念	我们在职业道路上应该齐头并进。彼得升职快意味着我在原地踏步。
错误思维	攀比、对人错觉、贴标签
反驳	彼得有才又善于交际，因此在工作中很有优势。大多数人都喜欢他，他也做得不错。那是他的幸运。我做得也挺好。和彼得攀比毫无意义。他升职并不代表我在原地踏步。
积极行动	专注自己的工作。设定与工作相关、对我来说切合实际的目标。

2. 以成就评价自身价值

很多人会根据成就或财产多少来判定自己的价值，高薪的工作、成功的事业、高地位的朋友或贵重的财物是很多人渴望的。名声、美貌、受欢迎程度和学术成就也可以提升自我价值感，同样是人们普遍追求的目标。

虽然追求卓越并没有错，可一旦我们的成就或财产变成了自尊的基础，问题就出现了。这被称为"有条件的自我接纳"——只要我能赚很多钱，有份位高权重的工作，获得某个学位，买下那辆车或是减重到多少斤，我就挺不错。在《自尊》(*Self-Esteem*)一书中，马修·麦凯（Matthew McKay）和帕特里克·范宁（Patrick Fanning）描述了一些人是如何觉得自己一无是处的："你可能认为自己毫无价值，不过是个会动、会说话的躯壳。你认为自己没有内在价值，有的不过是做些有价值和重要事情的潜力。"

将自我价值与成就等同，会让我们变得脆弱。如果做得不错，我们会觉得自己有价值；可一旦出了差错，我们就会觉得自己一文不值。

> 丹创办的一家进口企业利润丰厚，年营业额超过3000万元。生意蒸蒸日上的时候，丹自我感觉很不错。但他最近做的一些风险投资决定造成了重大损失，加上经济环境变化莫测，使企业深陷困境。在过去的12个月里，丹一直在努力还债，但还不清楚能否避免破产。现在，丹觉得自己既没有价值也没有希望。他责怪自己做了错误的决定，认为自己是个失败者。

丹的自尊一直不堪一击，因此他试图通过事业成功来获得自我价值。生意不错的时候，他觉得自己很优秀，可一旦不景气，他马上就觉得自己有缺陷、一文不值。他的自尊只建立在一个标准上，一旦这方面出了问题，他就会立刻认定自己失败。由此产生的抑郁进一步损害了他的自尊，影响了他的动力以及正确看待事物的能力。

尽管丹经历一段时间的悲伤和反思很正常，但一直责怪自己并给自己贴上失败的标签却不合理，而且是自我挫败的。不合理之处在于丹是基于某一个标准来评判自己作为人的全部价值的。自我挫败之处在于把自己视作失败者，丹感到无能和沮丧，从而更难恢复。

我们犯错的时候，有必要认识到，我们的一些判断在事后看是不正确的。由于我们当时总是受限于有限的知识和意识，有些决定不免会造成消极的后果。有时是我们犯了错，但后果却只是不幸的生活境遇造成的。导致特定结果的因素通常有很多，如"我是个失败者"或"都是我的错"这样简单的标签通常是不准确的。

正如第一章所述，情绪对行为有着重要的影响。有时候，为了促使行为改变，我们需要痛苦的情绪。因此，我们如果犯了很严重的错误，在一段时间内感到不安是很符合现实的。确实，我们更可能记住与强烈情绪相关的事件，这有助于我们从过往经历中吸取教训。但是，持续超过数日（甚至更长时间，取决于我们的错误造成的后果）的自我批评和消极的思维反刍并没有好处。它们只延续了我们的痛苦情绪，让我们裹足不前并限制了我们做出正确决定的能力。

对任何一个面临丹这种情况的人来说，考虑到自己的损失，经历一段时间的悲伤和遗憾并无不妥。反思自己的行为及其后果或许有助于丹理解造成损失的原因，并从中吸取教训。或许他也会承认，行业存在固有风险。考虑到当时他掌握的知识和信息，他已经做出了最好的决定。此后，继续进行思维反刍和自我鞭笞毫无用处。是时候考虑未来的目标了（丹甚至可以以此为契机重新思考人生，并从现在开始以更健康、均衡的方式生活）。

对生活的影响

把自我价值和成就等同的另一个问题是，这往往会造成生活失衡和压力。很多我们认为是工作狂的人，其实是在竭力通过成就实现自己的价值。他们不断奋斗并做出牺牲，往往还觉得自己应该做更多。同样，被我们视为完美主义者的人，往往受"成就等于自我价值"这一信念的驱动。不切实际的高期望意味着他们很少对自己或自己的表现感到满意。

> 罗伊是一名律师，平时起早贪黑地工作。他33岁，已经成就斐然，有望在未来几年内成为公司的合伙人。尽管如此，他的自尊问题却很严重，只有表现出色的时候，他才会觉得自己配得上这种地位。因此，他没兴趣陪伴家人、发展友谊、读书、参加休闲活动或做一些和工作没有直接关系的事。为了确保自己有效利用时间，即使在假期，他也在家工作，因此过得格外疲惫。

罗伊并不是不爱他的家人，事实上，他常说家人是他生命中最珍贵的。他一心扑在工作上只是为了让自己有价值，认为自己必须"成为最优秀的人"。在他看来，这意味着要成为公司的合伙人，赚大钱。然而，即使最终成了合伙人，罗伊的态度也没有改变。像大多数依靠成就来获得自我价值的人一样，晋升带来的自尊提升只是一时的，很快就消失了。此外，充满压力并失衡的生活造成的其他问题，罗伊无暇解决——婚姻摇摇欲坠、孩子不亲近他、他没几个朋友，以及出现了高血压和其他健康问题。

寻求爱与尊重

很多人都希望在某些领域表现出色，以赢得他人的爱、尊重和钦佩。因此，我们试图在工作中脱颖而出，在运动中表现出色，保持房子一尘不染，维持形体完美，精进厨艺，收集精美的器物，开办完美的宴会，以及在其他领域做到成就斐然。然而，大多数这样做的人都可以证实，他们尽管尽了最大的努力做到出众，却并没有赢得自己寻求的爱、钦佩或友谊。虽然他人可能会钦佩他们的成就，但在某件事上出类拔萃却很少能让别人喜欢我们（事实上，有时候，成就斐然的人会招人反感，因为他们会让别人自惭形秽）。我们如果能和别人有共同的价值观和兴趣，并表现出友善、诚实、忠诚的特质和对他人真诚的兴趣，反而更有可能赢得他人的喜爱。矛盾的是，我们如果把更多时间花在发展人际关系和更真诚地关心他人，而不是努力变得聪明上，反而更可能得到我们想要的。

对一些人来说，自尊取决于财富方面的成功；而另一些人认为，自尊取决于令人惊叹的学术成就或工作成果。以玛格丽特为例：

> 玛格丽特婚后大部分时间都在操持家务。现在，四个孩子都离开家以后，她觉得自己没用了。她认为自己一生中没什么成就，也没什么特别的天赋和能力。她的很多朋友都受过大学教育，有着体面、高薪的工作。最近，玛格丽特去和朋友丽贝卡一起喝咖啡。谈到工作时，她被朋友的活力和热情所打动，顿时心想："丽贝卡一定认为我很无聊。我的

生活没什么可说的。"

玛格丽特决定通过现实性验证练习来评估自己的假设（另见第59页）：

1. 事实是什么？

   我和丽贝卡见面了。她充满激情地谈论着工作中的趣事。

2. 我的主观想法是怎样的？

   我能力不够。我不如丽贝卡优秀。她一定看不起我。

3. 哪些证据支撑了我的想法？

   丽贝卡对自己的工作很有激情，她认识很多有趣的人。她谈论工作时，我几乎插不上话。

4. 哪些证据与我的想法矛盾？

   丽贝卡经常打电话给我，似乎很喜欢跟我相处。其他受过大学教育的朋友也喜欢跟我在一起。我和其他人一样积极参与谈话。朋友们似乎并不在意我是否上过大学。

5. 我犯了哪些思维错误？

   攀比、"应该"的滥用、主观臆断。

6. 我还可以怎么想？（或者想想一个冷静、理智的朋友会怎么想）

   人们选择怎样的道路取决于当时的生活状况如何，什么对他们最重要。我选择了组建家庭并养育孩子——这对我来说很重要。获得本科学位或身居要职是有些人需要的，但并不是我要走的路，因为我想陪着我的孩子。我做了适合自己的选择。获得本科学位或身居要职虽然听起来令人向往，但并不能让我变得更好。我不必用工作或资产来证明自己的价值。我喜欢自己的生活方式和自由度。我很幸运。

3. 过度渴望认可

我们都想得到认可——我们出自本能地想要得到他人的喜爱，只不过需要的认可程度不同。对一些人来说，只要能得到一些对他们而言重要的人物，比如家人、上司或若干密友的认可就足够了。所以，其他大多数人怎么想并不会影响他们。有些人则渴望得到几乎所有人的认可。因此，他们在某些场合会感到尴尬，如去药店买私人用品、一起吃饭的人没给服务员小费或陌生人听到了他们自言自语。我们越是渴望得到认可，就越容易受到焦虑、抑郁和低自我价值感的影响，越容易表现出自我挫败行为——过于努力取悦他人以及总是把自己的需求放在最后。矛盾的是，这种行为往往会产生反作用——他人会察觉我们渴望被人喜欢，并很难给出我们想要的反应。

希望被所有人喜欢并不现实，喜爱和诋毁我们的人同时存在。秘诀是要承认，并不是所有人都应该被套进一个模子。每个人都有自己的偏好，也会被不同的特质吸引。有些人偏好那些热络又合群的人，另一些人则更喜欢那些善于思考和倾听的人。有些人看重诚实和真诚胜过其他所有特质，另一些人则会被社会地位高、富有或相貌堂堂的人吸引。有些人会被精彩的谈话吸引，有些人会被幽默感吸引，还有些人最看重忠诚和善良。

我们无法满足所有人的需求，所以需要接受这样一个事实：我们不会和所有人打成一片，也不会吸引所有人。也许有些人会出于复杂的原因而不喜欢我们，而所有人都可能遇到这样的情况。接受有些社交上的挫折是很正常的人生经历，才是健康的心态。

有些人担心自己和别人不一样，很努力地试图"融入"群体。他们也许很介意自己和周围人的外表、举止、思维以及价值观上的差异。他们也许认为，为了被接纳，他们应该避免会让他人注意到差异的言谈举止。

有着健康自尊的人是很真诚的，往往愿意展示出一些独特的言语或行为。例如，他们可能会反对主流观点，选择不去其他人都去的地方，觉得不好笑的时候就不笑，或者觉得不重要的时候就不在乎。他们的穿着或言语可能会反映出这些态度。当然，有时适度妥协——为他人考虑，去做一些我们不是特别想做的事——是很有意义的。但是，诚实地表达自己也很重要，即便这意味着与众不同。

- 莎伦不想在周六晚上和朋友出去喝酒。
- 伊恩不觉得和他共事的实习技工开的玩笑很有趣。
- 丽塔是她朋友圈中唯一投票支持工党的人。

这些人如何应对自己与他人的不同，将决定他们对自己的看法。他们如果感到羞愧、尴尬或担心别人对自己的评价，就很可能因为自己与众不同而感到自卑。而如果他们承认自己有跟别人不一样的权利，并愿意诚实地表达自己，他们就不会感到不自在。

无论我们和其他人有多不一样，没有一条规定要求我们应该表现得如出一辙。差异是生活的调味剂。健康的心态是接受我们和他人的不同，并容忍他人和我们不同。虽然我们可能认为，他人会因为我们与众不同而苛刻地评判我们，但他们往往会暗中受到我们表现的影响。如果我们对自己感到满意，多数时候其他人也会如此。事实上，人们经常钦佩那些无视社会压力、有勇气做真实的自己的人。

行为反驳

在第六章中，我们了解了如何利用行为反驳来挑战对认可的过度渴求。我们不会过于努力地去取悦他人或争取他们的认可，而是会采取截然相反的做法——通过羞耻攻击练习，自发地寻找机会去做那些可能不会被认可的事情。我们放弃基于过度满足欲望的行为时，就可以通过经验认识到我们的假设并不正确，我们并不需要如此努力地赢得他人的认可。不放弃扭曲本性的尝试，我们就无法了解自己原本就很好，也足以讨人喜欢。事实上，过于努力的悖论是：我们越是努力，就越缺乏魅力（另见第219页的"坦诚"一节）。

很多人始终战战兢兢，生怕在某一时刻突然暴露自己的失败或差异。

- 肖恩很害怕人们发现他在工作中犯了一些错。
- 欧文害怕人们发现他在公开演讲时有多紧张。
- 克劳德害怕人们发现他是同性恋。
- 希兰害怕自己出现社交焦虑时别人会注意到她脸红了。
- 乔很害怕人们会发现自己4年前因酒驾被起诉。
- 内森患有抑郁症。他担心新女友发现后会跟他分手。
- 海伦娜多年来一直非常自责——她父亲死于癌症，但她当时并没有给予父亲足够的关心。

对这些人来说，保守秘密的行为会赋予他们的羞耻正当性，让他们深信一旦别人发现了他们的秘密，灾难性的后果就会接踵而至。这维持了他们的焦虑和自卑感。评估我们的信念是否正确的一个最佳方法就是进行行为实验，向相关人士揭露自己的秘密，并观察他们的反应。一旦我们坦白，焦虑水平就会下降，因为我们不必再担心别人发现我们的秘密了。大多数人面对这些情况时的体验是，其他人远不如自己预测的那样充满偏见。这会帮助他们认识到，自己察觉到的缺点并没有那么糟糕。

但如果其他人有偏见呢？行为实验总会面临一些风险——有时候，我们的恐惧会成真。不被认同、失败或被拒绝，这些就是行为实验存在的风险。但是，停留在舒适区并不能帮我们克服恐惧和自我怀疑。我们如果只在确保他人会积极回应时才自我暴露，只会一无所获。当我们冒着不被认可的风险，却发现在大多数情况下事情并非如此，或就算确实没有得到认可，我们也能应对，这些才是最强有力的学习过程。

当然，在某些高风险情况下，最好不要揭露秘密。尽管如此，大多数人都过于小心了。因为我们认为别人如果真的了解我们，是不会喜欢我们的。保守秘密可以防止现实与期待不符，于是我们永远不会知道自己的消极信念是不正确的。我们认为自己不被接受时，也更难接受自己。

4. 贴标签

有时，我们可能做出一些会产生消极后果的事情，例如没能很好地应对社交场合，或者说了些让自己后悔的话。有时，我们的行为会对工作、人际关系、健康、财务或事业造成消极影响。有时，我们没能实现某些我们最看重的目标。有时，我们就是不擅长那些非常想做的事情。这就是事物的本质——人类就是很容易犯错，且各有优缺点。

此外，很多人认为自己的性格缺陷限制了潜力。例如，有些人觉得自己太害羞、年纪太大、太胖、太笨拙、身体太弱或者太懒，其他人则认为自己不够聪明、不够成功、不够有能力或者不如别人优秀。很多人习惯性地根据缺点给自己贴上糟糕或有缺陷的标签。这种标签可能是有意识的口头表达，例如"愚蠢""软弱""失败""没指望"，也可能只是一种自卑和欠缺感。贴标签的问题在于，我们是在依据有限的事件或特征对自己进行粗暴的概括。

薇姬无意中把朋友的一些秘密说漏了嘴。不幸的是，这件事又传回了那个朋友耳中。朋友对她口无遮拦的行为非常愤怒，这让薇姬满心愧疚和自责。她觉得自己背信弃义，不配再被人信任。

显然，薇姬需要做些弥补。她需要些时间重新获得朋友的信任。重要的是认识到错误，以免重蹈覆辙。对薇姬来说，后悔自己的行为并承认犯了严重的错是合理的——"我做了件非常愚蠢的事！"判定我们的某些行为愚蠢或错误并不会降低我们的自尊，因为行为是具体且可以改变的，下次我们可以不这么做。但是，给自己贴上糟糕或有缺陷的标签会损害我们的自尊，因为这是我们对自我做出的整体判断。

金觉得自己在工作的广告公司格格不入。尽管已经在这里快一年了，但她并不觉得自己和组里的同事关系好。她和他们的价值观与兴趣相左，认为他们的谈话内容大部分非常肤浅且平庸。公司的大多数员工似乎相处得不错，金有时想知道是不是自己有什么问题。她给自己贴上了"局外人"的标签。她在思维监控表上这么写：

情况	员工会议上，大家开着玩笑，可我一点儿也不觉得好笑，连一个笑都挤不出来。
感受	悲伤、孤独、紧张、不适、无力
想法	我不属于这儿——我是个局外人。我不对劲。 他们注意到我没有参与，一定会觉得我很无聊或者很奇怪。
信念	我应该像他们一样。我应该在所有社交团体中如鱼得水。 如果有时我没能做到，那说明我有缺陷。别人会很苛刻地评价我。
错误思维	"应该"的滥用、贴标签、主观臆断
反驳	我和有些人关系不错，和其他人则不然。人跟人是不同的——我和上一份工作的同事相得很好。 大多数人在某些社交场合很自在，而在另一些场合就很别扭。我没理由在每一种情况下都和别人相谈甚欢。 能和这里的同事更亲近很好，可惜，我们并没有什么共同之处。跟别人不一样没什么大不了的。与众不同并不代表我很糟糕或是有缺陷。
积极行动	保持友好与合作的态度。尊重他们跟我不一样的权利。专注保持良好的职场关系。

具体问题具体分析

与其给自己贴上标签，不如用具体的方式来思考自己的行为或情况。

在最近参加的某派对中，克莱尔一个人都不认识。由于太害羞了，她不敢主动跟任何人交谈，于是整晚大部分时间都坐在沙发上，觉得尴尬又不安。回家的时候她很苦恼，心想："我真是不擅长社交！"

我们很多人都遇到过克莱尔这种情况。就算没能和别人搭上话，我们真有必要觉得自己很糟糕吗？像"失败者""低人一等""社交无能"这样的标签会让我们感觉自己有缺陷。如果克莱尔能用具体而不是笼统的方式来思考问题，她本可以告诉自己"我在某些社交场合很害羞，尤其一个人都不认识的时候"或是"我不擅长在满是陌生人的房间开始一段谈话"。承认我们在某些情况下能力有限并不会降低自尊，因为我们并没有对自己的整体价值进行整体评估。具体问题具体分析的方法保护了我们的自尊。

标签（无益的）	具体分析（有益的）
我不擅长社交。	面对不熟悉的人时，我很害羞。
我是个傻瓜。	我做了件蠢事。
我是个背信弃义的人。	我让她失望了。我做错了。
我是个失败者。	我没能达成某些职业目标。
我很懒。	我很难有动力去做某些事。
我很笨。	我的基础知识不扎实。
我是个废人了。	我有时会陷入抑郁。
我无能。	我不擅长利用科技手段。
我是个悲观者。	我容易心情低落。
我不招人喜欢。	我的前任不够爱我。

5. 以偏概全

犯了错或没能实现目标的时候，你会怎么做？你是否曾对自己说，你什么都做不好？你总把事情搞砸？你没一件事做得对？过度概括个人失败或缺点的倾向是常见的低自尊强化剂。

吉莉恩40多岁时决定攻读一个文科学位。虽然她相信自己应付得来，但事实并非如此。吉莉恩发现自己很难在课堂上集中注意力，阅读老师指定的书目也很费劲。她还很担忧会挂科，这让她的学业更加艰难。她决定休学一年，但第二年她重新开始的时候又遇到了同样的问题。终于，在经历了很多痛苦和自我鞭策后，吉莉恩退学了。此后，她的自尊一落千丈，人也变得很消沉。

对自己不足之处的过度概括削弱了她的自尊。吉莉恩没有意识到自己同时有做得好和做得不好的事，而是告诉自己，她什么有用的事都做不成，以后也大概会这样。她因此觉得自己很失败。为了更理性地评估自己的处境，吉莉恩需要把感受到的失败具体化到生活中的某个方面，即学习这件事对她这个年纪的人很难。

情况	我很想继续学业，却只能退学。
感受	一无是处、抑郁
想法	这意味着我是个傻瓜，是个失败者，我没救了。 我好像什么都做不到。
信念	我的成就决定了我的价值。 我做什么事情都应该成功。如果做不到，我就一文不值。 我现在什么事也做不成。
错误思维	贴标签、以偏概全、妄下消极结论、"应该"的滥用
反驳	在我这个年纪，学习并不是件容易的事。我很难集中注意力，是因为我担心会失败。这并不意味着我无能或整个人有问题。 有些事我做得不错，有些则不然。我没道理做每件事都必须成功。 学业并不能决定我作为人的价值。
积极行动	关注生活其他方面——友谊、兴趣、健康。为自己设定提升生活的新目标。

坚持事实

坚持事实使我们能够保持客观，并防止我们用以偏概全来歪曲信息。

以偏概全（无益的）	具体分析（有益的）
我什么事都没做成。	我没有达成对我很重要的目标。
大家都觉得我是个白痴。	菲尔的父母和我母亲不认同我的决定。
人们一旦了解我，就会拒绝跟我交往。	我有过三次被拒绝的经历。
我越努力，事情就越糟。	我努力了，但还是没能解决这个问题。
我不讨女性喜欢。	我和妻子的某些朋友关系不好。
我真是个没用的妈妈。	我教育孩子的方式有些错误。
我毫无进步。	我没有取得设想中那么大进步。
我浪费了一整天。	我没有像计划中那样完成那么多事情。
我面试表现非常差。	我前两次面试表现得不太好。

无条件的自我接纳

无条件自我接纳的本质是接受自己的全部人性，认识到我们不是通过工作、资历、成就、外表或财产来获取自身价值的。尽管我们有各种缺点和不足，生而为人就是我们的价值。

学着接纳自己并不意味着我们不应该尝试改善生活的方方面面。学习新技能、尝试更健康的生活方式、结交朋友或接受新挑战可以极大地提高我们的生活质量，但我们就算没有实现这些，也是有价值的。自我接纳意味着无论成功与否，我们都能认识到自己的价值。另外，我们也要接受不喜欢但无法改变的那部分自我，包括过往、性格、能力、外貌等。

霍华德10年前被诊断出精神分裂症，经历了一段非常艰难的时期。他虽然已经通过药物控制住了病情，却认为自己是"残缺的"，低人一等，并因此自惭形秽，自我贬低。这使他面临两个难题：一是他的精神疾病（已经基本得到控制），二是他的低自尊（影响了生活的其他方面）。直到最终接受了疾病作为自己的一部分的现实（不是喜欢，只是接受），霍华德才不再觉得自己有缺陷，也不再感到不自在。

*

艾玛一直很胖，从记事起就讨厌自己的身材。她花了很多时间拼命和肥胖做斗争，一次又一次地尝试瘦身，但都没有成功。在35岁时，艾玛参加了一个互助小组，最终学会了接受自己的身材。她吃得很健康，每天运动，但还是接受了自己可能永远不会瘦下来的事实。不再把对自己的爱建立在瘦身成功的基础上，她如释重负，从而得以专注生活的其他方面。

*

有时，和朋友安妮一起参加社交活动时，桑德拉会觉得自己比不上她。安妮天生热情又亮眼，非常吸引人，无论走到哪里都有崇拜者。虽然桑德拉努力保持友善并主动与人交谈，但她没有安妮那种轻松、热情的社交风格。和安妮在一起的时候，她觉得自己非常无趣，因此很不自在。为了保持健康的自尊，桑德拉需要停止和安妮做比较，或者坚持自我。她应接受人们需要更长时间才能了解她的事实，并提醒自己：在感觉自在的时候，她也能很好地与他人相处并建立友谊。

关注点会被放大

我们身上都有自己不喜欢的地方。也许你对身高、体重或皮肤不满意。也许某段过往让你羞愧，你却偏偏无法忘记。也许你觉得自己不够有趣，不够外向或是不够聪明。

我们关注什么，什么就会被放大。例如，你有没有注意到，去参加一个社交活动时，如果你很担忧自己的穿着，那么你整晚大部分时间都会沉浸在这种情绪里？其他人没有在意你，但专注自己的外表会让你玩得不开心。我们越是关注感知到的缺陷，它就越成问题。矛盾的是，剥夺我们信心、妨碍我们行动并削弱我们自尊的并不是我们感知到的缺陷，而是我们对它的关注。

别人对我们的评价很严苛的假设往往并不符合事实——大多数人是自己最严苛的批评者。当我们能真正接受不喜欢的那部分自我，它们也就没那么重要了，我们的自我价值感也会随之提升。

练习 7.1

1. 想想你身上有哪些地方是你不喜欢却无法改变的，你是否注意到，关注这些地方会给你一种欠缺感？
2. 关注这些地方有什么好处吗？

3. 关注这些地方有什么坏处呢?

4. 接受这些特点但不再关注它们,会有什么效果?

认知弹性

健康、具有适应性的思维意味着接受无法改变的那部分自我,而不是期望事情会有所变化。虽然我们可能更希望在某些方面做出改变,也很努力去改变自己能掌控的地方,但我们仍然可以灵活地看待自己。

一种可能对你有用的方式是找出影响你自尊的信念,然后想想怎样才能使其变得更灵活。下表列出了一些可能损害你自尊的案例及其修正方式。需要注意的是,这些例子如果不存在"应该"的滥用问题,便不是问题。

例子	"应该"的滥用	灵活的信念
我不像我认识的一些人那么妙语连珠。	我应该像他们一样妙语连珠。	我不必如此,有些人天生会说话,那是他们幸运,但我不必像他们那样。
我不太擅长保持房子干净整洁。	我应该保持房子干净整洁。	我不必如此。我希望房子更整洁,但没理由要求自己一定这么做。我对此不感兴趣,也不擅长做家务。
我性致不高。	我应该欲望强烈并拥有丰富的性生活。	我不必如此,没人规定多强的性欲才是"正确的"。许多人欲望都不强,但这并不意味着他们有缺陷或低人一等。人是不同的,性欲也因人而异。
我没有工作。	我应该工作。	没有哪条规定说我必须工作。我在这个阶段可以不工作是很幸运的。我该自由自在地做自己想做的事。
我不是个完美的家长。	我应该做个完美的家长。	我不必如此。我在尽力的情况下通常也做得不错。我有时会犯错误,但其他人也是一样。完美的家长并不常见。

续表

例子	"应该"的滥用	灵活的信念
我太看重自己了。	我不该这样。	我可以这么做。放轻松些、享受生活对我有好处，可是我天生就是一个很严肃的人。这并不意味着我品行不好或有缺陷。
我不像过去那样什么都做得成了。	我应该像过去一样。	我不必如此。我这个年纪不可能像以前那样什么事都做得好。我已经做得很不错了。
我没上过大学。	我应该上大学。	我不必如此。我即使没上过大学，也是个有价值、有意思的人。
我不太擅长体育运动。	我应该擅长体育运动。	我不必如此。有些人有运动天赋，这是他们的幸运，但运动并不是我的强项。

练习 7.2

现在轮到你了。自己列一张表，分成"例子""'应该'的滥用""灵活的信念"三列，在"例子"这列写下现在或曾经让你感觉自己不够好的情况，在"应该"这列写下造成这种感觉的僵化信念。然后，设计一种更健康、均衡的方式来看待你的处境。在"灵活的信念"这列写下更符合实际、有助于保持健康自尊的思维方式。

承认你的长处和优秀品质

自尊脆弱的人更有可能把注意力放在感知到的缺陷和弱点上（因为任何能证实这些缺陷和弱点的事件都会立即得到关注），从而忽略了自己的长处和成就。一个有趣的练习是，列两份清单，一份包含我们所有的长处，另一份则包含我们感知到的弱点。很多人想不出自己有什么长处，不是因为没有，而是习惯把注意力放在自己的弱点上。更多关注自己的优秀品质，接受不喜欢但改变不了的东西，可以让我们保持更健康的自我认知。

练习 7.3

列一份优势清单，包括你能想到的长处、优良品质和成就，越多越好。请了解你的人给出建议。随着信息的增多，不断更新清单。

增强自尊的行为策略

我们在前文中了解到，行为策略是一种强有力的策略，可以改变我们自己的想法和感受。此外，设定目标和坦诚、果敢地沟通等策略也有助于保持健康的自尊。

1. 设定提升生活的目标

虽然自我接纳对健康的自尊至关重要，但这并不意味着我们不该在有很大提升空间的领域努力提升自我。应对自尊问题时，值得考虑的是，有没有什么切实可行的办法来改善我们的处境。例如，我们可以考虑增加常识、扩大社交圈、提高身体素质、培养新爱好、学习新技能、接受新挑战或把柜子里的衣服更新换代。

虽然追求有意义的目标很令人满意，但固执地追求不切实际的目标却是一件自我挫败的事。因此，制定切实的目标并在实现目标的过程中保持灵活的思维十分重要。很多人低估了自己的能力。但有时候，设定不切实际的目标会让我们在未能实现目标时觉得自己有欠缺。

詹姆斯在寻找可以共度一生的完美女士。她必须苗条、美丽、聪明、善于交际、经济独立并且深爱他。虽然詹姆斯也曾对接近这种标准的对象发起攻势，但她们都对他不感兴趣。问题并不是詹姆斯不讨人喜欢，而是他的期望不切实际。修正期望可以促使詹姆斯找到合适的伴侣，并让他不再感到失败和无能。

*

坎迪丝身材矮胖，穿16码的衣服，但她非常想减到10码。她尝试了多种饮食、运动和替代疗法，但每次效果都只维持一时，还是会反弹。考虑到身材，坎迪丝期望中的大幅减重并不现实。更现实的期望是追求健康的生活方式、增强体质，而不是专注于瘦身。

*

罗伯托决心靠赚大钱来获得自我价值。他的目标是50岁之前拥有一座位于港区的价值500万元的房子。考虑到他的工作性质，这个目标并不现实，只会让他陷于失败和失望。

制定目标时，考虑自己的资源（我们要做什么、能做什么、准备付出什么）是很明智的。把这些因素考虑在内有助于我们制定现实的目标，进而提高成功的可能性。

在实现目标的过程中，保持变通的思维也很重要。这意味着要尽最大的努力，同时接受失败的可能，也意味着不要等实现目标后再接纳自己。不管生活中发生了什么，我们都可以从一开始就实践自我接纳的方法。健康的自尊可以通过转变思维来培养，设定努力提高生活质量的目标也是一种途径。

温迪生性羞涩。她住在悉尼的10年间交了些新朋友，但没有她希望的那么多。她的一位女同事纳迪娅只在悉尼工作了2年，似乎已经有很多朋友了。温迪觉得自己没能交到那么多新朋友，是能力不足的体现。为了提高自尊，温迪需要接受害羞是她个性一部分的事实，而不是给自己贴上"有缺陷"的标签。她可以交到新朋友，只是要比别人多花一些时间。她也可以在交朋友这件事上更积极主动，这就是制定目标的重要性。例如，她可以多参与社交活动，并与她认识的人多接触。以下是温迪的思维监控表：

情况	到周末了，我却没什么活动安排。
感受	难过、绝望、沉重的沮丧感
想法	我该如何打发时间？我没有朋友。 纳迪娅来这儿2年，就已经认识很多人了。我是怎么了？我对别人没有吸引力。
信念	大家不喜欢我。 我现在应该有很多朋友才对。
错误思维	攀比、贴标签、妄下消极结论、"应该"的滥用
反驳	我和陌生人在一起时很害羞，需要一段时间才能和他们熟起来。大家一旦了解我，就会很喜欢我。 我可以交到亲密的朋友。这些年来，我交到的朋友都喜欢和重视我——珍妮特、苏和朱迪真的很喜欢我。 害羞不会让我低人一等，但这意味着我需要比他人付出更多努力。

第七章 维护自尊 | 217

续表

积极行动	更努力地去承担社交风险。加入演讲俱乐部,并参加两周一次的聚会。加入丛林徒步俱乐部。报名参加交谊舞课程。加入本地的网球俱乐部,上网球课。邀请同事辛西娅周末去看电影,并在适当的时候多进行自我展示。

乔安妮很在意自己的外表。进入更年期以来,她的体重一直在增加。因为厌恶自己的外表,她开始逃避社交场合。可惜,这种逃避导致乔安妮情绪低落,还削弱了她的自尊。如果乔安妮能接受年龄带来的身体变化,回归以前的生活方式(如和朋友出去玩),她就不会感觉这么糟了。她也可以考虑为自己设定一些与体重相关的目标。但是,她需要对自己的瘦身程度保持现实的期望(众所周知,实现并长期保持显著的瘦身成果是很难的)。她的思维监控表如下:

情况	我遇到了多年未见的老朋友,她没认出我。
感受	尴尬、伤心
想法	她可能对我的样子感到震惊。
信念	我看起来糟透了。我应该保持之前的样子。 大家对我指指点点。他们会看轻我。
错误思维	贴标签、"应该"的滥用、主观臆断、灾难化思维
反驳	我希望看起来年轻苗条,但身体变化是衰老的一部分。 大多数人不太在意别人的长相,他们主要关心自己。如果我不专注自己的外表,别人也不太可能在意。即使有些人确实对我的外表指指点点,也不会对我的生活有什么实际的影响。如果我能接受自己,别人也会接受我。
积极行动	去健身房,开始定期锻炼。向营养师寻求更健康的饮食建议。 主动跟朋友接触,多出门。

2. 坦　诚

友谊和亲密关系会让我们感知到与他人建立了联系，直接证明我们是讨人喜欢的，从而保护了我们的自尊。为了发展有意义的联系，我们需要做的是展示真实的自己。缺乏自尊会导致我们不敢做真实的自己。为了讨人喜欢，我们可能会尝试讨好的言行，也可能回避坦诚的沟通，以免给人留下不好的印象。有些人则选择躲藏在快乐的外表下。

海伦大多数时候都在努力成为她认为别人会喜欢的人。她试过给同事送礼物、烤点心来博取好感，连沮丧的时候也装出一副高兴的样子。即便有时候她说了些自己的麻烦事，也会跟上一句"但那也没什么"来让别人相信她是个积极的人。海伦试图把自己塑造成一个有活力、有知识又有人脉的人，于是会对自己的交际和从事的工作大肆吹嘘。她会对自己不太了解的学科不懂装懂，用术语和长篇大论来震慑别人。

有些人觉得海伦是个骗子，有些人喜欢她，还有些人觉得她用力过猛。海伦的问题是，她只要装腔作势，就会一直难以接受真实的自己。即使有些人喜欢她，海伦也不确定他人喜欢的是真实的她还是她的面具。大多数人欣赏的都是真实的人，而那些装腔作势的人只会令他人失去兴趣。

健康人际关系的基本要素就是坦诚——愿意摘下面具。这意味着愿意透露我们的想法、感受和经历，既不自我设限，也不装腔作势；意味着不摆架子，不假装高兴，不夸大成绩，也不试图满足所有人的需求。

坦诚需要我们直面自我，因此可能会让人害怕，但也很值得。我们发现他人喜欢真实的我们而不是我们的伪装时，就会意识到我们的价值在于真实的自我，而不是假装的样子。

3. 果敢沟通

我们利用言语和肢体交流的方式向他人传达了我们有多看重自己。果敢沟通是一种行为反驳方式，因为改变行为会改变我们对自己的看法。我们果敢地沟通时，就会以一种表明"我和其他人一样有价值"的方式表达自己的观点、感受或需求。我们可以说出自己的想法，要求得到我们想要的东西，也可以直视他人的眼睛，以适当的语调和音量说话。胆怯的沟通反映并维持了低自尊——觉得自己不像其他人那么重要的观念。

4. 自我实现预言

伊恩认为自己低人一等。因此，他很难直视别人的眼睛，说出自己的想法或要求得到想要的东西。跟人交谈时，他常常低着头，小声说话，好像不想让人听见似的。伊恩从不表达自己的想法或感受，因为他觉得大家不会感兴趣。他从不要求得到想要的东西，因为他觉得自己没权利这么做。伊恩的行为和肢体语言传达出了自己低人一等的信念。可悲的是，人们也常常这样对待他。

伊恩的行为就是自我实现预言的一个很好的例子。自我实现预言指我们的信念会影响我们的行为，进而影响我们的经历，反过来又会强化我们的信念。我们认为自己有欠缺或不如他人时，就会通过语言和肢体语言来传达这一信息。他人因此开始觉得我们确实有欠缺，并以一种强化自卑感的方式对待我们。

我们在果敢地沟通时则会给出相反的信息："我和其他人一样有价值。我觉得和其他人在一起很舒服，因为我知道我很好。我的想法、感受、需求和其他人的一样重要。"这不仅强化了我们和其他人一样重要的信念，而且也会鼓励他人平等地对待我们。果敢沟通是保持健康自尊和维系人际关系最有价值的工具之一，也有助于我们更多地满足自己的需求。第十章提供了更多有关果敢沟通的信息。

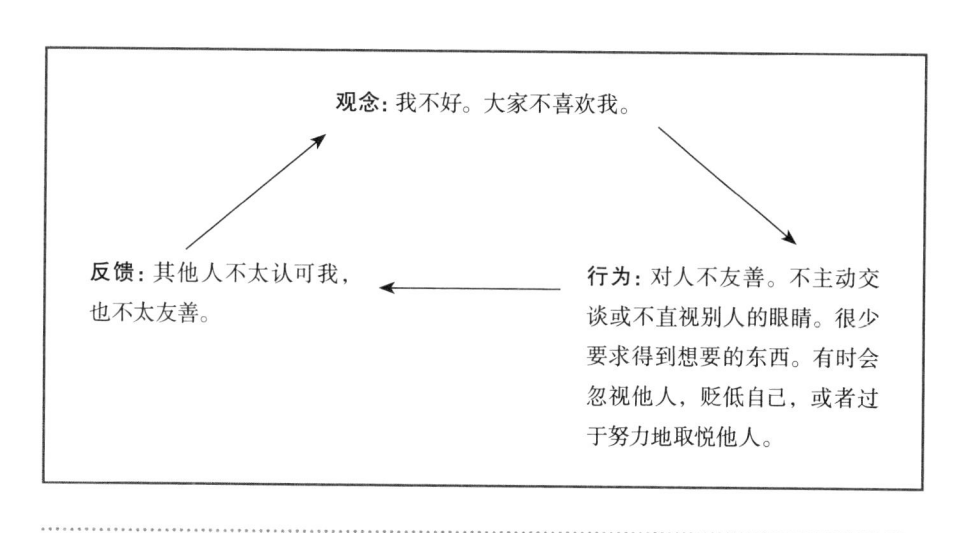

观念：我不好。大家不喜欢我。

反馈：其他人不太认可我，也不太友善。

行为：对人不友善。不主动交谈或不直视别人的眼睛。很少要求得到想要的东西。有时会忽视他人，贬低自己，或者过于努力地取悦他人。

小　结

◇ 自尊是一个人对自身价值的感知。它对我们生活的许多方面都有重大影响，包括人际关系、情绪和幸福。

◇ 自尊受诸多因素影响，包括气质、童年和之后的经历、过去和现在的人际关系，以及流行文化传递的信息。

◇ 削弱自尊的常见错误思维方式包括：与他人攀比、根据成就评判自我价值、过度渴望他人认可、以偏概全和给自己贴标签。

◇ 自我接纳对健康的自尊而言很重要。这意味着不给自己贴上有缺陷的标签，而是接受它。灵活地接受不是每个人都会喜欢我们的事实，应具体分析，而不是笼统对待我们的缺点，都有助于我们保持健康的自尊。

◇ 低自尊常表现为有取悦他人的欲望，以及对揭示自我、坦诚沟通的回避。行为反驳是对这些问题最有效的解决方式。

◇ 制定并努力达成现实的目标也有助于提升自尊。

第八章

摆脱抑郁

生活不易。这是伟大的真理,最伟大的真理之一。

——M. 斯科特·派克

每个人都会不时感到悲伤或低落。悲伤通常是由于经历了失去或失望:事情出了差错,他人辜负了我们,与期盼的事物失之交臂或是失去了自己珍视的东西。悲伤是对生活中挫折的一种正常反应,往往几个小时或几天后就过去了,甚至睡一觉就没事了。虽然和他人交谈或投身愉快的活动可以让我们心情好些,但有时候,我们还是会允许自己悲伤,因为我们知道这是一种正常的反应,总会消退的。偶尔悲伤一般没什么问题,但如果接连几天或频繁地陷入悲伤,我们就需要掌握一些自助策略来控制情绪了。

痛苦的另一端是抑郁——一种致弱状态。它会妨碍我们体验快乐、与人交往,让我们无法正常地工作和生活。抑郁不利于健康,甚至会影响我们对疼痛和躯体症状的感知。抑郁和悲伤不同,可以持续几个月或几年。

抑郁被比作"心理障碍中的感冒",是心理健康专家最常遇到的问题之一。澳大利亚每年有大约6%的人患有抑郁，15%～20%的人在一生的某个阶段至少会经历一次抑郁。抑郁不分男女，但女性患病的概率是男性的2倍。抑郁往往伴随着焦虑，约1/3的抑郁患者同时有焦虑问题。

遗憾的是，虽然针对抑郁的治疗的效果很好，但大部分抑郁人群并不会寻求帮助。大多数患者不经过治疗也会康复，但接受合格的心理健康专家的治疗可以让这一过程缩短几个月甚至几年，并防止抑郁复发。除了本书探讨的策略，读者也可以在网上找到自助资源。

本章讲述的认知行为技巧对管控悲伤情绪和轻到中度抑郁很有成效。但重度抑郁患者很难独自将这些自助策略付诸行动，因为抑郁会降低他们的动力和体力，并削弱理性思考的能力。如果你属于这种情况，最好向有资质的心理学家或精神病学家求助，特别是在抑郁影响了你的生活，让你有自杀的念头，或者你已经尝试过自助策略但没有成功的情况下。本章的信息虽然可以非常有效地强化治疗效果，但并不能代替治疗。

不同类型的抑郁

虽然我们认为抑郁就是抑郁，但实际上，抑郁分为几种。

1. 抑郁情绪

抑郁情绪是一种正常的悲伤状态，我们每个人都可能经历。它通常是由于事情没能达到自己的期盼而产生的。在这种状态下，我们会感到悲伤和低落，并产生消极认知。例如，我们可能会更消极地看待朋友、工作状况或重要的人际关系，自尊也随之受损，因而觉得自己"抑郁"了。但其实这只是一时的抑郁情绪，可能几小时、几天或几周后就消退了。

2. 心境恶劣障碍

约6%的人会在一生中的某个时刻遭受持续的抑郁情绪——心境恶劣（dysthymia）的影响。这种抑郁的症状会持续多年（至少两年才能确诊），因而有时也被称为"抑郁人格"。此外，患者可能还会出现其他症状，如食欲不振、睡眠紊乱、精力不足、低自尊、注意力不集中、犹豫不决以及丧失希望。这类患者患上重度抑郁的风险更高。他们会觉得自己很无趣，因而回避社交，但这样反而会增加抑郁的风险。

3. 重度抑郁障碍

由美国精神病学会推出的第五版《精神障碍诊断与统计手册》（DSM-5）列举了与情绪相关的各种疾病。在许多西方国家，这本手册都是心理学家和精神病学家进行治疗时的参考标准。根据DSM-5，如果符合下列症状中的五条以上，前两条中至少符合一条，且时间持续两周以上，患者就可以被确诊为重度抑郁障碍（major depression）：

1. 一天中大部分时间情绪低落。
2. 对通常令人愉快的活动无兴趣。
3. 食欲或体重变化。
4. 睡眠模式改变。
5. 疲乏无力。
6. 感到内疚或自己没有价值。
7. 焦虑不安或反应迟缓。
8. 无法集中注意力或做决定。
9. 反复出现死亡或自杀的念头。

抑郁可按严重程度分为轻度、中度和重度。轻度抑郁者虽然情绪不佳，但仍然能够正常生活。例如，他们可以工作、做家务以及与人相处，即使并不享受这些过程。轻度抑郁不像重度抑郁那样会妨碍正常生活，因此不太会得到关注和治疗。

中度抑郁者会遇到更为严重的社交和职业障碍。例如，在工作中，他们会因为注意力不集中和积极性不高而效率低下。在人际交往方面，他们也可能会表现得笨拙和消极回避。

重度抑郁者则几乎符合以上列举的全部症状，因此正常生活的能力非常有限。对他们来说，即便是起床或穿衣服这样的小事，也极具挑战性。

抑郁的常见症状

◇ 情绪：悲伤、沮丧、绝望、内疚、焦虑、易怒、一无是处、想哭、麻木。

◇ 认知功能：注意力不集中，记忆力差，无法做决定或解决问题。

◇ 想法：消极偏见（消极地看待自我、世界和未来），对大多数事情失去兴趣，只关注眼前的困难，陷入消极的思维反刍，自责，想要自杀。

◇ 行为：无法行动，社交不积极，回避社交，有吸毒、酗酒、暴食等自我挫败行为，工作效率低下。

◇ 动力：对工作、社交活动或爱好等大部分活动不感兴趣，做什么都很困难，难以设定和追求目标。

◇ 身体机能：疲惫、精力低下，睡眠不佳，食欲不振，身体不适，性欲减退，动作迟缓，烦躁不安。

4. 抑郁与悲伤

悲伤是人类在遭遇亲人去世、确诊重病、失业或婚姻破裂等重创时的一种常见反应。悲伤与抑郁的表现非常相似：抑郁情绪，失眠，对通常令人愉快的活动提不起兴致，缺乏动力，食欲减退，注意力不集中。但是，悲伤并不算疾病，只是对重创的正常反应。

近年来，关于人在面对丧亲之痛时是否可以被诊断为抑郁，一直存在着激烈的争论。丧亲之痛可能是一个人能承受的最大情感负荷，因此许多专家认为抑郁是对这种情况的正常反应，不该被视为心理障碍。也有专家认为，如果一个人出现了特定的症状，如感觉自己一文不值，有自杀念头，坐立不安或行动迟缓，或整体机能受到严重的影响，这就超出了对丧亲的正常反应，表明除悲伤之外还存在抑郁的情况。2013年发布的 *DSM-5* 便采用了这一观点。*DSM-5* 指出，患者如果存在符合抑郁的症状，即使原因是丧亲，也可被诊断为抑郁。

抑郁症的病因

尽管消极、自我挫败的思维方式会增加抑郁的风险，但思维一般不是唯一的病因。抑郁是多种因素的综合结果，包括：

◇ 生物因素（如神经递质功能紊乱）。
◇ 历史因素（如家庭纷争、酗酒、父母早逝或亲子关系淡漠）。
◇ 心理因素（个性和认知方式，如惯性消极思维）。
◇ 环境因素（如失业、患病、离婚这类生活中的压力事件）。

◇ 社会心理因素（如缺乏亲密的信任关系、社交隔离）。

区分由生活中的压力事件引发的抑郁和由生物因素引发的抑郁，有助于心理治疗从业者选择合适的治疗方法。通常，由生物因素引发的抑郁要先进行生物性治疗，而那些主要源于压力事件的抑郁则需要进行自我调节和运用谈话疗法，如认知行为疗法（尽管有时仍然需要借助药物治疗才能完全康复）。

由压力事件引发的抑郁

抑郁多是由压力事件或长期的压力环境引发的。感情破裂、失业、重疾或残疾、丧亲、离婚、名誉扫地或生意失败等都是抑郁的常见诱因。贫穷、不友善的家庭氛围、充满压力的工作环境、社交隔离、慢性生理或心理疾病，以及照顾患重病的家庭成员等慢性压力源，也可成为诱因。

多个消极事件同时或在短时间内接连发生，会提高抑郁发生的可能性。例如，失业后又经历了分手或生病，抑郁的风险就会大大增加。但是，有些人能够克服重重困难、摆脱抑郁，这就体现了个性和复原力的作用。这两点影响着我们应对生活中的挑战的方法。影响复原力的因素包括一个人的思维方式、生物因素和可利用的资源，如朋友、沟通技巧和兴趣。

有过抑郁经历，尤其是多次抑郁的人复发的风险更高。随着发作次数的增加，触发抑郁的压力事件的意义也渐渐降低。虽然一开始抑郁是由重大事件或损失触发的，但后来的触发事件则是更小的问题。复发性抑郁患者可以通过增强复原力（如认知弹性、均衡的生活方式、定期锻炼、社会支持等）以及运用预防策略（见第265页）降低复发的可能。

具有强大生物性基础的抑郁

1. 忧郁型抑郁

抑郁往往是家族遗传的。对同卵和异卵双胞胎抑郁病发率的比较研究发现，基因对抑郁有一定影响。忧郁型抑郁很大程度上受生物因素的影响，占所有抑郁类型的10%。一般认为，易患忧郁型抑郁的人在神经递质（大脑的化学信使）的传递方面存在异常。最直接参与情绪调节的神经递质有血清素、去肾上腺素和多巴胺。抗抑郁药物通过提升这些神经递质在神经元（脑细胞）的突触之间的传递效率来治疗抑郁。

忧郁型抑郁患者会出现严重的致弱症状，很难正常生活。这可能表现为对一切事物郁郁寡欢，对积极事件也无动于衷。忧郁型抑郁与生物性变化有关。例如，可能表现为：精神运动性抑制，即身体运动和思维过程减缓；精神运动性激越，即感到烦躁不安、易怒和坐立不定。抑郁情绪通常在早上更严重，但这并非忧郁型抑郁特有的表现。

因其强大的生物性基础，忧郁型抑郁患者需要先接受生物治疗（如抗抑郁药物）。尽管心理治疗也很有帮助，但单纯依靠心理治疗却鲜有成效。情绪有所缓解后，良好的心理治疗可以进一步促进情绪改善。虽然生物性因素的作用不可忽视，但生活中的压力事件往往才是忧郁型抑郁的诱因。因此，对有抑郁倾向的人来说，发展健康的思维方式并增强复原力非常有益。

2. 精神病性抑郁

约1%的抑郁患者在抑郁期间经历过精神病发作，即除了严重的抑郁症状，还会产生妄想，相信各种怪事。例如，他们可能认为自己做了些糟糕的事并会因此受到惩罚，或者其他人想要"教训"他们。有些人可能认为自己的内脏正在腐烂，或者思想被外星人控制了。带有精神病症状的抑郁需要药物治疗，抗精神病药物搭配抗抑郁药物通常疗效不错。治愈后，精神病症状就会消失，患者会承认他们当时的思维是不正常的。（精神病性抑郁并不是精神分裂。患者至少要有持续6个月的精神症状才能被确诊为精神分裂。）

3. 经前焦虑障碍

月经来潮的女性中约有3%每个月都会因月经周期引起的荷尔蒙变化而抑郁。尽管多达50%的女性会在经前经历一些情绪、身体或行为变化，但患有经前焦虑障碍的女性在经前一周会出现更严重的症状，如严重的抑郁情绪、明显的焦虑、易怒或愤怒、对活动缺乏兴趣、回避社交和无法正常生活。

4. 产后抑郁

产后抑郁（postnatal depression）比更为常见的、在产后几小时或几天内对新妈妈们产生影响的"产后情绪低落"（baby blues）严重得多。约10%的新妈妈患有产后抑郁。症状会在产后3个月内出现，并持续几周到几年。除了抑郁的常见症状外，患有产后抑郁的妈妈们还可能体验情绪波动、焦虑或惊恐发作、睡眠和饮食障碍、内疚、羞愧、愤怒、无能和绝望感、自杀的念头，以及对自己、孩子或伴侣产生的莫名恐惧。

5. 双相情感障碍

约2%抑郁症患者的情况属于双相情感障碍（bipolar disorder），也被称作"躁郁症"。这类抑郁症患者的症状更为严重，且至少有过一次兴奋或狂躁的感觉（过度开心、过度活跃、过度健谈或语速过快、出现不理智的想法以及失眠）。患者往往还会遭受频发或慢性焦虑以及易怒情绪的折磨，且酗酒和滥用药物的风险更高（他们容易用酒或药物尝试"冥想"，试图控制病情）。这类人群很难正常工作，也很难维持健康的长期关系。

双相情感障碍分两类：I型和II型。这两种类型都与重度忧郁型抑郁有关，但双相I型患者会表现出完全的躁狂（mania）以及妄想（与现实脱节）。双相II型患者则属于较为温和的轻度躁狂（hypomania）。例如，他们精力旺盛，感到"神经兴奋"，几乎不需要睡眠，并且在这段时间里做事非常高效。有些双相II型患者情绪高涨，觉得处处是新机会，每件事都令人兴奋，有些则会感到烦躁易怒。

轻度躁狂的症状比双相I型更轻微，因此常被误诊为更常见的"单相"抑郁。这一问题可能导致患者无法得到适当的治疗。双相II型患者的自杀风险更高，抑郁症状也更为严重，因此需要尽早确诊并接受适当的治疗。

在躁狂或抑郁发作的阶段，药物治疗是关键。医生通常会开些稳定情绪的药物，并视病情辅以其他药物。认知行为疗法等心理治疗是治疗双相情感障碍的一个很好的辅助手段，但由于双相情感障碍具有强大的生物性基础，如果缺乏药物治疗，心理治疗的疗效非常有限。以认知行为疗法辅助治疗有助于患者更快康复，也有助于他们长期管控情绪波动、焦虑和自尊，减少可预见的压力源，在遇到压力事件时学会调节情绪，并降低发作风险。

6. 抑郁的其他生物性病因

抑郁有时是由疾病或药物引起的。某些内分泌紊乱（如狼疮、库欣病、糖尿病）、神经失调（如帕金森、癫痫、多发性硬化）和过敏都可能引发敏感个体抑郁。使用某些处方药（如抗高血压药物、止痛剂、偏头痛药物）以及某些合法和非法药物（如酒精、尼古丁、可卡因、大麻、安非他命）的戒断反应也会引发抑郁。

有时，激素水平的变化也会导致抑郁，如甲状腺功能减退——甲状腺不够活跃，产生的甲状腺素过少；性激素（雌激素和黄体酮）的波动会引发女性经前、孕期、绝经前或产后抑郁。

在冬天日照减少的几个月，有些敏感人群也会出现抑郁症状，这被称为"季节性情感障碍"。这种病症主要出现在冬季光照不足的国家。人工照明是一种治疗方法。

对于不同类型的抑郁，治疗方法也不一样，包括各种心理治疗、生物治疗或二者结合。因此，我们需要找出抑郁的根本原因和延续症状的因素。有经验的心理健康从业者会进行有针对性的治疗（而不是"一刀切"），这样疗效也会更好。

抑郁的影响

不同人的抑郁表现不同。有些人看上去不开心，语调平淡、没有情绪，易怒或孤僻，很容易哭。另一些人则能够掩饰自己的痛苦，对外摆出一副勇敢的面孔，但也因此失去了朋友和家人原本可以提供的支持。把我们的抑郁情况告知他人也有助于他们理解我们为什么比平时更易怒、孤僻或冷漠，从而避免他们认为我们的表现是在针对他们。让家人了解抑郁的影响以及他们可以做些什么来帮助我们，也可以帮我们摆脱抑郁。如果抑郁患者没有接受专业的治疗，家人可以鼓励他们这样做，因为抑郁的预后是很好的。

1. 抑郁对认知的影响

一旦抑郁被触发，我们的思维就会陷入怪圈：我们会产生一种无所不包的悲观主义。我们的大脑被消极的想法占据，感觉一切都糟糕透顶且毫无意义，既无法记起或联想到过去的积极事件，也无法想象自己感觉变好的样子。问题似乎严重到根本解决不了，我们感到无助又无力。像放错钥匙或错过约会这种小事也会被视为失去理智、生活失控的证据。我们纠结不已，发现很难摆脱这些想法。这些想法自发、下意识地产生了，我们甚至没有注意到自己在想什么，我们自然而然地认为它们都是真理。

2. 思维反刍的影响

抑郁会引发思维反刍，即反复思考我们面对的问题，徒劳地分析过去的错误，推测可能的原因，思考过去和未来的后果。

> 为什么会发生这种事？……如果我这么做而不是那么做呢？……是我的错……为什么这些事会发生在我身上？……其他人都有美好的生活……我被抛下了……现在改变已经太晚了……事情不会有转机了……我过去很幸福，但现在已经快乐不起来了，永远都不会了……我什么时候失去了快乐的能力？……我希望事情是另一番景象……

思维反刍和担忧都是抑郁的常见表现，有很多共通之处。两者都是毫无意义的重复认知过程，会造成持续的抑郁和焦虑。担忧关注的是将来可能发生的不幸，而思维反刍则关注过去和现在的事件。我们就像笼子里奔跑的仓鼠——想法千回百转，却毫无用处。

既然如此，我们为什么还会陷入这样一个毫无意义且自我挫败的过程中呢？答案是，因为我们觉得自己在做有用的事情。在无意识的层面，我们试图通过思维反刍来找到解决方法，从而逃避痛苦。我们从一个想法转向另一个想法，考虑了问题的方方面面，过度思考并且过度分析，以为这么做就会找到答案。我们觉得反复思考不仅重要，而且必要。很多人在描述这一过程时表示自己"被迫"这样思考着，好像不这么做就会错过重要的事。

可惜，这种做法没什么用。研究表明，人们会因为思维反刍而减少积极行动和寻找解决方法的尝试（也许是因为思维反刍会让我们更抑郁）。思维反刍会让我们陷入自我挫败的想法和行为中，造成抑郁的恶性循环。

思维反刍往往发生在心理层面，但有时家人和朋友也会参与进来。我们的朋友想要表示支持，就会聆听并鼓励我们倾诉。虽然同关心我们的人谈一谈对治疗有帮助，但一遍又一遍地重复同样的内容却不会有这样的效果，而只让我们"共同反刍"——和别人一起反复纠结问题。如果你发现自己在这么做，可以主动邀朋友做点儿什么，比如打牌、散步、看照片、玩电脑游戏或者一起做饭，从而把注意力转向外界，打破思维反刍的循环。

3. 抑郁螺旋

一旦我们开始感到抑郁，伴随着低落情绪产生的消极认知和动力缺乏便会造成情绪的螺旋式下降，进而加深抑郁。什么都不做会对情绪产生不良影响。独处时间太久让我们更可能陷入思维反刍，而这些想法只会加重沮丧情绪。我们越是什么都不做，就想得越多、越痛苦，也越不愿意参与活动。然后，我们会因为什么都没做而自我批判，从而强化或加剧低落情绪，陷入持续的抑郁。开始时的低落情绪会呈螺旋向下发展为更严重的抑郁。

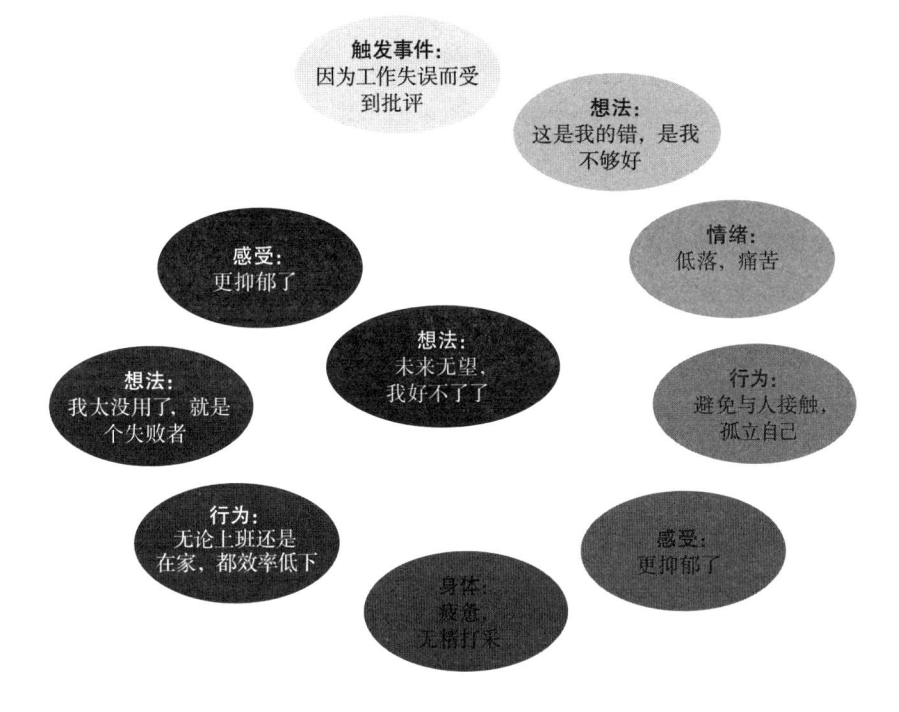

触发事件：因为工作失误而受到批评

想法：这是我的错，是我不够好

情绪：低落，痛苦

感受：更抑郁了

想法：未来无望，我好不了了

行为：避免与人接触，孤立自己

想法：我太没用了，就是个失败者

行为：无论上班还是在家，都效率低下

身体：疲惫，无精打采

感受：更抑郁了

4. 认知三角

精神病学家和认知行为疗法的先驱艾伦·贝克注意到，抑郁会使人们消极地看待自我、世界和未来。这三个方面的消极感知被称作抑郁的"认知三角"：

◇ 自我：如"我差劲，一无是处，一文不值，有缺陷"。

◇ 世界：如"人们冷酷无情，漠不关心，吹毛求疵，疏离冷淡"。

◇ 未来：如"事情永远不会有转机，只会一直如此"。

这些扭曲的认知常伴随着绝望、无助和无价值感。

绝　望

抑郁最为致弱的地方是随之而来的绝望感，即困难无法克服并会一直存在的感觉。在这种情况下，许多人觉得不如一死了之，因为他们并不相信情况会有所改善。

无　助

精力低下、动力缺乏以及问题解决能力的减弱会导致无助感，即无法控制自己生活的感觉。我们会觉得自己被无力解决的困难击垮了，这种无助又助长了绝望感。

无价值感

抑郁会影响自尊。在抑郁状态下，我们会觉得自己有缺陷、毫无价值，并对此深信不疑。我们会责怪自己不能控制自己的生活，并把消极事件归咎于我们觉察到的缺陷，如懒惰、无能或不努力。抑郁发作期间的典型想法包括：

- 一切都没指望了，情况永远也不会好转。
- 生活毫无意义，没什么可期待的。
- 我摊上大事儿了，根本不可能解决。
- 问题这么严重，我不可能不抑郁。
- 我有毛病。我是个失败者。我一无所有。
- 都是我的错，我不配开心。

- 我低人一等。人们看不起我。
- 没人在意我。我是所有人的负担。
- 其他人都有美好的生活，唯独我没有。
- 我毁了自己的生活，现在再想做出改变已经无济于事了。

抑郁的认知策略

消极想法和思维反刍是维持抑郁的重要因素，因此，想要摆脱抑郁，就要认识到思维中的消极偏见、纠正错误认知并停止思维反刍。

1. 给错误思维分类

我们一旦察觉突然出现在脑海中的消极想法，给与此相关的错误思维分类是有用的（见第30页）。这有助于拉开我们和想法的"距离"，强化想法并非"真理"的信念。下列问题有助于我们找出错误思维：

我是不是……	类别
假设了最坏的结果？	杞人忧天
因为一两件事就谴责自己？	贴标签
假设自己知道别人在想什么？	主观臆断
关注处境中的消极方面，却忽视了积极方面？	消极滤镜
以绝对主义、非黑即白、顽固僵化的视角看待事物？	非黑即白思维
明明不是自己的错，却责怪自己？	对人错觉
根据有限的经验进行粗暴的概括？	以偏概全
对没有那么严重的事反应过度？	灾难化思维

续表

我是不是……	类别
告诉自己我本该对情况了如指掌，即使我并不能未卜先知？	后见之明
无视自己的优势，却盯着不足之处？	消极滤镜
拿自己和他人比较？	攀比
责备自己或他人？	指责或自责
假设一切都应该是公平的？	公平错觉
根据有限的信息下结论？	妄下消极结论

2. 自我批判的想法

我们一旦陷入抑郁，就会产生自我批判的想法。我们往往会因为抑郁对自己造成的影响而自责。例如，我们会觉得自己抑郁了并没能马上痊愈是自己的错，是因为自己不够坚强。如果没能达成自己的期望（比如没能早起、每天散步或戒酒），就会反复纠结自己的失败。我们说服自己，未来毫无希望，情况永远不会改变。这些想法虽然既不合理也不正确，但感觉很真实。因此，留意自己的这种想法是很有用的。下表列出了一些常见的伴随抑郁而来的批判想法，以及更合理的观点。

自我批判的想法	合理观点
是我自己的错。我因为不够坚强才会抑郁。	每6个人中就有1个在某个时期遭受过抑郁的困扰。是否抑郁不是衡量性格或个人价值的标准。各行各业的人们都深受其影响。
我太自私了，只考虑自己的问题。	专注自己的问题是抑郁的症状之一。这并不能说明我自私自利。不抑郁的时候，我并没有只想着自己。

续表

自我批判的想法	合理观点
我真懒。我应该做更多事,这么不积极是不对的。	缺乏动力和昏昏沉沉是抑郁的表现,并不能证明我懒惰或软弱。我正在努力变得积极,但我没办法一直保持这个状态。
家里人因为我受苦了。大家都在担心我。是我的错,我真差劲。	抑郁不是我的选择,不是我的错。我爱的人担心我。如果情况对调,我也会担心他们。这就是我们为爱付出的代价。
我现在本该康复,什么时候才是个头?	抑郁没有固定期限。恢复可能会是一个漫长的过程:进两步,退一步。我可以选择专注自己的目标,试着做一些对我来说很重要的事,而不是纠结什么时候才能摆脱抑郁。
我永远也好不了了,会一直抑郁下去。	抑郁好像永远没有尽头的感觉是由抑郁本身引起的。觉得未来无望是抑郁的症状之一,并不是现实的写照。
我的大脑在恶化。我再也不能正常思考了。	抑郁会影响人们思考和决策的能力。这些不是永久性的改变,也不会导致大脑损伤或退化。

练习 8.1

根据自己的情况列一个表格,分为"自我批判的想法"和"合理观点"两栏。在"自我批判的想法"一栏写下你的消极或自我批判的想法,在"合理观点"一栏写下更合理的思维方式。

3. 反驳消极想法:两栏技巧

抑郁会令人产生很多消极想法,其中有些比别的更根深蒂固。这些想法专注个人的失败和过往的错误、他人的消极评价和对目前情况的绝望感。鉴于消极想法产生的频率,有一种方法能够有效替代标准的思维监控表——两栏技巧。在左栏记录"自发"浮现在脑海中的消极想法,并识别出与之相关的错误思维;在右栏写下看待我们处境的更合理、均衡的观点。

自发的消极想法	合理、均衡的观点
错误思维 □ "应该"的滥用　□ 灾难化思维 □ 非黑即白思维　□ 指责他人 □ 对人错觉　　　□ 以偏概全 □ 主观臆断　　　□ 贴标签 □ 消极滤镜　　　□ 妄下消极结论 □ 杞人忧天　　　□ 公平错觉 □ 攀比　　　　　□ 马后炮	

维克多44岁时患上了抑郁症。回顾一生,他觉得自己很失败。为了寻找理想的职业,他换了几个行业,但没有一个让他获得所期望的成功。长时间的工作让他的婚姻岌岌可危。他没怎么陪过妻子和孩子。多年来对健康的忽视也让他付出了代价:他体重超标,患有高血压,时常头痛。回顾往事,维克多觉得自己犯了很多错。他似乎在所有重要的事情上都失败了——事业、家庭和健康。维克多的脑子里充满了消极的想法:"没一件事情是顺利的……我浪费了生命……我一事无成……我

是个失败者……我本来不该这样的……现在已经太晚了……"

维克多的思维反刍延续了绝望感。因此，对其思维的不合理之处质疑是有用的。维克多把他的消极想法写在左栏，就可以识别出其中的错误思维了。之后，在心理医生的帮助下，他想出了更合理的观点，记录在右栏中。（抑郁使人很难产生理性的想法，因此可以向朋友、家人或治疗师寻求帮助。）一旦掌握了诀窍，维克多就可以在没有外界帮助的情况下继续挑战自己的消极想法。

自发的消极想法	合理、均衡的观点
没一件事情是顺利的。 （非黑即白思维、以偏概全）	我达成了一些目标，但不是全部。我在某些工作中表现很好，为家人提供了舒适的生活。有些事情没能像我希望的那样成功。
我浪费了生命，一事无成。现在什么都来不及了。 （非黑即白思维、以偏概全）	我虽然没能在每件希望成功的事情上成功，但收获了很多经验，也取得了不少成就。 我不能改变过去，但可以选择从现在开始怎么生活。
我是个失败者。 （贴标签）	根据某次事件给自己贴标签并不合理。我在某些行业做得不错，但在其他行业却没能成功。对完整人格而言，单说"成功"和"失败"都是不切实际的。
我本应该做出改变。 （马后炮）	我所做的决定建立在当时我掌握的知识和意识上。考虑到当时的情况，这些决定是合理的。我不知道换一种选择会更好还是会更糟。
努力又有什么意义呢？我就没成功过。 （妄下消极结论）	我不能改变过去，但可以努力让我的后半生更有意义，更令人满意，现在做出积极改变还不算太晚。

生活方式的改变

除了改变思维，维克多也重新审视了自己的生活方式，并打算行动起来，提高生活质量。他设定了新目标，包括改善饮食、每天锻炼、练习冥想、多跟妻子和孩子交流，以及学打高尔夫。这些生活方式的改变让维克多更健康、有活力，帮他积累了应对问题的资源，从而增强了他的复原力。

正　念

维克多开始练习正念冥想，每天2次，并由每次10分钟逐渐增加到30分钟。一开始这并不容易，因为他的思绪总在游离。通过练习，维克多可以做到把注意力集中在自己的呼吸上，不被其他想法干扰，并保持1分钟。这1分钟的思绪静止让他感到清醒而平静。冥想时，维克多放任自己体验内在的绝望和沉重感，既不评判，也不抗拒，并进行观察。这样练习一段时间，有助于维克多释放让他感觉更糟糕的"对绝望的绝望"。让一切顺其自然，会带来一种特殊的平静感。

此外，维克多开始更关注自己在日常生活中的想法和感受。他会注意自己又开始想那些旧事，比如曾经犯的错、事业失败以及让家人失望。每当发现自己陷入思维反刍，维克多会先承认这一点（"我发现我又在思维反刍"），然后把注意力转到当时正在做的事情上。虽然思维反刍还是时常发生，但维克多现在能发现这种情况了。他会提醒自己，他只是在思维反刍罢了。

通过正念练习，维克多开始认识到自己的想法是思维的结果（受到抑郁情绪的强烈影响），而非现实的反映。这有助于他和自己的想法拉开距离。

应对情绪的反复

我们开始从抑郁中恢复时，往往会留意感觉自己接近"正常状态"的"好转的日子"。因此，一旦情绪出现反复，我们就会很沮丧，觉得自己正在恢复的希望破灭了。

情绪的反复通常是由这些事件触发的：工作上出现失误，朋友或家人说了让我们难过的话，自己重拾自毁习惯（如酗酒、吸毒、暴饮暴食、吸烟），没能得体地应对社交场合或惊恐发作。这些事件本身并不是问题，尽管当时感觉非常重要。真正的问题是应对这些事件时产生的消极思维，因为这些消极思维会阻碍我们进一步好转。"我以为我正在好起来，但现在明白自己错了……我会康复吗？……我不这么认为……要是我这辈子都摆脱不了抑郁，怎么办？"这种思维会产生绝望感，不利于情绪恢复。

在恢复期，"恶化的日子"出现的频率越来越少，但总会出现反复。健康的应对反应是接受它——摆脱抑郁的过程中难免出现情绪的反复。然而，很多人在感到自己开始好转的时候，却因为害怕再次失望而选择了悲观。这看似保护了自己，实际上却适得其反。更有用的方法是享受并感激好转，同时接受恶化，并留出时间和空间让自己的情绪逐步改善。

元认知信念的作用

抑郁时，那些消极想法感觉很真实，意外地吸引我们。伴随抑郁的很多自我批判和悲观想法都是由元认知信念驱动的。元认知指的是我们对自己认知过程的认知。某种程度上，自我批判似乎会激励我们更加努力，因此是必要而适当的。

但事实恰恰相反。自我批判会让我们感觉更糟，并会延续抑郁情绪。接受抑郁的事实而不是评判或指责自己，反而会让我们感觉更好。有效做法是提醒自己：抑郁对我提出了很大的挑战，而我已经尽力了。

阿曼达的抑郁已经持续了两个月。她担心自己永远也好不了。她尝试了一些自助策略，包括增加活动（如晨间散步）、两栏技巧和正念冥想，以改变自己的消极想法。阿曼达的情绪改善了，她觉得自己开始好起来。但在周五晚上，阿曼达心情很差，于是喝了半瓶杜松子酒。第二天早上醒来时，宿醉令她非常痛苦，于是她脑中充满了消极的思维反刍。"我真是一个软弱的人……我做了什么？……一个人喝酒太令人绝望了……我为什么一点儿意志力都没有？……我纯粹是在伤害自己……我什么时候才能吸取教训？……我在浪费生命……谁能帮帮我？……如果我再也好不了了，该怎么办？……我以后都要这样了吗？……我该怎么办？"这些思维反刍让她的情绪进一步跌到谷底，在接下来的几天，阿曼达一直没换睡衣，用巧克力和薯片安慰自己。

虽然阿曼达认为是缺乏意志力导致了自己放纵，但事实并非如此。阿曼达的主要问题是事件后的自我思考。一系列消极、自我批判的思维反刍延续了她的抑郁情绪，耗尽了她的精力，进一步削弱了她的动力，反而使她背离了自己的目标。

在观察了自己的想法后，阿曼达发现自己的思绪不断纠结着相同的主题。作为典型的抑郁患者，她感到自己深受思维反刍的吸引。在无意识的层面上,这些悲观的想法让人感觉"卓有成效",好像继续反复思虑就会帮助自己找到解决问题的方法似的。阿曼达还认为,自我批判是激励自己做出改变的唯一途径:"如果我真觉得这么做很糟糕,或许就不会再这么做了?"可惜,这并不起作用。冷漠的自我批判会让人意志消沉,阿曼达的情绪只会因此变得更糟。或许在不久之后,她会酒瘾复发。

关于思维反刍的积极信念

认为忧虑和思维反刍具有积极效用的信念是摆脱抑郁的常见障碍,会使我们陷入徒劳无益的思考过程。认识并反驳这些信念可以帮助我们跳出思维反刍的怪圈,从而更快恢复健康。下表列出了助长抑郁患者思维反刍的信念,以及进行反驳的方式。

对思维反刍的积极信念	这些信念的后果	其他更符合现实的观点
我如果继续自我批判,就会激励自己做出改变。我应该感到内疚,不然就无法吸取教训。	持续的消极思维反刍和自我责怪。感到内疚、无望、绝望。	我尽力了,自我批判只会让我感到无望,并不能激励我做得更好。我可以通过认可自己的成就来自我激励,不管这个成就有多小。我需要关注每天的小目标,即使没达成,也不必责备自己。
我如果一直考虑这些"为什么"的问题,就会找到答案,这样我就会好起来。	陷入持续的思维反刍和毫无意义的想法。产生绝望感。无法专注。	这些问题没有答案,只是些毫无意义的思维反刍,没有好处,也帮不了我。
一直想着自己康复不了和最糟糕的情况,会让我做好准备。至少如果真的如此,我也不会失望。	产生绝望感。缺乏动力。	关注最糟糕的情况是不符合实际且毫无帮助的。我可以把注意力放在较小的成就上,而不是无意义地揣测最坏的结果。

续表

对思维反刍的积极信念	这些信念的后果	其他更符合现实的观点
如果感觉好一些，就开始满怀希望，我可能会困住自己，这样就不会康复了。即使感觉不错，最好还是保持悲观。	即使看到了好转的迹象，还是一直抑郁。	因为感觉自己好些了而受到鼓舞没什么不好。我要接纳自己在好转的事实，不管这种好转是暂时的还是持续的。恢复的过程中情绪起起落落很正常。保持悲观并不会有什么帮助。
家人们很担心我，我应该对此感到内疚。如果我毫无愧疚，那我就是个差劲的人。	感到内疚。对康复有压力，因而感到焦虑。	希望家人不要担心我，但是我的内疚既帮不到他们，也帮不到我自己。内疚不会让我变得更好，也不会加速我的康复。抑郁并不是我选择的，我已经为了康复拼尽全力。
一直担心自己是否会好转能让我更好地掌控自己的状况，并提升康复的可能。	感到担忧、焦虑。出现生理唤醒和紧张。	担忧未来是我掌控事情的方式，但这并不管用，反而浪费了我的精力，让我更焦虑。我可以关注当下的目标，不去管未来会怎样。担忧毫无益处。

现在，阿曼达意识到了自己的元认知信念（对自己思维过程的信念），决心留意每一次自我惩罚的想法。机会很快就来了。第二天，阿曼达错过了例行的晨间散步，没过多久就开始责备自己懒惰、不自律。阿曼达意识到又开始自我批判，立刻提醒自己不要这么想。自己已经尽力了，但不是每次都能达成期望。阿曼达意识到自我批判既不会激励自己做得更好（只会适得其反），也不会帮助自己摆脱抑郁，于是更愿意丢掉这种信念。虽然有时还是会遇到麻烦，但阿曼达再也没有自我惩罚的想法了。她的情绪很快好转了，这让她有精力去做更多事，并进一步改善情绪。

练习 8.2

仔细阅读前几页的表格。你能找出你曾经有过的对思维反刍的积极信念吗？（这些信念是在情绪或直觉层面的。你可能在逻辑上知道它们不合理，但还是会这么想。）仔细阅读和每条积极信念相对应的另一种现实观点。

1. 如果把这些情况都考虑在内，你思考和感受的方式会有什么改变？
2. 写下你对思维反刍的积极信念，以及针对每条信念的另一种更符合现实的观点。

应对抑郁的行为策略

行为策略能够直接或间接地影响情绪，对应对抑郁非常有效。如体育锻炼、听音乐或与朋友相处等行为有直接增强情绪的作用——可以改善我们的情绪。此外，有些行为会通过影响认知来间接影响情绪，例如，坦诚地和朋友交流有助于挑战"没人喜欢或关心我们"这一信念，进而带来心理上的改善。修理东西、清理橱柜、做饭或出色地完成一项任务都能挑战无助感，也会让我们感觉更好。事实上，任何能让我们有成就感的行为都能振奋精神。最为重要的是，参与活动会干扰那些延续了抑郁情绪的消极思维反刍。下面，我将介绍一些通用的具体活动。

1. 活　动

抑郁会耗尽我们的精力和动力，以至于连穿衣服或做早餐这样的小事都会感觉很困难。这种挣扎加剧了我们的无助感，让我们更加抑郁。随着情绪的下降，动力也会减退，我们越是什么都不做，就越抑郁。

摆脱抑郁螺旋的一个方法就是参加活动，即使我们强烈希望能够保持低调。参加活动会把我们的注意力转移到外部环境上，从而将我们从思维反刍中拉出来，为情绪的提升预留空间。规划活动也是一种行为反驳，因为我们一旦控制了生活的一部分，就会意识到自己并没有束手无策。虽然我们参加活动的动力减退，但一旦开始就会感觉好多了，所以推自己一把很重要，即便我们并不想这么做。

安排积极事件

两类活动对战胜抑郁特别有帮助——能带来愉悦感和成就感。

愉悦感

本质上令人愉悦的活动可以改善情绪、振奋精神。无论我们的心情如何，将愉快的活动融入生活都是有效的，对抑郁患者更是如此。例如：

◇ 打电话　　　　◇ 唱歌　　　　　◇ 祈祷
◇ 散步　　　　　◇ 写诗　　　　　◇ 看话剧
◇ 做伸展运动　　◇ 跳舞　　　　　◇ 玩拼图
◇ 洗澡　　　　　◇ 拜访邻居　　　◇ 打高尔夫
◇ 听音乐　　　　◇ 游泳　　　　　◇ 上网聊天
◇ 陪宠物玩　　　◇ 坐在阳光下　　◇ 做美食
◇ 翻看老照片　　◇ 制作艺术品　　◇ 读书
◇ 做按摩　　　　◇ 玩电脑游戏　　◇ 和朋友吃饭

- ◇ 培养爱好　　◇ 逛街　　◇ 听放松的音频
- ◇ 看搞笑视频　◇ 做爱　　◇ 打牌
- ◇ 写日记　　　◇ 演奏乐器　◇ 看电影

成就感

无论我们是否抑郁，完成一件事本身就是令人满意的，并能减少抑郁造成的无助感。能带来成就感的活动也能很好地振奋精神。例如：

- ◇ 早上 9 点前起床　◇ 熨衣服　　　◇ 做日常家务
- ◇ 清理橱柜　　　　◇ 修理东西　　◇ 做些特别的事
- ◇ 做针线活　　　　◇ 做顿饭　　　◇ 做园艺
- ◇ 打一个电话　　　◇ 写一封信　　◇ 参加亲子活动
- ◇ 完成一件工作　　◇ 修剪草坪　　◇ 整理卧室
- ◇ 洗碗　　　　　　◇ 完成一次预约　◇ 主动社交
- ◇ 做些运动　　　　◇ 去工作　　　◇ 开车送某人
- ◇ 做编织　　　　　◇ 帮助他人　　◇ 付账单

因为抑郁的阻碍作用，抑郁患者可能不愿意参加通常令人愉快的活动。的确，抑郁时，大多数活动都不那么有趣，但与什么都不做相比，做点儿什么会让我们感觉更好。

卡罗尔过去喜欢在社区唱诗班唱歌，但自从患上抑郁，这件事对她而言就没什么乐趣了。她不禁会想："这有什么意义？我反正也不是很享受这件事。"但是，她只要把去唱诗班练习和待在家里的感受进行比较，就能看出前者是值得的。

3. 设立目标

设立目标是朝着我们期望的结果前进的方法。目标给了我们方向感和目的感，并提供了帮助我们实现目标的关注点。目标可以提供：

预防抑郁的保障措施

朝着目标努力会让我们保持专注和动力。目的感为我们的生活赋予了意义，也降低了抑郁的风险。

战胜抑郁的工具

当我们感到沮丧时，设定目标会给我们指明方向，并减轻无助感。实现目标会带来成就感，从而提升情绪。

目标应该始终是切实可行的，抑郁时尤其如此。设定不切实际的目标会导致失败，从而强化无助感。

当我们感到抑郁（即便不抑郁也一样），每周目标清单便可以帮我们专注想要达成的事情，并增强让我们保持活跃的动力。此外，每日待做事项为每天要做的事提供了有效的指南。每周目标清单示例如下：

每周目标清单

这周我计划做到：

☐ 每天早上8点起床洗澡

- ☐ 在公园里至少走4圈
- ☐ 每天和家人一起吃晚餐，即使我不饿
- ☐ 有人来电就接
- ☐ 至少画一次素描
- ☐ 睡前听半小时音乐
- ☐ 每天晚上10点前上床睡觉
- ☐ 重新阅读本书第七章
- ☐ 做些园艺
- ☐ 预约看心理医生
- ☐ 报名参加成人教育班
- ☐ 每天练习冥想

设定目标时，一定要用客观、可量化的方式来表达。这意味着要定义具体的行为，而不是模糊的概念。"我要变得更积极"或是"我要冷静"这样很难衡量的模糊目标会出问题。另外，定义具体的行为给我们提供了更容易实施和实现的具体步骤。下面是一些模糊目标与具体目标的示例：

模糊目标	具体目标
积极一些	每天做思维监控练习
改善我的饮食习惯	每天吃三餐
试着多出去走走	每天早上去散步，每周上两晚的课，每周照看一次侄女，每周至少和朋友出去吃一次饭
保持冷静	每周至少练习四次冥想

第八章　摆脱抑郁

续表

模糊目标	具体目标
多社交	每周至少给三个人打电话，每周主动进行两次社交活动
增加休闲活动	每周去看一次电影，每周末出一次海，每周至少画两小时素描

4. 计划与监控你的活动

除了设定每天和每周的目标，记录我们实际做的事情往往也很有效。这就是活动日志。你可以每天记录，也可以每周记录。

每日活动日志（见下页）记录了我们每天做的事情。记录本身就能激励我们做更多的事，同时也会反映出我们如何分配时间。它还可以突显那些特别能提升情绪的活动。P 表示愉悦感，A 表示成就感。通过按这两项标准给每种活动打分，我们就可以知道有哪些活动值得安排。（给成就打分时，要考虑到你当时的沮丧程度，确保你的分数反映了相应的成就感，而不是客观地衡量你完成了多少。）例如，在情绪异常低落的时候，起床或洗澡可能就是一项重大成就。

每日活动日志

时间	活动	P分/10	A分/10
7：00—8：00			
8：00—9：00			
9：00—10：00			

续表

时间	活动	P分/10	A分/10
10：00—11：00			
11：00—12：00			
12：00—13：00			
13：00—14：00			
14：00—15：00			
15：00—16：00			
16：00—17：00			
17：00—18：00			
18：00—19：00			
19：00—20：00			
20：00—21：00			
21：00—22：00			
22：00—23：00			

P：参与时的愉悦感　　**A**：参与后的成就感

最后一个孩子离家后，莱奥妮一直在与抑郁做斗争。作为治疗的一部分，她会设定每日和每周目标来促使自己保持活力。每天晚上她都会计划第二天的活动，一天过去时就会完成一份活动日志，记录当天做的事，并对每项活动的愉悦感和成就感进行打分（满分10分）。以下是她日志的一页。

莱奥妮的每日活动日志

日期：8月17日 星期二

时间	活动	P分/10	A分/10
7:00—8:00			
8:00—9:00			
9:00—10:00	起床去散步	4	6
10:00—11:00	洗澡，吃早餐	3	4
11:00—12:00	洗衣服	3	6
12:00—13:00	做午饭	2	3
13:00—14:00	去幼儿园接孙女艾玛，把她送到凯蒂家	6	4
14:00—15:00	跟凯蒂聊了一会儿天，和艾玛一起玩	6	3
15:00—16:00	回家了，没做什么	2	0
16:00—17:00	看电视	1	0
17:00—18:00	看电视	1	0
18:00—19:00	晚餐和萨姆吃了外卖	4	0
19:00—20:00	跟玛丽莲和金通了电话	4	5
20:00—21:00	用了会儿电脑	3	4
21:00—22:00	躺在床上看电视	2	0
22:00—23:00	躺在床上看电视	2	0

知道自己在一天结束时会记录并评估当天活动，莱奥妮会受到刺激进而做更多事。此外，当莱奥妮翻看活动日志时，她发现自己跟他人相处时更开心，例如跟朋友、玛丽莲和丈夫萨姆交谈，或是和孙女艾玛以及女儿凯蒂在一起时。莱奥妮还注意到散步、洗衣服和用电脑也会让她感觉更好。另外，她发现自己看电视或是什么都不做的时候感觉最糟糕。莱奥妮记下了这些信

息，并在设定之后几周目标时做参考。

有些人更喜欢以周而非天为单位记录活动。第256页提供了"每周活动日志"监控模板。

5. 基本无效的行为

尽管对每个人有帮助的活动都不一样，但有一些普遍没什么用处。

◇ 白天赖在床上几小时。
◇ 不活动——看好几个小时的电视或什么都不做。
◇ 不愿与人接触，封闭自己。
◇ 回避任何能使你想起自己面临困难的场合。
◇ 进行只能提供短期愉悦的活动，如吃零食、喝酒或吸毒。
◇ 不接受关心你的人提供的帮助。

6. 解决问题

虽然抑郁的原因各不相同，但它常常是由生活中的压力事件（如关系破裂、工作上遇到的困难或健康问题）或慢性压力源（如孤独、低自尊或持续的家庭冲突）引发的。此外，抑郁本身也会造成问题，如工作低效、睡眠困难、遗漏重要任务或社会关系破裂。

有效应对抑郁不仅需要挑战旧有的思维，还需要解决面对的问题。列出需要解决的具体问题是一个不错的着手点。众多困难一拥而上会造成一种混乱，但列举具体问题可以将其拆分为逐个击破的具体目标，从而恢复秩序。尽量避免模糊的陈述，如"我的生活一团糟"或"一切都糟透了"。准确的

每周活动日志

时间	星期一 A P	星期二 A P	星期三 A P	星期四 A P	星期五 A P	星期六 A P	星期日 A P
7:00—8:00							
8:00—9:00							
9:00—10:00							
10:00—11:00							
11:00—12:00							
12:00—13:00							
13:00—14:00							
14:00—15:00							
15:00—16:00							
16:00—17:00							
17:00—18:00							
18:00—19:00							
19:00—20:00							
20:00—21:00							
21:00—22:00							
22:00—23:00							

描述有助于让情况变得更容易掌控。例如：

和蒂姆分开以后：
- 我担心自己没地方住。
- 我躲着不想见人。
- 我睡不着。
- 我在金钱方面没有安全感。
- 我缺乏自尊。
- 我担心自己会孤独终老。

一旦确定了具体问题，下一步就是寻找解决方法，即逐一检视并设法解决。有时，比较有效的方法是先想出各种可能的方法，然后找出最切实可行的（见第273页）。在这一过程中，听听他人的意见是个不错的主意，毕竟抑郁会损害我们的创造性思考能力，还会让我们觉得每种解决方法都障碍重重。当你在解决问题时遇到了阻力，要牢记这一点。通过专注自己能掌控的情况，决定需要做什么并做出行动，我们就可以改善情况并缓解情绪。

蒂娜一直活力四射。她早年就常跳交谊舞，到30岁时舞技已经很高超了。她还很喜欢写作、阅读以及娱乐活动。刚结婚时，她家里总是挤满了有趣的人。他们在一起喝酒，吃饭，交流想法。3个孩子长大离家后，蒂娜开始专注自己的事业，最终成功创建了一家公关顾问公司。8年后，她的婚姻破裂了。蒂娜卖掉了公司和房子，去海外旅行了3年。回国后，她在海边租了一个公寓，并定下了一个目标：写一本书来记录自己的旅行经历。

搬进海边公寓后不久，52岁的蒂娜就陷入了抑郁。她对此毫无心理准备。接连几周，她很难入睡和起床，连最基本的事都没动力做，更是完全无法写作。蒂娜很快意识到，写作是一种孤独的活动，不需要出门，因此她几乎没什么机会跟他人接触。此外，她离开太久了，跟很多老朋友都断了联系。现在她抑郁了，更觉得无法重新联系上他们了。她也不想打电话给孩子们，不想因为自己的问题给他们增添负担。

蒂娜认为自己面临的问题如下：

- 没有做事情的动力，包括写作。
- 感到很孤独，跟他人断了联系——独处太久了。
- 没什么事情可做——空闲时间太多。
- 除了写作，没什么其他兴趣。
- 睡眠质量不好。

接下来，针对她列出的每个问题，蒂娜都探索了可能的解决方法。在进行头脑风暴以及询问了朋友的意见之后，蒂娜决定这么做：

- 找份秘书类兼职，每周做两三天。
- 不兼职的日子就写作到下午1点。
- 打电话给老朋友，重新建立联系。邀请他们来吃晚餐，多跟他们见面。

- 跟孩子们谈谈，告诉他们我现在的感受，请求获得他们的支持。
- 每周选两个下午去照看孙女。
- 在写作的日子下午3点去健身，在兼职的日子就晚上去。
- 重拾舞蹈爱好——周末外加一个晚上去舞蹈俱乐部。
- 重拾阅读爱好——加入阅读俱乐部。
- 如果还是有太多空闲时间，就考虑在本地的成人教育中心报几门课。
- 睡觉前做深度放松练习。

在参与了更多活动后，蒂娜也重新联系上了老朋友，这让她的情绪开始改善。两年过去了，现在蒂娜培养出了一种更加平衡的生活方式。这种生活方式给予了她个人满足感，让她不会再次陷入抑郁。

7. 社会支持

强力、支持性的人际关系是防止抑郁的最佳保障之一。研究表明，良好的社会支持有助于维持生理和心理健康。和他人建立联系本身就是一件非常令人愉悦的事，我们在情绪低落时也可以振奋精神。

他人可以给予我们很多重要的帮助，如：

◇ 情感支持。

◇ 切实的协助和信息。

◇ 对我们面临的困难的不同视角。

◇ 个人价值感和归属感。

◇ 解决问题的建议。

抑郁会让我们感到孤独、没有朋友以及无法与人建立联系。正常的社交可能会变得很困难，内心的沉重会使最基本的对话也很难推进。我们预设自己什么也做不了，因而很容易退缩——行为和心理上都是如此。我们凭本能缩回到壳中，而这种行为让我们有足够的空间反复纠结自己的难题。我们越是思前想后，就越感觉糟糕。

朋友会察觉我们不对劲，但其他人会把我们的退缩误解为粗鲁、冷漠或拒绝。因此，和身边的人倾诉一下我们的挣扎是很有用的，这样做可以缓解假装正常带来的压力，让他们对我们的状况更加感同身受。和家人或密友等亲近的人交流尤为重要。

获得他人的支持

虽然说出我们的忧虑可以建立情感联系，抚平情绪，但有时也会引发意料之外的结果——他人试图通过告诉我们该怎么做来提供帮助，说"你为什么不离开那个混蛋？是我的话就走了""你得更强硬点儿""减肥，给自己买几件新衣服，然后开始调情吧"。这么做的问题在于，别人的解决方法可能并不适合我们，每个人的情况都不同。而且，事不关己的时候，他人很容易给出建议。不过，这并不意味着他人提出的这些方法毫无益处。集思广益是有用的，只要我们没有感到被迫这么做。

如果你不希望别人给出不切实际的建议，最好的办法就是告诉他们怎么做才能帮上忙。让他们知道你很感谢他们的支持，也很感谢他们愿意倾听，这些行为本身就帮了你很多。还要告诉他们，他们解决不了你的问题（即便有些建议对你很有用），因为只有你才能找出适合自己的方法。事实上，这会让他们松一口气——他们一旦意识到不必解决你的抑郁问题，就可以放松下来，只给你提供支持。

你还需要注意他人的极限。有时，滔滔不绝地谈论自己的问题会让朋友远离你。虽然有些朋友乐于一直倾听，但也有一些人觉得这样太累了。试着对他人的需求保持敏感，知道什么时候该停下来。（如果你非常想倾诉自己的问题，试着写日记，对着录音机说，或者去看心理医生。）

利用我们现有的社会支持最好的方法之一就是和他人一起参加活动。如跟朋友一起看电影，出去吃午饭或喝杯咖啡，散步或吃顿晚餐，或是看演出。如果觉得自己有能力，也可以尝试一些对体力要求更高的项目来挑战，比如打网球、在公园慢跑、游泳或打场高尔夫。这些活动提供了一个让我们享受他人陪伴、把关注点从自己的问题上转移的机会。专注活动本身和积极认识周围的人也会让我们感觉更好。

预防复发的策略

抑郁复发的风险较高。有意义且令人满意的生活方式不仅有益于个人，还能预防抑郁复发。接下来，我将给出一些能够降低抑郁复发风险的策略。

1. 培养有意义的兴趣：点燃你的激情

我们都认识这样的人：他们对自己热爱的事情满怀激情，一说起来就非常兴奋，想要尽可能多地投身其中。他们热衷的对象可能远非我们日常所能接触到的，可能是蒸汽火车、定点跳伞、17世纪的巴洛克音乐、飞机模型、水肺潜水、摩托车、诗歌、足球、弹吉他或观鸟。定义激情的并不是活动本身，而是追求的热情。

匈牙利裔心理学教授米哈里·契克森米哈赖（Mihaly Csikszentmihalyi）在《心流》（*Flow*）一书中描述了完全投入和沉浸在一项活动中那种既令人满足又有意义的状态。处于心流状态时，我们全身心投入正在做的事上，几乎注意不到周围发生了什么。例如，我们可能听不到噪声，没发现他人的存在，或是忘记了时间。我们和投入的对象一起进入了和谐的状态。我们所热衷的或任何吸引我们的活动都可以保护我们远离抑郁。其中，需要更多参与（而非仅仅是旁观）以及与他人互动的活动是最有效的。

问问自己："我热爱做什么？什么才是我的激情所在？"如果你的答案是"没有"，那么，是时候好好考虑了。想一想你会喜欢的活动。激情的培养需要时间。开始时可能只是兴趣，但只要坚持做下去，就会越来越有激情。也许你需要几个月甚至几年时间才能找到自己真正喜欢做的事情，没关系，要享受探索的乐趣。

参加成人教育中心的课程或加入朋友热爱的活动都是不错的开始。互联网也是非常好的资源。你可以通过网络找到参与各种兴趣团体、结识同好的机会。选一两个听起来很有趣的活动参加，坚持至少6个月。（不要太快放弃，因为有时你需要几个月时间才会产生新的兴趣。）

一些常见的兴趣爱好包括：

- 网球
- 高尔夫
- 徒步
- 帆船
- 轮滑
- 观鸟
- 写生
- 陶艺
- 玻璃染色
- 木工
- 逛美术馆
- 纸牌游戏
- 集邮
- 演讲
- 电脑游戏

◇ 舞蹈	◇ 印制	◇ 下棋
◇ 举重	◇ 雕塑	◇ 绘画
◇ 水肺潜水	◇ 刺绣	◇ 网上聊天
◇ 滑雪	◇ 拼布	◇ 加入单身俱乐部
◇ 健身	◇ 电脑绘图	◇ 加入桥牌俱乐部
◇ 足球	◇ 读书	◇ 看电影
◇ 垒球	◇ 戏剧	◇ 去剧院
◇ 板球	◇ 合唱	◇ 瑜伽
◇ 划船	◇ 烹饪	◇ 演奏乐器
◇ 触式橄榄球	◇ 写短篇小说	◇ 加入外语俱乐部
◇ 钓鱼	◇ 写诗或戏剧	◇ 参加政治团体

2. 运 动

经常进行快走、慢跑、游泳、骑自行车、划船或健身等体育运动，可以改善我们的情绪，防止抑郁。研究发现，对轻中度抑郁患者，经常运动和服用抗抑郁药物同样有效。运动是如何发挥效用的？关于如何解释这一点，存在不同的理论：从促进内啡肽（身体内的天然鸦片）产生，到增加去甲肾上腺素和多巴胺等提高情绪的神经递质。长远来看，经常运动也会提高我们的精力，从而使我们有更多储备来管理压力。运动让我们把注意力放回自己的身体上，而不再纠结消极想法，同时也增强了自我效能感。参加一些既有挑战又很重要的活动，有助于改善我们的情绪和增强控制感。积极、频繁地参与运动象征着我们要积极地参与生活——我们愿意去做一些虽然有挑战但能让我们身心愉悦的事情。

3. 发展你的资源

每个人都会经历消极事件，但不是每个人都会抑郁。我们如何应对很大程度上取决于可以利用的资源。以下资源可以帮助我们渡过艰难时期：

- 认知弹性：有适应压力或充满挑战的状况的能力，能够均衡、合理地看待事物。
- 健康的自尊：相信我们和其他人一样重要和有价值。
- 自我效能感：相信我们能解决问题并达成目标。
- 有效的沟通技巧：能以清晰、合理的方式表达我们的想法、感受和愿望。
- 社会支持：有联系紧密的朋友、家人以及社交圈。
- 兴趣：为了获得快乐和刺激而投身一般不会参与的活动。
- 目标感：生活中有能让我们感觉到意义、目标的事（如工作或某项事业），相信自己所做的事很重要。

资源并非生来就一成不变，而是在生活中积累起来的。我们可以考虑开拓或强化某些资源。例如，我们可以通过阅读书籍、利用线上认知行为疗法项目、留意并反驳偏颇且不合理的想法以及练习正念技巧来拓展认知弹性。我们可以有意识地通过摆脱自我弱化的习惯来提升自尊（见第七章），使用有效的沟通策略来提高人际关系的质量（见第十章）。我们可以加入兴趣小组，大胆社交，提升沟通能力以及主动联系，开拓更广阔、相互支持的朋友网。我们可以寻找吸引我们的活动、报名参加课程或加入俱乐部来培养新的兴趣。本书以及其他自助类读物中提到的诸多信息都为我们提供了增加资源的策略，并激励我们以丰富自身生活的方式来获取和利用这些资源，对已有的资源进行分析并找出希望改进之处是很有用的。

练习 8.3

1. 有哪些资源可以让你改善情绪，摆脱抑郁？
2. 说说你想获得的其他资源。你要怎么做才能拥有这些资源？

4. 制定预防复发计划

抑郁通常始于体征，如抑郁情绪、社交退缩、丧失动力以及思维反刍。预防复发计划可以防止症状升级，从而避免抑郁复发并转为重度抑郁。你如果有抑郁病史，那么最好制定一个计划，以防再度出现抑郁症状。预防永远优于治疗。采取先发制人的措施比在抑郁加剧后再寻求治疗更可取。

安娜有过抑郁病史，所以她对抑郁的发作迹象很熟悉。安娜写下了如下预防复发的计划。一旦出现抑郁的迹象，她就开始照做。

- 不管感觉如何，早上7点起床。这没得商量。
- 每天快走至少45分钟，边走边听最喜欢的音乐。
- 打电话给支持我的朋友——苏茜、布朗妮或吉尔，跟她们讲讲我的感受。不要孤立自己。
- 进行正念冥想，每天至少30分钟。

- 在日常生活中监控自己的想法：注意到自己在思维反刍时，就贴上"又在思维反刍了"的标签；发现自己陷入消极思维时，提醒自己这些"只是想法罢了"。
- 保持活力。坚持上班、写日记、打电话、玩电脑游戏、做晚饭以及收拾房间。
- 参照本书，每天填写思维监控表。
- 参加线上自助计划。
- 和互助搭档谈谈自己的感受。
- 如果三天后还没有好转，就去看心理医生。

5. 药物治疗

认知行为疗法等"谈话疗法"的效果取决于患者的抑郁类型、应对资源以及自我意识。虽然认知行为疗法通常颇有成效，但并非每个人都能仅凭心理治疗或自助策略摆脱抑郁。如果症状改善不大，一般会考虑进行药物治疗。对于以生物因素为诱因的抑郁或重度抑郁患者，心理医生往往会建议药物治疗。这类患者通常对其他疗法没有反应，存在自杀倾向，且其生活能力已经受到抑郁的严重影响。抗抑郁药物可以减轻焦虑和抑郁，让很多同时经历两种病症的患者受益。（抗抑郁药物也有助于控制焦虑。）

很多患者会从抗抑郁药物和认知行为疗法的组合治疗中获益。与单纯进行药物治疗相比，加入认知行为疗法可以降低未来复发的风险。

抗抑郁药物有时会产生副作用。常见的副作用有口干、兴奋、失眠、恶心、头痛、疲惫、轻度颤抖，以及性欲减退。虽然很多副作用会在几周后减轻或消失，但有些患者无法忍受。在找到适合自己的药物之前，患者们通常会尝试不同的药物种类。

即使市面上有很多药物，仍有研究者在开发更好的新品种。虽然化学成分不同，但大多数药物是靠增加大脑的神经递质（如血清素、去甲肾上腺素和多巴胺）来起效的。抗抑郁药的选择是由患者的具体症状和治疗历史决定的。例如，某些抗抑郁药物有镇静的作用，因此对睡眠不好的患者很有效。有些药物对性欲的不良影响较小，很适合那些在意药物是否会损害性功能的患者。某些药物已被证明能够有效治疗某些疾病，如暴食症或强迫症，因此适合这类患者服用。有些药不适合心脏病患者，有些与其他药有不良反应，因此需要具体情况具体分析。有些药物的疗效不佳，但其他类别的药物疗效较好。开药时通常会考虑这些问题。

研究发现，约2/3的患者对抗抑郁药有反应。有人感到显著好转，有人只是轻微好转，另一些人则毫无变化。虽然大多数患者服药不到10天就感到了好转，但通常需要2~4周才能出现实质性的改善。有时，需要增加剂量才能感到明显的好转。剂量的任何改变都应该在医生的监督下进行。

一旦药物开始发挥效力，患者的感受就会明显好转。如果已经服用了3~6周抗抑郁药物却没有任何改善，那么就应该询问医生是否需要调整剂量或改用其他药物。尝试两三种不同类型的药物后才找到适合自己的是很普遍的现象。

6. 其他生物性治疗

电休克治疗（ECT）

提起电休克治疗，很多人都会想起《飞越疯人院》（*One Flew Over the Cuckoo's Nest*）中的画面：为了迫使杰克·尼科尔森（Jack Nicholson）饰演的角色顺从，工作人员对他实施了"电击"。虽然看起来很糟糕，但电休克治疗很有成效——尤其是对忧郁型抑郁和精神病性抑郁。这种疗法的应用对象仅限于其他治疗无效的重度抑郁。

现代疗法已经消除了电休克治疗相关的大部分不适感。患者会先被注射短效全麻和肌肉松弛剂，之后操作者才会将电流引入患者大脑中经过谨慎确定的区域。旁观者几乎察觉不到电流引起的痉挛。患者会在几分钟后醒来，也不会记得治疗过程。为了降低复发的风险，电休克治疗需要多次进行，通常是以一周2~3次的频率，共进行4~15次。电休克疗法最常见的副作用是短期记忆丧失和混乱。电休克治疗比抗抑郁药物起效更快，是公认安全有效的治疗方法，但不能预防抑郁复发。

进行中的生物性治疗研究

有关专家正在研究其他通过直接刺激大脑来进行治疗的生物性疗法，包括直流电刺激（通过头皮将弱电流传递到大脑前部）、经颅磁刺激（利用电线圈制造快速变化的磁场，将弱电流传入大脑）和磁惊厥疗法（通过磁刺激而非电流来诱导短暂的癫痫发作）。这些治疗不像电休克治疗那样具有侵入性，副作用很小或几乎没有，对抑郁患者有显著的益处和适用性。希望目前的研究能为那些现有疗法无效或对其不耐受的抑郁患者带来希望。

小 结

◇ 抑郁往往由生活中的压力事件触发，但生物因素、气质、认知方式、可依靠的资源对病因和症状也有一定影响。

◇ 抑郁发作时，认知会变得消极和自我挫败，进而延续抑郁情绪，降低精力和动力。这造成的不活跃状态会引发进一步的消极想法，通过自我延续的向下螺旋来维持或加重抑郁症状。

◇ 伴随抑郁的思维反刍助长了这一循环。

◇ 对自我批判、思维反刍和消极思维价值的积极信念鼓励并延续了这些习惯。挑战这些信念可以激励我们摆脱那些延续了抑郁且毫无帮助的思维习惯。

◇ 能带来成就感或愉悦感的活动往往会改善情绪，分散我们对消极思考的注意力。社交活动和体育锻炼尤其有效。

◇ 如果自助策略无法缓解抑郁，建议咨询心理医生。某些情况下，需要根据医生建议服用抗抑郁药物。

第九章

掌控问题

正是遇见和解决问题的过程让生活有了意义。

——M. 斯科特·派克

我们在生活中会遇到很多问题。有些只是轻微的烦恼，有些则是会困扰我们多年的重大难题，涉及人际关系、财务、健康、工作和家庭。我们最常面对的是日常生活中的挫折：工作的截止日期、交通堵塞、青春期的孩子和堆积的账单。一些问题解决了，新的问题又出现了，生活就是这样。

- 亨利有高血压。最近，医生告诉他，他患心脏病的风险很高。
- 由于利率上升，李还房贷的压力很大。
- 西蒙没有如实填写纳税申报单，因此接受了税务部门的审查。
- 海伦的女儿辍学了，没日没夜地看电视。
- 罗斯被查出酒驾，很可能会被吊销驾照。
- 在周六放纵一晚之后，玛丽发现自己怀孕了。

- 露西失业了。
- 为了支付离婚的费用,埃莱妮不得不卖掉她心爱的房子。
- 南希和男友爆发了激烈的争吵。他们的感情似乎已经走到了尽头。

人生面临的挑战之一就是不断地遇到和解决问题。解决问题的能力影响着我们对生活的掌控感和生活的质量。把问题视为挑战,我们就有动力去寻找解决方法了。考虑、计划和实施策略的行为会让我们感觉很棒,并增强我们的掌控感。这一点非常重要,因为正是缺乏控制的感觉造成了我们的压力。无助感会耗尽我们的精力,让我们痛苦不堪。

带着解决问题的精神去面对生活中的挑战有两点好处:

◇ 我们更可能找到解决方法,从而更多地满足自己的需求。
◇ 我们更容易受到心理上的鼓舞。一旦掌握了控制权,我们就会觉得自己充满力量。

然而,我们有时会发现自己对情况束手无策。这时我们面临的挑战是学会接受——承认情况超出我们的控制,并接受现实(事实上,接受情况超出我们控制的现实行为也属于一种控制——对放弃控制的选择)。

但很多时候,我们是可以解决问题或降低其不良影响的。情况有时一目了然,有时则需要我们探索并找出可能有效的解决方法。虽然答案并不明确,但秘诀是将其视为一项挑战——一个待解的谜题。你一旦假定存在某些解决方法并以此为起点,就更可能找到解决方法。

解决问题

克服困难的能力既取决于问题本身，也取决于我们所能利用的个人资源，包括我们的心态、信念、知识、策略和解决问题的技巧。

1. 假定存在某些解决方法

我偶尔会在研讨会上用到的一项练习是让大家给回形针想出50种用途。起初这听起来不太可能，但当我告诉他们最高纪录是102种时，创造力就开始涌动了。一段时间后，我会要求参与者每五个人分为一组，继续进行头脑风暴。在这个阶段，各种灵感如潮水般涌出。我们不仅可以从他人处得到更多的想法，还会相互促进，记录想法的清单越来越长。

我们可以从中学到两点。首先，我们相信有解决方法时，会更愿意探索，因而更容易找到解决方法。其次，我们得到他人的支持时，想法往往更多、更好。他人是非常棒的资源。

2. 找到解决方法

有的情况很好解决。有时，解决办法是显而易见的，虽然我们不一定总是热衷于取得成效，但我们知道自己需要做什么。比如，亨利最近离婚了，又有患心脏病的风险，但他完全知道自己要做什么——戒烟、改善饮食、开始有规律的锻炼，以及改变生活方式来减轻压力。又比如，李承受着巨大的还贷压力，但他知道自己该怎么做——重新和银行商议贷款，向父亲借钱或卖掉部分股份，让自己缓口气。

那么，遇到非常困难、似乎并没有明显解决方法的情况，该怎么办呢？这些困难如同回形针练习，是对我们创造性思考能力的挑战。最好的方法是先通过头脑风暴想出尽可能多的可能选项，再进行删减，从而确定我们要做什么。

3. 结构化的问题解决方法

为了解决问题，我们需要知道自己想实现什么以及如何去做。设定明确目标是这一过程中非常重要的一步。有时步骤简单到只需"打电话解释一下"，但更多时候我们需要考虑并做出计划。在应对更为复杂的问题时，下面的步骤非常有效。

清楚地界定问题

在生活中遇到状况时，乍看之下，我们会觉得自己面对的问题过于庞大、不可征服。清楚地界定问题会让我们感觉情况更加可控，从而把注意力放在对我们更有用的地方。

通过头脑风暴列出可能解法

在没有一目了然的解决方法时，我们就要进行创造性的思考。头脑风暴有助于我们进行更广泛的探索，找到更好的解决方法。这是一个创造的过程，因此，横向思考并把所有想法都写下来是非常重要的，即便那些想法一开始看起来很愚蠢或不现实（愚蠢的想法有时也会引出绝妙的主意）。问问其他人的意见，把他们的方法加到备选中，也是有用的。

确定最佳解法

下一步是审视这些想法，剔除不可行或不现实的，找出最有可能起效的——我们感觉值得深入考虑的方法。同样，征询其他人的意见也是有用的。

设定明确目标

根据列出的可能起效的解决方法写出具体的目标，这些目标将成为我们未来行动的重点。

把大目标拆分为子目标

对于更复杂或需要计划的目标，将其拆分为小块或子目标可以帮我们一步一步地实现大目标。为每一步设定一个最后期限会增加额外的心理动力。

> 克里斯经营一家房地产经纪公司已有10年了。公司的生意一直不错，然而最近2年销售额骤降。虽然一部分原因是经济不景气，但最大的问题是销售人员士气低落，缺乏动力。克里斯明白，如果这种状况持续下去，他会在1年内破产。

克里斯决定运用解决问题的策略找出应对方法来扭转局面。他请了一位地产界的同行一同探讨。克里斯是这样做的：

1. 清楚地界定问题
- 过去2年，销售额骤降。
- 目前公司在亏损。
- 销售团队业绩不佳，士气低落。
- 人员流动率高。

2. 通过头脑风暴列出可能解法
- 解雇整个销售团队，重新雇用一批。

- 解雇 3 个表现特别差的员工。
- 实行更多的激励措施，鼓励员工更加努力地工作。
- 对员工岗位、职责和工资进行大幅调整。
- 向表现不佳的员工提出自愿裁员计划。
- 开展动员大会，激发工作热情和团队精神。
- 周末团建——邀请销售团队与合作伙伴周末出海。
- 开展激励研讨会。
- 安排周会，讨论绩效和生产力问题。
- 派销售团队参加培训课程。
- 修改薪酬结构，增强工作动力。
- 结束现有业务，把钱投入管理基金。
- 做出规定：销售业绩连续 3 个月垫底的员工会被辞退。
- 定期为销售团队开展培训活动。
- 和每位员工单独谈谈，了解他们对这一问题的看法。
- 请一位管理顾问评估问题并给出建议。
- 和同行们谈谈，看有没有其他主意。

3. 确定最佳解法

在探究了头脑风暴环节的每个想法后，克里斯确定了以下几种最可行的解决方法：

- 召开员工会议，和销售团队探讨，征询他们的意见。
- 和每位员工单独谈谈，了解他们对这一问题的看法。
- 安排周会，鼓励更开放的沟通。
- 修改薪酬结构，以创造更强的销售动力。

- 开展动员大会，激发工作热情和团队精神。
- 为销售和市场营销培训提供资金。
- 根据员工的反馈，时刻准备做出其他改变。

4. 设定明确目标

找到了可行的解决方法后，克里斯注意到这些方法主要分为三个方面。因此，他设定了三个目标：

- 目标一：改善与销售团队的沟通。
- 目标二：加大物质激励，促使团队提高销售业绩。
- 目标三：提供额外的培训项目。

5. 把大目标拆分为子目标

之后，克里斯分别为他的三个主要目标写下了子目标：

- 目标一：改善与销售团队的沟通

周一至周四与销售团队的每个成员单独谈谈，了解他们对当前问题的看法。

周五召集销售团队开会，听听他们的反馈和意见。安排周会，鼓励更多的反馈和公开讨论。

从现在开始，试着更开诚布公地和员工沟通。友善一点，告诉他们他的大门永远为他们敞开。对他们的想法做出回应——不要不假思索地拒绝一切。

- 目标二：加大物质激励，促使团队提高销售业绩

周三与财务部门讨论调整薪酬结构——业绩越好，回报越大。宣布给超额完成季度目标的员工发放额外奖金。

下周就调整后的薪酬与每位员工单独协商。

- 目标三：提供额外的培训项目

周一让罗斯玛丽打电话给"培训方案"公司，了解销售和市场营销方面的培训项目。在下次员工会议上讲讲培训的问题。

周二为全体员工安排下个月的激励计划。

7月1日，探讨员工培训需求。如有必要，安排进一步的培训。

克里斯定好了他的目标和子目标。现在，他面临的最大挑战是后续行动。为了实现目标，克里斯需要根据设定的每个子目标采取行动。这意味着从现在开始，他将更开诚布公地与员工沟通，安排定期会议，与会计交谈，调整薪酬，安排培训项目，并以更开放的心态接受员工的反馈。

根据目标行动并不意味着绝不能偏离计划。如果遇到了障碍或有了新想法，更妥当的做法是修改计划并设定新目标。但是，这一决定应该是深思熟虑后的结果，而不是因为挫折忍耐力低或不够坚定。

确定障碍

如果仅仅需要探索解决办法、计划适当的行动而后采取必要的步骤，我们为什么不干脆去做呢？我们本可以让自己的生活更轻松，为什么要陷入不快乐的沮丧境地呢？我们拖延、找借口并将其合理化的原因多种多样："有什么用？反正也行不通……等我准备好了再做。"我们渴望改变，但缺乏坚持到底的动力，障碍阻碍了我们。

那些阻碍我们得偿所愿的障碍主要分为两方面——心理和外在。心理障碍，如缺乏信心、害怕失败或批评、惰性和挫折忍耐力低，往往是最具挑战性的。此外，我们还会面对外在障碍，如他人的需求，以及时间、金钱、精力或技能的不足。这两类障碍虽然不一样，却是相互关联的。直面我们的心理障碍，可以为解决外在障碍扫清道路。例如，当我们克服了恐惧，并不再怀疑自己是否有能力实现目标时，解决他人的需求或挤出时间实现自己的目标就会容易得多。

1. 外在障碍

心理障碍很大程度上是由我们的认知方式决定的，和我们处于同样状况的其他人可能不会感受到问题。外在障碍则源于我们的现实情况，和我们一个状况的其他人也需要解决这些问题。外在障碍需要我们采取某种行动来解决它们（例如，与他人沟通，重新安排时间，放弃冲突的任务或改变我们的生活方式），这样我们才能朝着目标前进。常见的外在障碍包括：

时间限制

为了实现目标，要在极为有限的时间内做完所有事。

资金限制

没有足够的资金来支持实现特定目标所需的行动。

精力不足

缺乏实现目标所需的精力。这可能是压力、疲劳、年龄、疾病、消耗精力的生活方式或心理健康问题等因素的结果。

他人的需求

追求目标的时间和投入可能会影响我们的伴侣、家人、同事或朋友。他人的需求会使我们很难朝着目标努力，尤其在他们不支持我们的时候。

目标冲突

追求某些目标会使追求其他目标变得更加困难。比如，你想做一番事业（需要长时间工作），同时保持健康的生活方式（需要腾出时间规律地运动，以及不把自己逼得太紧）；又比如，你希望有更多时间和孩子们相处，但又想拿一个学位。这时候就要按优先级安排——确定哪些是当下的首要目标，哪些需要暂时搁置。

技能缺乏

有时候，我们并不具备达成愿望所需的技能。想实现愿望，就要培养新技能（比如有效沟通、时间管理、预算编制、烹饪或互联网技术）。然而，有时我们也需要认识到目标与我们固有的天赋和能力有差距，因而并不现实，或者需要付出巨大的代价才能实现。在这种情况下，明智的做法是重新评估目标，或想出其他更符合实际的目标。

2. 心理障碍

以下是阻碍我们实现目标的想法、感受和态度。

目标模糊

模糊或界定不明的目标往往会成为成功的阻碍。光想改变是不够的。为了实现特定的目标，我们需要明确自己想要什么，下定决心积极追求，并制订行动计划。

恐 惧

恐惧会扼杀动力，使我们常年困在不愉快的处境中。常见的有对失败、不被认同、不适、改变、做错误决定以及未来困难的恐惧。

惯 性

人是惯性动物，倾向于依靠惯性行事。我们需要改变维持既定惯例的自然倾向。

挫折忍耐力低

朝着目标努力需要自律——我们要能忍受一路相伴的沮丧和不适。我们也许要放弃自己的爱好，为了长久的回报舍弃一时的欲望，始终保持专注，忍受、应对他人的怀疑和不解，去做那些困难且并不令人愉快的事情。在这一过程中，我们会经历焦虑、沮丧、无聊和内疚，感受到生理和心理的双重不适。对不愉快经历的耐受力可以衡量一个人能否持之以恒地取得长久的成功（见第282页"棉花糖实验"）。

偏离目标

多数人的生活都很忙碌，要兼顾家庭、工作、财务和健康等方面。人们怀着最美好的愿望承诺实现目标，却因为其他事分心的情况并不少见。成功的一个重要因素就是识别干扰并制定相应的策略来应对，然后回归目标。

自我效能感低

自我效能感即对自己的能力达成愿望的信任。自我效能感不高时，我们对自己实现目标的能力缺乏信心，因而没有动力为实现这些目标投入太多精力。有时，我们需要在一开始就建立自我效能感。为了取得进展，我们需要明确自己的技能和资源，并相信成功是可能的。

方法不得当

很多人没能达成目标是因为用错了方法。无论我们的目标是瘦身、巩固家庭关系、开创新事业、翻新房子、激励孩子学习还是改善健康，实现目标的方法都对成功至关重要。糟糕的计划和有缺陷的策略往往会导致失败。获取优质信息（包括付费寻求专业帮助或与该领域有经验的人交谈）可以极大地提高我们成功的机会。

焦　虑

虽然轻度到中度的焦虑可以让我们更有动力专注目标行动，但高度焦虑往往会导致相反的效果。朝着特定的目标努力往往会引发焦虑，因此很多人选择拖延。这是一种回避策略——一直拖下去。此外，焦虑增加了对威胁的感知，从而降低了我们对成功的信心，削弱我们的动力，让我们停滞不前。焦虑还会导致睡眠障碍、注意力不集中和体力透支。所有这些都会影响我们专注于目标。

抑　郁

和焦虑一样，抑郁也会削弱注意力，让人无法清晰思考并做出理智的决定。抑郁还会导致睡眠障碍、麻木和倦怠。由于抑郁对精力和认知功能有很强的影响，期望在抑郁的情况下达成重大目标往往是不现实的。虽然为短期的小目标努力是有用的，但在摆脱抑郁之前，最好先搁置重大目标。

棉花糖实验

20世纪60年代末，斯坦福大学的心理学家沃尔特·米歇尔（Walter Mischel）进行了一项很著名的实验。一些4岁儿童被留在一个有铃和一块棉花糖的房间里。如果他们按铃，研究人员就会回来，他们就可以吃到那块棉花糖。但他们如果能等待15分钟，就可以得到两块棉花糖。孩子们的表现千差万别。一些孩子几乎立即要求吃棉花糖，而另一些孩子则坚持过了15分钟。

多年后进行的一项后续研究发现，棉花糖实验中能等待15分钟的孩子在高中毕业生学术能力水平考试中取得的分数要高得多。对老师和家长的调查也显示，与那些不能等待15分钟的孩子相比，他们认为这些孩子更可靠，行为问题也更少。这些孩子成长到32岁时，体重指数更低，事业更成功，受毒品困扰的可能性也更小。这些发现表明，自控力在年龄很小时就有所体现，而这种特质对他们以后的成就和幸福有着很大的影响。

随后，研究人员发现，教给孩子们一些帮助他们延迟满足的心理策略有助于他们在棉花糖实验中展现出更好的自控力。这一点是否适用于其他领域仍有待观察。但是，毫无疑问，学会延迟满足和容忍挫折可以增加达成目标的可能。有时候我们需要告诉自己："别吃那块棉花糖！"

直面障碍

一旦我们确定了自己的障碍，下一步就是计划克服这些障碍的策略。

- 伦纳德曾几次尝试戒烟，但都没有成功。
- 史蒂夫想让朋友归还两年多前借的1000元。
- 露丝需要去大学夜校上一门课以提高学历，但她一直在拖延。
- 海伦想和一位女同事交朋友。

这些人想要得到某种会在一定程度上改善他们生活的结果，但所有人都在拖延。有些人知道自己为什么拖延，有些人虽然希望事情如自己所愿，但并没有下定决心采取行动。他们首先要做的就是设定明确的目标，确定自己想要什么，并计划怎么做；其次是找出可能阻碍他们前进的障碍，并制定克服这些障碍的策略。

1. 应对外在障碍

外在障碍考验着我们的决心。对于这些"拦路虎"，我们需要制定策略，向前迈进。有时候，我们也许要在一段时间内放弃舒适的生活方式、贷一笔款、养成早起的习惯或者接受一套压力管理计划。有时候，我们也许要听从他人的建议做些研究，或尝试些不一样的事情。有时候，我们也许要和那些会受我们行为影响的人沟通，争取他们的支持。有时候，我们也许要重新确定优先级——朝着首要目标努力，同时搁置一些目标。大多数问题都有潜在的解决方法，最合适的策略取决于我们的具体情况和可利用的资源。

例如，伦纳德要在接下来的6个月里改变他打发时间的方式，从而避开会引发烟瘾的对象和场合。此外，他还可以使用尼古丁贴片来减轻生理渴望，并通过每天锻炼来提醒自己用肺呼吸的感觉有多好。伦纳德还可以用省下的烟钱每2周犒劳一下自己。

史蒂夫会发现，如果自己的沟通水平提高，让朋友还钱就容易多了。因此，阅读有关果敢沟通的内容并精心措辞会对他有帮助。他也可以考虑参加培养自信的课程，从而更好地了解自己的权利，学会如何在不感到内疚的情况下要求得到自己想要的东西。

露丝需要减少些对其他方面的投入，才能在接下来的两年里专注于大学课程。她还需要跟家人谈谈，让他们理解为什么学业对她很重要，以及如何做才是对她最好的支持。

找出可能的解决方法通常并不困难，之后的事才更具挑战——采取必要行动并在情况变得艰难时坚持不懈。这包括走出舒适区，克服惰性、恐惧、挫折、低自我效能感和其他内部阻力，以采取行动。当我们理清了自己的心理障碍，外在障碍往往就不那么令人生畏了。一旦自我怀疑和畏惧消散，解决问题就会变得更容易。

2. 解决心理障碍

有时我们很清楚自己为什么拖延，但有时我们毫无头绪，只知道很难继续。我们的首要任务是找出问题的根源——引发抗拒的认知。当我们不知道自己为什么拖延的时候，下面的练习会很有用。

练习 9.1

这些自我认识练习有助于你找出降低行动力的心理障碍：

1. 写下你向目标努力时需要采取的步骤。
2. 闭上眼睛，想象自己正在完成这些步骤。

3. 注意这一过程中你的想法和感受。有焦虑或抗拒的感觉吗？在这次练习中有什么想法或认知吗？如"太难了""我很迷茫""我不知道从哪里开始""我永远不会成功""工作太艰巨了""我宁愿做一些更有趣的事""现在开始已经来不及了"。

专注地观察我们的内心状态可以为我们提供有用的信息，包括支撑我们抗拒心态的认知。随后，可以运用认知和行为策略来解决这些问题。

下表展示了在前面的例子中描述的人们对拖延的基本认知：

拖延领域	基本认知
伦纳德：戒烟	太难了。 我以前试过，但失败了，所以我今后不太可能成功。
史蒂夫：讨债	我如果去找他要钱，他会生我的气，那样我会很难过。我觉得人人都应该喜欢我。
露丝：提升学历	学习很难，我可能不会成功。 我失败了，就代表我不是一个很有能力的人。别人会看不起我。 风险太大了。
海伦：和同事交朋友	她会认为我走投无路了。 如果她拒绝，我会很丢脸。 最好避免被拒绝。

3. 挑战限制观念

找出那些让我们停滞不前的限制观念和信念本身就会对我们形成激励。我们审视自己的消极认知时，往往可以发现思维缺乏逻辑，相关信念也站不住脚。下一步就是写下直接挑战我们限制观念的陈述——不是什么神奇的想法，而是对我们所能取得成就的现实看法。写下并读出这些陈述的过程有助于通过挑战限制我们行动的观念（见下表）来增强动力。

限制观念	更合理的观念
伦纳德： 太难了。 我以前试过，但失败了，所以我今后不太可能成功。	许多烟民都是在多次戒烟失败后才成功的。 以前的失败让我知道哪里有坑，我更明白该注意和避免什么了。 我现在有额外的策略来帮助自己度过最困难的时期。
史蒂夫： 我如果去找他要钱，他会生我的气，那样我会很难过。我觉得人人都应该喜欢我。	他才是做错事的人，因此我不需要感到内疚。 他可能生气，也可能不会生气。如果他生气，情况的确会很不愉快，但我也能应付。这是一个培养自信的机会。 我希望别人喜欢我，但如果有些人不喜欢我，我也能接受。
露丝： 学习很难，我可能不会成功。 我失败了，就代表我不是一个很有能力的人。别人会看不起我。 风险太大了。	我不能保证成功，但如果不尝试，什么都不会改变。 我希望能成功，但即使没有，也不会造成可怕的后果。失败不会影响我的声誉——大多数人都不在乎。 我唯一要付出的是我的时间和精力，但这不是一笔巨大的投入。
海伦： 她会认为我走投无路了。 如果她拒绝，我会很丢脸。 最好避免被拒绝。	发起社交活动是正常且合理的，特别是当我们似乎相处得很好的时候。她也许会答应，也许不会。 主动去交朋友并不意味着没朋友了——人们经常这样做。这种做法本身并不可耻。 与其总是规避风险，不如冒着被拒绝的可能行动，在这种情况发生时学会应对。

下表给出了更多关于限制观念和反驳方法的示例：

限制观念	更合理的观念
这件事可能很难或令人不愉快，我应该始终避免做这样的事。	这件事可能很难或令人不愉快，但没关系。我没有理由总是逃避。直面这种情况会让我之后处理困难时更得心应手，让我更强大。
这可能会让我遇到很多压力或麻烦，我应该避开可能卷入麻烦的情况。	我可能会陷入压力或麻烦，但这是生活的一部分。朝着目标努力的过程中，遇到些麻烦也没什么。直面困难是一次很好的学习体验。如果我能达成目标，那这么做就是值得的。
工作太多了。	工作不少，但也没那么多。如果我一步一步来，对自己每天能完成的程度有合理的预期，就能让情况更可控。
我可能不会成功。尝试过却失败的感觉太糟糕了。 如果不能保证成功，我绝不该尝试。	我不能保证成功，但如果不去尝试，什么都不会改变。 我希望成功，但即使没成功，我也能接受。
我做不到。我没有能力成功。	我只要用心，很多事都能做到。我已经做到很多事情了。 我如果做些研究，得到不错的建议，然后照做，就能最大限度地提高成功的可能。
我试过，但失败了。 曾经失败意味着将来也不可能成功。	有些事情需要尝试几次才能成功。托马斯·爱迪生失败了几百次，才终于成功地做出了灯泡。
这个问题太复杂了。复杂的问题无法解决。	复杂的问题可以通过将其拆解成易于处理的小块来解决。如果我一步一步行动，问题就会简单很多，进而得到解决。
如果失败了，我会很难受。失败是件糟糕的事。	尝试过但失败了总比从未尝试过要好。失败并不可耻，试都不试才可耻。 我如果试过了，至少会知道自己已经尽力了。

续表

限制观念	更合理的观念
其他人可能不喜欢我这么做。我不该做任何不被认同的事。	我需要向他们解释为什么这个目标很重要,并努力争取他们的支持。他们或许不赞同,但仍然愿意支持我。 我希望别人认可我所做的一切,但有些事即使别人不认可,我也可以去做。

行动计划

在确定问题、列举解决方法、设定目标并找出可能的障碍后,我们就到了最后的行动计划阶段。在这一阶段,我们需要为想实现的目标和需要采取的步骤绘制蓝图。除了计划外,我们还应该考虑可能出现的障碍,以及克服这些障碍的策略。

行动计划

我的目标
可衡量的具体目标
实现这一目标后我将如何受益
需要采取的具体步骤

克服障碍

外在障碍	克服它们的策略
心理障碍	克服它们的策略

珍妮丝过着一成不变的生活。35岁之前，她一直身体健康、体态优美。但由于换了新工作并频频加班，她不再关注自己的健康，养成了常吃快餐、晚上喝红酒来放松的习惯。晚上喝酒让她第二天早上很难起床，她因此放弃了晨跑。珍妮丝觉得自己现在体重超标，很不健康。她对不能穿上自己最喜欢的衣服感到非常沮丧。

担忧了几个月后，珍妮丝决定做些什么。她写下了如下行动计划：

我的目标
我想拥有健康的生活方式——瘦身、增强体质、吃得健康。
可衡量的具体目标
• 到11月1日为止的两个月内减掉3千克。 • 从下周一开始，每周选5天早晨去公园慢跑或散步（4千米）。 • 从今天起，每周至少有5晚要吃得健康。
实现这一目标后我将如何受益
• 我会更健康。 • 我会更精力充沛，身心都会感觉更好。 • 我的心情会变好。 • 我会睡得更好。 • 我会感觉对生活更有掌控力。 • 我可以穿上最喜欢的衣服。

续表

需要采取的具体步骤
• 周一至周五每天早上 6 点起床，绕着公园慢跑。 • 买些倡导健康生活方式的烹饪书，照着做菜。 • 每周六早上去市场，多买些水果和蔬菜。 • 选择健康的零食，如坚果、水果或酸奶。不购买不健康的休闲食品。 • 自己做健康餐并冷冻保存，在一周内食用。 • 只在周末下馆子，更谨慎地选择更健康的菜肴。 • 平时不喝酒，只在周末或特殊场合喝。 • 晚上放松一下：做正念练习，听听喜欢的音乐，和朋友聊天或者跟爱犬一起玩。

珍妮丝现在着手进行第二部分计划，包括找出可能的障碍，并制定克服它们的策略。

外在障碍	克服策略
早起锻炼很难。 我总是很累。	从今天开始晚上 9 点半上床，看书看到产生睡意。 我如果晚上不喝酒，第二天就不会觉得那么累了。
我的丈夫杰森喜欢在外面吃，他可能不喜欢我做的饭。	跟杰森谈谈，告诉他我的感受，解释我为什么要做出这些改变，并寻求他的支持。 鼓励杰森也加入健康饮食和生活的行列。同意周末和他出去吃饭。
我工作时间长，平时没有太多时间购物和做饭。	周六上午买好一周的水果和蔬菜。周末多做些饭菜，然后冻起来，以便下周食用。周中做些简单的饭菜。
心理障碍	**克服策略**
我喜欢晚上喝酒，这可以帮助我放松。我现在很难戒酒。	我正在学习如何不借助酒精而是借助内心的力量放松：每周参加一次瑜伽课，每晚做 20 分钟正念冥想，做饭时放点儿轻松的音乐，和罗弗一起玩，以及听我的有声书。

续表

心理障碍	克服策略
我不相信我真能有很大改变。这不是我能控制的。	我 4 年前戒了烟。这是非常困难的,所以我知道我可以改正坏习惯。我一旦习惯了这种良好的感觉,并有了更多精力,就更容易坚持新计划。我需要保持警惕,经常回顾自己的目标。
我对减重没什么耐心,我想立竿见影。	制定循序渐进、符合实际的目标才是成功的最佳途径。如果我专注于改变我的生活方式而不是紧盯着体重,我马上就能获得成就感。
如果我遇到挫折,那么我就不可能成功。	挫折不可避免,我要做的就是不让它们破坏我的目标。遇到挫折时,我不会指责自己,而会专注于怎样回到正轨以及之后的计划。

行为反驳

我们已经了解,行为反驳即通过改变行为来挑战认知,是扭转信念的一种有效方法。例如,我们会故意对某些人示好,以此来挑战他们就该被我们瞧不起的信念;我们可以在某些情况下有意放弃控制,从而挑战我们必须始终掌控一切的信念;我们也可以通过承担社交风险和接受被拒绝的可能来挑战我们对被拒绝的零容忍。

面对"这太难了""我做不到""我可能会失败"等挫伤我们积极性的认知时,行为反驳尤其有效。反驳这些认知的一个好方法是不拖延,立刻开始行动。一旦在自己认为做不到的事情上取得了进展,我们的认知就会随之调整。即使是很小的成功也可以反驳"我做不到"的信念,并增强我们的动力。我们一旦意识到成功并不难,就会相信自己有能力取得成功。

成功的要素

◇ 对改变的可能性的信念。

◇ 自我效能感——相信我们可以成功。

◇ 明确的目标。

◇ 行动计划。

◇ 直面可能出现的障碍的意愿。

练习 9.2

描述你想达成的目标或想解决的问题。

1. 你是否有需要克服的外在障碍？如果有，把它们写下来。
2. 给出建议：哪些行为有助于你克服这些障碍。
3. 是否存在会阻碍你成功的心理障碍？如果有，把它们写下来。
4. 提出一些有助于你克服这些障碍的建议。
5. 你可以运用哪些行为反驳方式来挑战迄今为止阻碍你前进的障碍？

自我效能感

自我效能感指的是对自己有能力达成目标的信念。自我效能感会因不同的任务而有所不同。例如，你可能对使用电脑、修理电器或造船很自信，但在交朋友、烹饪或求职面试中推销自己时就不自信了。

自我效能感对我们是否愿意尝试某件事并且坚持下去有着重要的作用。它决定了我们努力的程度以及愿意坚持的时间。例如，如果你对自己戒烟、改善饮食、结交朋友、获得大学学位或自主创业没有信心，那么低自我效能感将是你成功路上的一大障碍。

自我效能感在很大程度上受我们的经历即曾经的成功影响。每当你在某一特定领域取得成功，你的自我效能感就会提高，甚至可以鼓励你探索更具挑战性的任务。失败的经历则往往会产生相反的效果。尝试过却失败，会降低我们的自我效能感以及再次尝试的意愿，尤其是一再失败的情况下。

1. 建立自我效能感

自我效能是一种认知。和我们的很多认知一样，它可以被修改，甚至可以被颠覆。承认我们的技能和既有成就有助于建立自我效能感。

一些渴望成功的人给自己设定了不切实际的期望，一旦未能达成，就会陷入自我批判。完美主义思维会导致我们专注自己的失败和过错，从而忽略自己的优势、能力和既有成就。自我批判或许是我们试图激励自己更加努力的方式。这看似个好主意，实际上却没有用。

人类行为动机的一个基本规律是，当我们相信自己能够成功时，实现目标的可能性更大。为此，关注自己的成功、优势和成就要比想着不足和失败好得多。承认我们的技能、能力和成功可以强化自己能够成功的认知。想想我们已有的成功和成就可以加强这种信念，因为它是通过更加感性的渠道获取的。

练习 9.3

做如下自我效能感提升练习。当你认识到自己现有的优势和能力时,注意自己的认知是如何改变的。

自我效能助推器

1. 写下一个目标,即你想做到的事。
2. 列出所有你已经拥有并能帮你达成这一目标的技能和优势。
3. 写下任何已经达到的成就,表明自己有能力达成这一目标。
4. 闭上眼睛,想象过去那些成功以及你为之付出的努力。
5. 现在,想想你的新目标。想象自己为了这一目标而做的事以及最终的结果,越生动、逼真越好。每天多想几次。
6. 描述那些让你怀疑自己是否有能力成功的限制观念,并在每一个想法或观念旁边写下直接反驳这些认知的理由。

鲍勃在一家大公司当建筑师已有15年了。虽然对工作本身没有什么意见,但鲍勃认为自己的报酬很低,而且不受赏识。因此,最近另一家公司的一则高级职位的招聘广告吸引了他的注意。鲍勃很想申请,但不确定自己是不是合适的人选。他已经很久没有参加面试了,不确定自己能否在压力下表现良好,也不确定自己能否胜任这项工作。也许他们想要一个更年轻、更有管理经验的人?

只要鲍勃的自我效能感不高,他就不太可能走得很远。即使鲍勃成功参加了面试,他的不自信也会从他的态度、语言和肢体语言中流露出来。他在面试中的表现也许会表明他并非合适的人选。因此，对鲍勃来说，考虑自己的技能并反思自己的优势和能力是很有效的。为了做到这一点，鲍勃做了一次自我效能助推：

1. 写下一个目标，即你想做到的事。

   我想得到 Design Solutions 公司招聘的职位。

2. 列出所有你已经拥有并能帮助你达成这一目标的技能和优势。

   - 我经验丰富，在过去的 15 年里，我一直从事这种工作。
   - 我自律又努力，还喜欢这一行。
   - 我可以快速获取新信息并掌握新概念。
   - 我的设计为现在的公司带来了很多新订单。
   - 我的绩效评估一直不错。
   - 我和同事相处得很好。
   - 我得到了管理层的高度评价。

3. 写下任何已经达到的成就，表明自己有能力达成这一目标。

   - 多数人都觉得不可能的时候，我却签下了政府的大单。
   - 我和客户保持着良好的关系——我们有很多回头客，受到多次推荐。
   - 我在去年的交易会上拓展了人脉，促成了一些新项目。
   - 我会使用一些新潮的、技术要求很高的电脑软件。
   - 以前求职时，我多半都成功了。

4. 闭上眼睛，想象过去那些成功以及你为之付出的努力。

   鲍勃开始回忆自己之前的成功经历，以及他为此而做的准备。

5. 现在，想想你的新目标。想象自己为了这一目标而做的事以及最终的结果，越生动、逼真越好。每天多想几次。

鲍勃开始想象自己做准备以及去 Design Solutions 公司面试的场景。一开始，这让他感到非常焦虑，但在反复练习几次后，他的信心增强了。随后，他开始想象自己在这家公司工作，坐在办公桌前做一个令人兴奋的新项目。鲍勃一天中会想象这样的场景好几次，通常是早上躺在床上、坐火车上下班以及晚上在扶手椅上休息的时候。鲍勃觉得这么做是有用的，他开始感到兴奋。

6. 描述那些让你怀疑自己是否有能力成功的限制观念，并在每一个想法或信念旁边写下直接反驳这些认知的理由。

限制观念	反驳
这个职位一定需要一个能力比我强得多的人。	我已经具备了很多技能和优势——我很有资格。面试的时候，我会坦诚地面对他们。如果我不是他们要找的人，那也没关系。
这个职位薪水这么丰厚，我一定要非常出众才拿得下。	我一贯薪水不高并不代表我不配拿更高的薪水。很多工资比我高的人也并不是特别优秀。
我已经45岁了，也许年纪太大，不适合另谋一个位高权重的职位了。我还能学会工作需要的新技能吗？	45岁的我更有经验、更成熟，积累了更多技能。我知道我可以毫不费力地学习新的概念、想法和体系。
我很久没找过工作了，我不确定还能不能成功推销自己。	我一旦认识到自己的优势和长处，就能颇有成效地推销自己。我还需要把这些整合成一份优秀的简历，为面试做好准备。

你或许会对自己说："这对鲍勃来说很好，他在整个职业生涯中都表现得不错。现在他需要做的就是意识到这一点。但是，我们这些犯了大错或在一些非常想做到的事情上失败的人呢？"归根结底，就是我们如何看待"错

误"或"失败"。

2. 将错误和失败视为学习经历

错误或失败本身并不是问题，问题是它们可能引发的消极信念——"我失败过，所以我还会失败。"一再失败很令人气馁，因为它会降低我们对未来成功的期望。

培养自我效能感时，我们不仅要看到自己的优势和成就，还要承认过去的错误，既不夸大也不歪曲它们的重要性。困难的是要从错误中吸取教训并学以致用，从而增加未来成功的机会。

3. 避免完美主义

虽然完美主义是很多雄心勃勃的人的共同特质，但那些出众的人却很少是完美主义者。他们更常做的是给自己设定目标，努力做到最好，但也保持着足够的灵活性，接受错误和挫折是成功之路一部分的事实。事实上，完美主义有可能让我们失去做事的动机，因为我们多数时候并不满意自己的成就。不切实际的期望会让我们感到沮丧、气馁、焦虑甚至无法行动，但现实的期望使我们能够向前迈进，因为它并没有让人感到有太多风险。

4. 定义符合实际的成功

有几位作家给"成功"这个词下过定义，但我见过最好的定义出自鲍勃·蒙哥马利（Bob Montgomery）博士的《成功与动机的真相》(*The Truth about Success and Motivation*)一书。他把成功定义为"在现阶段，考虑到你的基因、过往经历和现状，你尽了个人最大努力"。请注意，这并不意味着你不能出错或是以实现目标为准,而是考虑到当时的信息、能力、精力、技能和生活状况,你尽力了。当你能够接受鉴于现有资源自己只能尽力而为的事实,就不会苛求自己,而是会更多地感受到成功。

5. 利用子目标

一个全新的重大目标带来的挑战可能会令人望而却步。人们很容易因为任务过大而感到气馁和不知所措,尤其当这一过程很漫长时。有些目标,如获得大学学位、创建成功的企业、转行或写书等,往往需要几个月或几年才能实现。这一过程中如果没有什么能让我们坚持下去,就会非常艰难。

因此,设定子目标非常重要。把主要目标拆分成小块,可以使任务更容易管理,并在这一过程中增强成就感。虽然离达成最终目标还有很长的路要走,但子目标已经触手可及。在我们朝着更大的目标努力的过程中,子目标会让我们充满动力。我们每达成一个子目标,就会提升自我效能感。达成子目标让我们感觉有了进展,即便并没有理想中的速度那么快。

设定符合实际的子目标

和设定主要目标一样,设定符合实际的子目标也很重要。

> 玛丽希望下周写历史论文。她计划周一做背景研究,周二打好草稿,周三写主体部分,周四完成剩下的内容。和很多学生一样,玛丽发现实际写论文的时间比计划的要长得多,因此感到沮丧又气馁。今天,玛丽花了整整一下午的时间写综述部分,但她只完成了计划的一半。玛丽心想:"今天完全是在浪费时间,我几乎什么都没做成。"

设定过于雄心勃勃的子目标会让我们感到气馁。玛丽本可以通过设定更符合实际的子目标来让自己不那么沮丧。此外，告诉自己"浪费了一整天"既不符合实际，也没有任何用处。玛丽如果承认自己虽然没有取得期盼中那样多的成就，但并不是毫无进展，就不会感觉这么糟糕了。

告诉自己"我没能完成计划中那么多的事，但我确实有了些进展"有助于强化成功的想法，从而保持乐观。毕竟，我们花在达成目标上的时间永远不会完全浪费，即便我们的成就只是发现了哪条路走不通。

6. 写下每日的"待办事项"

写下每日的"待办事项"，即我们每天计划完成的任务列表，是一个非常简单却异常有效的方法，能够激励自己并有助于目标达成。划掉清单上已达成的目标可以增强我们的成就感，因为我们看到了自己的进展。

如果我们没能按计划完成那么多任务，原因也值得探究。对于更为宏大的目标，找出阻碍其达成的障碍很有用。对每日目标也是如此。

> **每日目标的常见障碍**
>
> 期望不切实际：一天内想完成的计划太多了。
>
> 缺乏重点：没有参考待办事项列表，忽略了目标。
>
> 挫折忍耐力低：觉得面对的任务艰巨或无聊，因而缺乏自律。
>
> 容易分心：被电子邮件、电话、电视、谈话和社交媒体分散注意力。
>
> 任务优先级低：做些低优先级的事情，因为我们可以在心理上为其辩护，认为这些事情早晚要做。然而，这些并不是我们现在需要做的。

第九章　掌控问题 | 299

精力不足：精力不足时，我们很难完成任务。

焦虑：我们知道自己要做什么，但一想到要做这件事就会焦虑，于是开始拖延。

抑郁情绪：情绪太低落，因而无法激励自己朝着目标努力。

他人的因素：我们会答应他人提出的占用我们时间的要求。

练习 9.4

写一份覆盖未来两周的"每日待办事项列表"。每晚划掉已经完成的任务。对每个未完成的任务，请填写如下表格：

今日未完成的任务：

_____

_____

_____

遇到了什么障碍？	有哪些经验教训？克服障碍的策略是什么？
☐ 期望不切实际 ☐ 缺乏重点 ☐ 挫折忍耐力低 ☐ 容易分心 ☐ 任务优先级低 ☐ 精力不足 ☐ 焦虑 ☐ 抑郁情绪 ☐ 他人的因素 ☐ 其他	

坚持下去——强化

一旦有了进展，我们就会感觉不错：我们走在前进的路上。我们在最初几天或几周里很容易受到激励，但后来呢？成功途中的一个最大的障碍就是慢慢失去自己的目标。我们分心了。我们忘记了。我们不再尝试了。我们放弃了。

我们能否成功很大程度上取决于是否愿意坚持：为实现目标而继续努力，直到完成为止。要长期保持动力，就不能忽视目标。正如某些策略能激励我们开始行动，也有一些策略能帮助我们保持势头。

1. 设置目标提示词

明确目标并为达成目标制订循序渐进的计划能激发我们的动力，这就是准备一份行动计划如此重要的原因。

此外，做一些提示目标的记号可以帮助我们不偏离轨道。这些记号可以是一个词或短语，代表我们的目标，提醒我们想实现什么。例如，"活力"提醒我们目标是决定增强体质，"放松"提醒我们不要太较真，"沟通"则提醒我们在伴侣提出需要解决的问题时保持开放的态度。把提示词放在醒目的地方，以此来提醒自己所做的承诺。比如，你可以在手机或电脑上设置目标提示词，或将其贴在冰箱上、衣柜门内侧、浴室里或钱包里。

每次看到提示词，就停下来问自己："我今天为目标努力了吗？为了靠近目标，我今天或明天能做些什么？"

2. 设置目标提示图

图像可以唤起强大的情绪反应，在更深层次激励我们。一张能体现你想要达成目标的意愿的照片或图画可以成为你坚持下去的强大动力。比如：一张你梦想中沙发的图片可以提醒你要坚持存钱；一张你和伴侣共度快乐时光的照片可以成为你努力改善你们之间关系的动力；一张来自宣传手册或网站的梦想中假期的照片可以提醒你，完成那个重要项目后就用这次旅行奖励自己。

3. 想　象

研究表明，如果我们可以先想象出一种新的行为，就更有可能将其表现出来。比起语言，图像与情绪有着更强的联系，想象可以让我们对目标感到兴奋并牢牢记住它们。在确定了目标并制订了行动计划之后，想象自己朝着它努力、一步一步走下去的样子。你想象中的声音、质感、图像、颜色和气味越多，体验就越生动，效果也就越显著。

想象最终的结果以及为此付出努力的过程也是有用的。在想象自己朝着目标努力之后，想象自己已经实现目标、享受着成功果实的样子。例如，你可以想象自己在家学习、在图书馆学习、参加考试、查询成绩的样子。然后，想象毕业那天的自己在领取毕业证书时走上领奖台。最后，想象自己做着一份薪水颇丰的工作——这就是坚持学习的结果。

4. 谈论目标

谈论目标会强化我们的使命感，有助于我们保持专注，与有着相似目标或非常支持我们成功意愿的人交谈尤其如此。与那些将受到我们努力影响，即我们需要获得其支持的人交谈也很重要。他人明白我们想实现什么、为什么我们的目标很重要时，就更有可能给我们支持，尤其在他们考虑我们的利益的情况下。因此，从伴侣、子女、朋友、老板或同事那里寻求支持，会让这一过程更加顺利。

5. 专注将获得的回报

获得奖励和避免惩罚的愿望是包括人类在内的大多数动物的主要动力。当感知到与行动过程相关的惩罚大于奖励时，我们就没有动力去行动。因此，对我们在努力实现目标时可能遇到的问题、困难、挫折和麻烦的关注，是影响我们活动的主要因素。而承认过程中可能出现的挑战，计划应对这些挑战的策略并关注回报，会产生与之相反的效果。

留意你将获得的所有好处。将它们写下来，时不时想象获得它们的情形。一定要囊括伴随成功而来的所有附加奖励，比如自我效能感和自尊的提升、带给他人的好处和个人满足感。

6. 奖励自己

虽然达成目标的喜悦才是最大的奖励，但有时设置以完成为条件的额外奖励可以增强动力。奖励的大小要与所付出的努力成正比，即要根据付出努力的大小选择合适的奖励，如按摩、买新衣服、在特别的餐厅享受晚餐、欢度周末、海外度假或开新车。一定要让你的奖励以达成目标为条件，否则奖励就不会成为一个有效的激励因素。

7. 利用激励你的格言

正如某些图片能激起情绪反应、加强我们对成功的渴望，文字也有同样的功效。对你有意义的一首诗、一句格言或一小段散文都能激励你坚持下去。寻找一些打动你的格言，用它们来激励自己。

小　结

- 我们在生活中总会遇到问题。主动解决问题会增强我们的掌控感，从而更好地满足自己的需求。

- 接受有些事我们无法控制的事实，集中精力应付多变的情况。这种做法既实际又有益于心理健康。

- 对于更为复杂的问题，系统化的问题解决过程有助于找到解法。一旦找出可行的目标，就将其拆分成小步骤，然后一步一步地完成。这是很有用的。

- 人们未能实现目标是因为某些障碍阻碍了他们。障碍可以是心理上的（如自我效能感低、畏惧失败、惯性和挫折忍耐力低），也可以是外在的（如他人的需求、时间不足和金钱或技能方面的问题）。我们可以通过找出可能的障碍并制定克服这些障碍的策略来增加成功的可能性。

- 行动计划可以让我们在朝着目标努力的同时保持专注和动力。其他激励策略包括设置目标提示词、想象成功、关注回报和寻找鼓舞人心的格言。

第十章

有效沟通

> 美好的生活是一种共享。我们最大的快乐、最珍贵的时刻、最艰难的挑战和最有爱的时光大多是和他人共同经历的……为了不虚度此生,我们必须准备好克服一些障碍——做出特别的努力去与人结识、相处、亲近。
>
> ——《交朋友》(*Making Friends*),
> 安德鲁·马修斯(Andrew Matthews)

沟通是我们与他人联系、分享信息、表露担忧并通过协商解决问题的过程。良好的沟通对成功的人际关系而言至关重要。它让我们能够结交朋友,发展友谊。没有沟通,我们就会被孤立在自己的世界里,往往既解决不了问题,也满足不了需求。

丹尼斯在人际关系方面经常遇到麻烦。每每需要解决问题时,他的沟通尝试总是以冲突告终,双方都感到很恼火。慢慢地,丹尼斯疏远了他在工作和私人生活中打过交道的许多人。最后，他得出结论：试图通过沟通来解决问题只会让事情变得更糟，于是他决定采取新策略——干脆不说话了。这么做虽然让丹尼斯得以逃避不快的对抗，但并没有满足他的需求，还导致他在很多时候都感到沮丧和怨愤。"无论做什么，我都赢不了。"他心里这样想。和许多人一样，丹尼斯没有意识到让他陷入麻烦的并不是沟通本身，而是他的沟通方式。

很多人的沟通习惯都很糟糕，就像丹尼斯一样，他们经常发现自己被别人疏远了，人际关系中处处踩雷。还有一些人多数时候沟通得很好，可一旦需要对质或争取利益就会陷入困境。有效沟通需要的不仅仅是精通某种语言。事实上，很多人词汇量很大，却依然不能很好地沟通。有效沟通意味着以一种增加相互了解和促进善意的方式来表达观点。他人会理解我们的想法和感受，而不会感到受威胁或攻击。虽然他们并不总会同意按我们的意愿行事，但有效的沟通也会增加我们的需求得到满足的可能性。

我们在一生中要经历千千万万需要通过沟通来协商或解决问题的情况。我们的沟通对象包括伴侣、家人、朋友、同事、主管、邻居、商家、店员或陌生人。我们需要沟通的问题可能小到让人挪车，也可能大到跟伴侣分手。但无论哪种情况，我们的沟通方式都决定了讨论的基调、解决问题的效率、事后的感受，以及如何在较长时间内维持友善的关系。运用本章介绍的技巧可以大大改变我们与他人交往的方式，并决定这段关系是建立在相互理解还是互不信任的基础上。

不良的沟通习惯

我们审视他人遇到人际关系问题的原因时,无一例外会发现是糟糕的沟通习惯在作祟,其中最常见的是回避和疏远的信息。

1. 回 避

良好的沟通需要我们以增进相互理解、减少对威胁和潜在冲突的感知的方式,说出我们的想法、感受或需求。我们在遇到一个问题并认为他人对此并不认同时,往往一想到沟通就感到焦虑或不适。挫折忍耐力低以及对冲突或不认同的畏惧会导致我们退缩、拖延和回避问题。我们迟迟不肯说出该说的话,从而逃避了在应对潜在的不愉快情况时感受到的不适。而回避的问题在于它会妨碍我们讨论和解决问题,造成关系紧张和怨恨。因此,我们逃避提出让自己感到不舒服的问题所带来的短期痛苦时,就破坏了更大的目标:解决问题并发展健康的人际关系。

有些人习惯性地回避任何可能导致对抗的情况。他们不愿意就自己关心的问题展开讨论,也拒绝参与让自己感到不舒服的谈话。当有人提出可能令人不快的问题时,他们可能真的会直接离开。当我们感到非常愤怒或不安时,偶尔推迟讨论很正常,但有些问题我们迟早要面对,即使它们让我们感到不舒服。拒绝讨论重要问题的麻烦在于这么做并不能解决问题,只会累积怨恨、加剧紧张,让人际关系恶化。

有的人为了避免冲突,选择给出不完整的信息——只传达一部分。他们不会清楚地说出自己的想法、感受或需求,而是通过暗示、小声嘀咕或说些含糊不清的话来影射这个问题,希望对方能解决。例如,他们会提出问题，但不说感受，或者同意做一些本不愿做的事情，然后通过闷闷不乐、退缩不前或不友好的肢体语言来表达反对。不完整的沟通是另一种形式的回避，因为我们并没有把该说的话说出来。引发回避的常见信念如下：

- 提出问题会破坏和睦，招致大家不满。
- 我必须不惜一切代价避免冲突或不满。
- 每个人都应该喜欢并认可我。
- 如果有人对我不友善，那就太糟糕了，我受不了。

对引发回避的信念的反驳如下：

- 提出问题并不一定会导致冲突。良好的沟通技巧实际上有助于将冲突的可能性降至最低。
- 讨论某些问题很重要，即使这么做会引发一些冲突或不满。
- 我希望受人喜爱，但即使有些人不喜欢或不认可我，我也能接受。
- 我希望避免冲突，但即使冲突真的发生了，我也能应付。有人怀有敌意固然令我不快，但我能忍受这一点。

2. 疏　远

回避是出于对冲突或不满的畏惧，疏远则源于愤怒、防备心理或技能的缺乏。疏远的信息是以不友善、不妥协甚至威胁的方式表达的，因此会让对方进入防备状态。对方一旦感到了威胁，就会开始计划反击而不再倾听，因此疏远的信息让我们既不能相互理解，也不能互表善意。

典型的疏远信息的目标是让他人按自己的方式行事或赢得一场争论。不止我们说的话，我们的说话方式也会造成疏远他人的结果。面部表情、肢体语言和语调在传达信息时起着巨大的作用。挑衅的口吻或不友善的手势会使人感到有威胁，进而使他们做出防御性或攻击性的反应。在这种气氛下，紧张局势升级，最终没有赢家。虽然有时候我们认为自己赢得了争论，但如果我们没有解决问题或收获良好的人际关系，胜利也毫无意义。

某些情况下，疏远的信息会恐吓他人屈服，或导致他们不再和我们交流。在家庭和职场，我们有时会看到一些人通过威胁和恐吓来管理他人。虽然经常利用疏远信息给了这些人凌驾于他人之上的权力，但此举引发的怨恨和痛苦却造就了不愉快的环境和不健康的人际关系。

疏远的信息常以"你"字开头。这就好比用手指着对方，表示他们做得不对或不好。这么做往往会让对方产生防御心理，引发敌对反应。典型的疏远信息包括：

贴标签：

- 你只考虑自己。
- 你的沟通能力太差了。
- 你太抠门了。
- 你真是个神经病！
- 你控制欲强，人还不老实。
- 你需要去看心理医生！

过度概括：

- 你非得让别人都按你说的做才高兴。
- 你每次说要做什么，从来都没做过。
- 你总在索取，从不付出。
- 我每次建议点儿什么，你总是批评、打击我。
- 你总是对我指手画脚。

推断动机（主观臆断）：

- 你骗我多做那些活儿是为了自己轻松。
- 你就是嫉妒我，因为我找到了另一半而你没有。
- 你看到我跟别人在一起就会感到有威胁，因为你缺乏安全感。你恨不得我没朋友。
- 你想让我在大家面前出丑。

讽刺：

- 你真聪明，什么都知道。
- 你上一次测听力是什么时候？你显然耳朵不好使。
- 太好了！我真是太喜欢你考虑我的需求的方式了！

威胁：

- 你要还是这个态度，我就离开你。
- 如果你再这样对我，我就把你的秘密告诉所有人。
- 再有一次，你就滚下车走路吧！

威胁不利于维系良好的人际关系，因为威胁是建立在权力和恐吓而非沟通的基础上的：一个人试图让另一个人按照自己的意愿行事，威胁说如果不服从，就要以某种方式伤害对方。这与良好的沟通背道而驰，良好的沟通需要尊重对方的权利。

但在有些时候，我们应当指出对方所作所为的后果。当所有理性的沟通都失败了，且我们认为对方并没有接收到我们传达的信息时，描述当前状况继续下去的后果是合理的做法。例如："如果你继续对我撒谎，我就不会和你在一起了""如果你做不到完成这项工作并让我满意，我会提出索赔""如果你不打扫房间，我这周就不会给你零花钱"。再次尝试和解的谈判失败后，指出消极的后果是有用的。但是，这种策略只能有节制地使用，还要对描述的后果做好采取行动的准备。

有效的沟通习惯

远离回避和疏远等不良习惯对良好沟通而言非常重要。此外，运用以下原则和沟通策略，可以对我们沟通的质量产生实质性的影响。

1. 和解目标

良好的沟通能使我们在与他人的关系中保持善意，即避免传递疏远的信息。我们在和他人的交涉中要寻找双赢的解决方法，让双方都满意，没人认为自己吃亏。秘诀就是始终保持理性，即使在我们看来对方并非如此。我们要做的是不提出要求或空洞的威胁，不指责也不指手画脚，并且接受自己不一定能得偿所愿的事实，但愿意沟通自己对这件事情的看法。

以和解为目标，即我希望得到对双方都公平的结果。

"但他们对我的感受毫不关心，我又为什么要和解呢？"丹尼斯问。答案是，以和解为目标会增加你得偿所愿的机会。它会给予你力量，让你避免脾气暴躁或冲突升级带来的压力和焦虑。和解才是对你有利的，丹尼斯！虽然有时候宣泄情绪并一吐为快似乎更容易，但这并不能帮你得偿所愿。

2. 态度果敢

很多人认为果敢的态度仅仅意味着要维护自己的权利，但这只是果敢沟通的一个方面，而不是全部。果敢意味着我们愿意在考虑他人权利的同时坦诚地表达自己的想法、感受和需求。沟通的要点是："我们双方都很重要——让我们试着相互理解吧。"果敢沟通能使我们在相互尊重的基础上建立健康的人际关系。

果敢沟通的意愿源自对自我价值的认可。我们并不认为自己高人一等，但也明白自己和他人的需求是平等的。这并不意味着不知变通、我行我素，良好的人际关系需要沟通和妥协。我们只是愿意坦诚、明确地说出自己的想法，并做好了争取权益的准备。

3. 提出要求

果敢沟通中很重要的一点就是能够向他人提出要求或表达自己的需求，往往一个简短的陈述就足以说明我们的想法：

- 玛塞拉，我今天要坐火车上班，你下午能来车站接我吗？
- 我想和女儿一起过周末，你不介意吧？
- 洛兰，我要和你谈谈这个项目。你今天上午10点有空吗？
- 我今天会工作到很晚。你能做晚饭吗？
- 卢克，噪音太大了，我很难集中注意力，你能关小点儿声吗？
- 托尼，我今天下午就需要那些账户。你能准备好吗？
- 里奇，你花这么多时间上网让我很担心。你能先把作业写完吗？

多数时候，我们会直截了当地提出诉求。但有时候，我们预想别人会因此而感到有威胁、恼火或沮丧。这种情况下，我们的沟通方式就决定了我们会以愉快的方式解决问题还是与对方爆发激烈的争吵。以下是一些非常实用的谈判技巧。

传达和解信息

1. 以"我"开头的陈述

以"我"开头的陈述是一种以和解的方式传达信息的技巧，简单而有效。以"我"开头的陈述描述的是自己的感受和期望，而不是对对方的指责或批评。将矛头指向自己降低了他人感到威胁的可能性，这就为以和解为目标沟通打开了大门。

当他人的言行让我们感到不快，以"我"开头的陈述可以帮助我们以一种不具威胁的方式表达担忧。典型的以"我"开头的陈述包括表达他人的行为对我们的困扰、我们对此的感受以及期望他人怎么做：

当你……，我感到……，我想（或希望）……

- 比尔，你当众批评我的时候，我感到尴尬和恼火。我希望你能尊重我，不管有没有他人在场。
- 萨莉，我还在忙之前的项目，你却不断派给我额外的工作，让我觉得不堪重负。我希望能给机动人员分派一部分新项目。
- 爸，你说我忽视孩子的时候，我很生气，也很伤心。我希望你相信我有能力照顾孩子。
- 吉米，你在外面待到很晚但没告诉我你在哪儿的时候，我很担心。如果你要后半夜才能回家，我希望你给我打个电话。
- 莎拉，你打断我讲故事，让我沮丧又恼火。我希望你能让我说完，而不是试图插话。

以"我"开头的陈述最大的优点就是关注行为，而不针对个人。这种区别很重要，因为行为是可以改变的。关注行为时，我们不是在攻击某个人，而是在描述他们的行为对我们的影响以及我们希望他们做出的改变。

一般来说，当对方了解我们的感受和期望并不觉得受到攻击时，他们就更可能以和解的方式做出回应。虽然结果无法保证，但大多数情况下，明确、非威胁的陈述会提高我们的需求得到满足的可能性。

2. 完整信息

对于简单明了的情况，以"我"开头的陈述有助于我们传达感受和期望。但对于一些更为复杂的情况，这种陈述并不能充分表达我们的想法和感受。这时，提供以我们的视角出发的更完整的信息往往会很有帮助，对具有潜在威胁的情况尤其如此——我们希望能尽量减少冲突的可能性。

在《信息》(*Messages*)一书中，马修·麦凯、玛莎·戴维斯（Martha Davis）和帕特里克·范宁讲述了如何使用完整的信息来进行清楚、友好的沟通。完整信息需要表达出如下要素：

◇ 观察　　　　　◇ 想法
◇ 感受　　　　　◇ 需求

完整信息是一种以"我"开头的陈述，描述了造成问题的行为、我们对此的感受和期望，以及观察和想法，以我们的视角展现了更为完整的事件。

我们讨论认为可能会引发分歧、反对或冲突的问题时，使用完整信息沟通是很有效的。完整信息以合理而不具威胁性的方式清楚地说出了我们想说的话，提高了与他人进行建设性沟通的可能。我们一旦对自己运用完整信息的能力有了信心，就会发现讨论有争议的问题并不一定会导致冲突，事实上还往往有助于消除误会，解决潜在冲突。因此，提出或回应问题的行为就不那么令人生畏了。运用完整信息进行沟通虽然并不总能解决问题，但可以为无威胁的接触打开大门，进而提高确定双方都能接受的解决方法的可能性。

观　察

观察是我们对经历、看到或听到的事实的陈述。例如：

- 我约会晚到了半个小时。
- 凯蒂问我为什么爸爸再也不回来了。
- 我已经两年没休过假了。
- 听说你告诉他们我要离开公司了。
- 汤姆下周要开始一份新工作。

完整信息的主要特征是，我们的观察是客观而公正的。我们要避免情绪化的表述、妄下结论或试图解读对方的动机。

情绪化表述	客观陈述
你让我在所有人面前出丑的时候……	你当着大家的面说我"不太聪明"的时候……
你在跟我闹情绪。	你最近很安静，不爱说话。
你因为不能常常见到你的儿子亚当而责怪我。	每次说起亚当，你就变得很安静，而且看起来很消沉。

想　法

想法是我们的认知和看法。描述自己的想法时，我们会体现主观看待事物的方式。例如：

- 我觉得你对自己很苛刻，你已经尽力了。
- 我有时在想，你的心有没有放在工作上？

- 我做着全职工作，还要承担大部分家务，这似乎并不公平。
- 我不确定能否应付那些额外的压力。
- 我想，如果你能经常看看孩子们就好了。

感　受

感受是我们对情绪反应的陈述。例如：

- 你没和我商量就做了这个决定，让我很难过。
- 我很感激你在这艰难的时刻一直陪伴着我。
- 你说你和玛丽埃塔的友谊是柏拉图式的，但我还是觉得不安。
- 我们终于有进展了，这让我松了口气。
- 我担心自己不能把工作做好。

需　求

需求是用来描述我们需要或期盼什么。重要的是，我们的需求不是以要求的形式，而是以请求或偏好的形式表达的。

- 这个项目我需要帮助，你能抽出些时间吗？
- 我希望你多承担些家务。
- 如果我做了什么让你不高兴，希望你告诉我，不要一个人闷着。
- 我希望你更爱我，向我表达关心。
- 你能帮我给孩子们洗澡、哄他们睡觉吗？

运用完整信息时，我们会说出自己的观察、想法、感受和需求（不一定按照这样的顺序）。在某些情况下，我们不需要描述自己的想法或感受，因为我们的话自然暗示了这些。所以，在下面的示例中，我将想法/感受列在一起，表明这一项包括想法以及（或者）感受。

桑德拉的朋友戴安娜来家中做客时，她的丈夫马特懒得跟戴安娜说话，这让桑德拉很生气。她已经几周不跟马特说话了（回避），直到有一天她终于爆发了，"你真是头猪！和她说句话会死吗？"（疏远）。毫不意外，这引起了马特的防御反应，一场争吵随之而来。

我们来看看桑德拉要如何运用完整信息进行沟通。

观察：每次戴安娜来家里，你好像都不怎么搭理她。通常你连房间都不进。即使极少数情况下进了房间，你也不会跟她打招呼或聊天。

想法/感受：我觉得你这么做会让她很不舒服，她可能认为你很没礼貌。你这么做也让我觉得很尴尬。你对她这么不友好，我很不好受。

需求：我希望你能努力跟她打招呼，聊几分钟，这样她来做客时就不会觉得自己不受欢迎了。

*

昨晚，汤姆和他的女朋友希拉以及一帮朋友在一起。汤姆的朋友拉尔夫最近丢了工作，他说自己早上起床特别困难，因为没有计划，不知道要怎么度过这一天。让汤姆大为恼火的是，希拉对拉尔夫的话不以为然，还抢着用自己的经历跟他比惨。

疏远：开车回家的路上，汤姆爆发了："你就不能听听别人怎么说吗？怎么什么事都要扯回你自己身上？"毫不意外，这激起了希拉的逆反情绪，他们之间的气氛降至冰点。

我们来看看汤姆要如何运用完整信息进行沟通。

观察：希拉，我不知道你是否意识到了这一点，拉尔夫描述他失业后有多困难时，你几次打断他，并一直在说你自己的事。拉尔夫都没机会说完他想说的话，只能不说了。

想法/感受：我觉得不舒服。在我看来，拉尔夫想表达他自己的经历，而你对他的话不以为然，不给他讲完的机会。

需求：我希望你对别人的感受更敏感一些。别人说话时，让他们说完，不要打断他们。

*

伊恩的妹妹宝拉在表达自己的观点，尤其是在反驳他人的意见时，往往会变得强势甚至咄咄逼人。伊恩很想跟她拉近关系，但不愿意主动挑起话头，因为宝拉的反应可能很糟糕，而他也不想自找麻烦。伊恩很看重家庭关系，于是他决定和宝拉谈谈这件事。

疏远：为什么每次我有不同意见时你都对我暴跳如雷？你为什么不能接受别人有异议呢？

我们来看看伊恩要如何运用完整信息进行沟通。

观察：我不知道你是否意识到了这一点，但每当你不喜欢或不同意我说的话时，你会变得情绪激烈，反应也咄咄逼人。例如，我说爸妈好像很孤独时，你变得很生气，控诉我是在指责你为他们做得不够多。还有上周我说凯丝在学校成绩很好时，你似乎很生气，说她上的是私立学校，怎么可能成绩不好……你似乎很容易生气。我回避了很多问题，因为不想陷入争吵。

想法/感受：我对我们的沟通方式感到沮丧和失望。我经常想和你谈一些事，但又忍住了。我觉得，总想着什么又不说会让我们之间产生距离。

需求：我希望能跟你亲近，跟你坦诚地交谈，而不是总觉得我要说了什么你不喜欢的话，你就会生气。

3. 预防性陈述

有时，提出问题会让我们感到焦虑，因为我们认为对方可能会做出攻击性的回应。做一次预防性陈述、承认我们的不舒服可以减少焦虑，并降低对方出现不友善或防御反应的可能性。当对方明白提出这个问题对我们来说很困难时，他们对威胁的感知就会降低，出现防御反应的可能性也会降低。典型的预防性陈述如下：

- 我有件事想和你谈谈，但很难开口。我希望你不要介意，心平气和地听我说。

- 我想跟你说件事，可又担心你觉得我在针对你，或者听完会不高兴。

我们来看看预防性陈述是如何在具体事例中发挥效用的：

露西的丈夫弗兰克每次和她回岳父母家吃饭的时候，都会在饭后立即打开电视，看上一整晚。露西对弗兰克的行为很不高兴，但一直不愿意和他提这件事，因为她不想吵架。终于，她决心要谈一谈。

疏远：你太自私了，每次都这样！和他们聊聊天对你来说就这么难吗？

露西是这样运用预防性陈述来进行沟通的。

预防性陈述：弗兰克，我想说些一直困扰我的事情，但不想为此吵架。我希望你不要生气，好好听我说。

观察：每周五我们去我爸妈家吃饭的时候，一吃完饭你马上就坐到沙发上看电视。

想法/感受：你懒得和他们找话题，这让我很难过。我想我爸妈会觉得很失望，因为我们回家吃饭对他们来说真的很重要，他们也希望你能参与聊天。你打开电视时，就自动和家里的其他人隔绝了。

需求：我知道你对他们的话题不感兴趣，但你能不能再试着跟他们聊聊？

还有一种预防性陈述可以化解潜在的危机，那就是"积极的肯定"，即在开始沟通时，首先承认对方或其行为的积极方面。例如：

- 弗兰克，我真的很感激你为戴安娜付出的努力，但现在我想和你谈谈我爸妈的问题。
- 约兰，我们谈过后你变得灵活多了，这对我们两个都是件好事，但有时你还是会反应过度，比如我告诉你我周一要加班的时候。我们能谈一谈吗？
- 金，上次考核以来，你一直一丝不苟地做记录，这是个巨大的进步，但我仍然对你的电话礼仪有些担忧。

以积极的肯定开始沟通，可以降低对方对威胁的感知，从而为局势"降温"。这就减少了防御反应的可能性，从而保持了沟通渠道的畅通。当对方没有感到受威胁时，我们才更有可能进行建设性的沟通。

4. 再次提出问题

多数人都愿意提出一次问题，但如果要再提一次呢？也许你已经成功地和某人达成了一致，却发现时间一长对方故态复萌？同意保持房间整洁的青少年有时会在几天后反悔；承诺不再花太多时间打私人电话的员工可能会食言；同意多和岳父母聊天的丈夫有时又会开始看电视。人们再次出现之前的行为往往反映了一种回归旧模式的自然倾向，而不是有意出尔反尔。如果不是强烈地希望改变自己的行为，时间一长往往会忘记要这么做。

这时候，我们很多人都犯了一个重大的错误：以为沟通没起到作用，就放弃了。例如，休已经和妻子谈过她不和自己商量就安排社交活动的事情。"她答应做出改变,但两周后又是老样子,"休心想,"沟通一点儿用也没有。"他错了。良好的沟通确实有效,只是有时我们需要重复给出的信息——人们需要被提醒。

"但我不想一直提醒她,"休抗议说,"再提起这件事让我很难受。"诚然,很多人都对重新面对之前的问题感到不舒服,但如果问题没有解决,我们就应该这样做。如何巧妙地进行沟通,以明确我们重提问题的原因,才是我们面临的挑战。只有这样,我们的讨论才不会陷入充斥着敌意的指责。如果对方没能兑现承诺,巧妙的沟通可以使他们更坚定地承诺下次改正。

重提已经讨论过的问题时,最好参照之前达成的协议,并指出这个问题又出现了。如果我们不愿意屡次旧事重提,就在沟通时告诉对方。

> 本答应了妈妈去倒垃圾,但一个小时过去了,他还是没有动身。他妈妈最后又问了一次,这次他说"马上就去"。半个小时过去了,垃圾还在原地。现在他妈妈很想亲自去倒,但她认为这会开一个不好的先例:本会觉得如果他拖延,妈妈就会帮他做。
>
> 疏远:再小的事也指望不上你。你总想让我付出,自己却什么都不做!

本的妈妈决定以此为契机练习她的沟通技巧。她的完整信息如下:

观察:本,下午早些时候我让你去倒垃圾,你答应了。我之前又问过你一次,你说马上就去。现在已经过去半个小时了,垃圾还在那儿。

想法/感受:我不想再问你,因为这让我觉得自己很唠叨。一次次

第十章 有效沟通 | 323

问你让我很不高兴，但如果我不提醒你，你好像就不会去倒垃圾。

需求：我不想一直喊你去倒垃圾，也不想一直提醒你该做什么事。我只是希望告诉你去做什么的时候，你能让我感觉靠得住。

*

洛娜公寓里的热水器坏了，她找过房东两次，每次房东都告诉她第二天就来修。现在五天过去了，房东还是没来，洛娜还是没有热水。

疏远：这是你的责任。我到底要问你多少次？我要去找人修理，然后把账单寄给你！

我们来看看洛娜要如何运用完整信息进行沟通。

观察：我已经给你打过几次电话了，每次你都说第二天就过来修。但现在已经过去五天了，你还是没有来。你知道，我根本没有热水可用，这意味着我不能洗澡，也很难洗碗或洗衣服。

想法/感受：我感到非常沮丧，因为都快一周了我还是没有热水用。

需求：我知道你很忙，但这件事很紧急，需要你尽快处理。如果你不能马上来，我希望你能允许我找个修理工，尽快把它修好。

5. 回应疏远信息

即便我们有良好的沟通技巧，明白要传达合理而不具威胁性的信息，他人却往往不会这么做。那么，当有人以威胁、敌对的方式对你说话时，你该如何回应呢？重要的是要记住，即使有人不同意你的观点或不满意你的言行，你也有权得到尊重，不必忍受羞辱。因此，用以"我"开头的陈述描述你的感受和期望是一个不错的起点，例如："比尔，当你用那种愤怒的语气跟我说话时，我感到害怕又不舒服。我想和你谈谈这个问题，但不想跟你吵，也不想进行人身攻击。现在，我们要么理智地谈谈这个问题，要么等你冷静下来再说。"

练习 10.1

针对以下每个示例所描述的情况，写下传达你的观察、想法（或者）感受和需求的完整信息（参考答案见书后）。

1. 有人找你借了本书，但一直没有归还。过了很久以后，当你终于要求对方还书时，他表示"我看看能不能找到吧"，之后就再也没有提起过。这本书对你来说很珍贵，你想把它要回来。
2. 你随口答应朋友参加他孩子小学举行的问答游戏之夜，可你越考虑越不想去。你想找借口推掉，但让他们失望又让你不好受。
3. 你的另一半最近异常暴躁，让你很担忧，也很不安。你觉得可能是因为压力太大了，于是想和对方谈谈这件事。

沟通中的注意事项

除了运用完整的信息，还有些普适性的规律可以帮助我们更有效地沟通。以下注意事项提供了一些有用的指导。

1. 该做的：提出你的诉求

我们没能清楚地表达诉求时，往往会感到愤怒和怨恨。有效沟通很重要的一点就是明确地表达我们的诉求，不给对方暗示，不含糊其词，也不沉默地等待对方自行发现问题。当然，表达我们的诉求并不意味着要求事情必须按我们的方式进行，而是愿意坦诚地沟通自己对这件事的看法。

有些人坚持认为其他人应该知道他们想要什么。"他应该知道我需要人手帮忙准备周日的烧烤，他为什么不帮忙？""她应该知道我学习的时候需要安静，这还用我说吗？""他应该知道我生病了需要特殊照顾，他应该主动提出陪我看医生。"可问题在于，其他人的想法往往与我们的不同，大家的需求、顾虑、做出的假设和关注的问题都不一样。如果我们不说清自己想要什么，他人通常是不知道的。如果别人做了件让你不开心的事，而你希望有所改变，那就告诉他们。

> 瑞克很沮丧，因为周日早上，朱莉一直坐在电脑前处理商业账目。最后，瑞克问她："你还要忙多久？"朱莉回答说："哦，我想要到两点左右。"瑞克气恼又失望地走开了，因为在大好的周日，他想和朱莉出去吃饭。与此同时，朱莉完全沉浸在工作中，并没有注意到瑞克很沮丧。瑞克憋了一下午，到晚上和朱莉大吵了一架。

瑞克指责朱莉不知变通，只顾着工作。但事实是，他的沟通不畅才是造成问题的主要原因。瑞克问了个问题（"你还要忙多久"），而不是说出自己的想法（"你想待在家里工作，让我很失望——我想出去吃早午餐"），因此没能清楚地表达自己的诉求。于是，朱莉没有注意到他的沮丧和失望。在怀有善意的基础上，我们往往可以通过交涉解决问题，但前提是要清楚地表达自己的想法。

> 住在隔壁的年轻人经常大声放音乐到深夜，让哈罗德很恼火。这种欠考虑的行为让哈罗德烦不胜烦，于是他决定给他们一个教训。一天晚上，哈罗德把扩音器放在隔壁的墙上，在凌晨两点大声播放一些老歌。"这会让他们长记性的。"他心想。如果你问哈罗德他有没有和邻居谈过，告诉他们深夜的音乐对自己造成了困扰，哈罗德会说："这个嘛，他们现在肯定知道了！"

或许是这样，但他们可能并没有意识到自己的噪音问题，甚至没有把哈罗德的做法和自己的行为联系起来。即使他们确实接收到了信息，如果理性的请求也能起到同样的作用，为什么还要拿出强硬的手段让大家不好受呢？

正如我们在与他人交往中经常遇到的那样，对自己的想法避而不谈往往会助长怨恨情绪，导致不必要的对抗行为。哈罗德总会争辩说，坦率的沟通并不总能解决问题。确实如此。但这么做会提高我们的需求得到满足的可能性，也是一个不错的开始。像报警、给房屋中介打电话或向管理机构投诉这样不留情面的行动，什么时候做都来得及。但通常情况下，我们如果一开始采用旨在和解的沟通方法，就不必走到这一步，也不必遭受不友善的行为带来的压力和恶意。

2. 该做的：有时要懂得拒绝

正如他人有权对我们的要求说"不"一样，我们也有权拒绝自己不想做的事。果敢并不代表始终将自己的需求放在首位。有时我们也会特地为他人做些事，因为他们需要帮助，而我们也乐意帮忙。良好的人际关系需要我们偶尔做出让步，为他人效劳。但有时候，我们完全可以对自己不想做的事情说"不"。学会拒绝对那些习惯举棋不定的人来说尤为重要。

> 托尼喜欢各种类型的音乐，收藏了1000多张CD。当朋友肖恩翻看他的收藏并从中掏出几张CD时，他吃了一惊。肖恩带了些自己收藏的CD，想和他交换。虽然托尼并不想跟肖恩交换，但不愿意让他失望。于是托尼同意了，但随后为此气恼了好几个星期——"那个混蛋！他为什么不能自己去买？"

我们违心地答应做某事或表示自己并不介意后，就会愤怒和怨恨。这就是立场不坚定的代价。

抑制果敢沟通的信念	理性信念
别人让我做事，我就应该答应。	我没有义务去做别人让我做的事，我可以拒绝。
我永远不应该优先考虑自己的需求。	我可以适时地把自己的需求摆在首位。
我的一言一行都要得到别人的认可。	我有权说别人不认同的话，做别人不认同的事。我可以按照自己的价值观和信念行事。
我不应该提出自己的诉求，大家会讨厌我的。	我可以表达自己的意愿。别人有权利拒绝，我也有权利提出要求。
我应该像其他人一样努力"融入"。	跟其他人不一样也没什么，我没必要和他们想法、感受或行为一致。
如果有人给了我建议，我就应该接受。	我可以不理会他们的建议。

续表

抑制果敢沟通的信念	理性信念
我不重要——别人比我重要。	我和其他人一样重要。我有权说出自己的想法，也有权表达自己的诉求。
如果有人陷入了麻烦，我就应该帮助他们。	我不必为其他人的问题负责。

3. 不该做的：拖延沟通

当你需要解决一个问题，但一想到要沟通就觉得不舒服，你会怎么做？拖延？暗示？把它划为难题，希望将来自己能有勇气面对？想要避免不愉快的情况，会让我们无法与伴侣、家人、朋友和同事建立健康的关系。

我们现在就面对问题而不是拖到以后，可以防止事态升级并减轻压力。问题一被提出，就有机会得到处理，而如果我们进行了适宜的沟通，就可以解决问题。虽然无法保证沟通总能让我们如愿，但可以肯定的是，如果我们避而不谈，什么都不会改变。

拖延或回避沟通无法解决问题，还会让紧张升级。而当问题终于被放到台面上时，累积的怨恨往往会扭曲问题的严重性，导致愤怒爆发。

瓦尔经常使用电暖器，她发现同事莎伦没有事先商量就把电暖器借给了隔壁办公室的人，这让她很生气。她不是礼貌地请求莎伦把电暖器要回来，而是自己生起闷气。她几乎一整天都一言不发，只偶尔低声嘀咕几句。最后，莎伦问她怎么了，瓦尔爆发了："你为什么要把我们的东西借出去？我没有话语权吗？你为什么不先问问我？"尽管瓦尔感到恼火是很正常的，但她的疏远表述造成了无谓的隔阂，导致她们在接下来的两周都关系冷淡。这种情况非常普遍。拖延沟通会导致紧张升级，并在人际关系中制造不必要的芥蒂。

如果有什么问题需要处理，现在就去做。但有一种情况除外：在我们非常愤怒的时候，冷静一段时间才是好主意。把交涉推迟几小时或几天，我们才有时间冷静下来，从而更理性地看待问题。

4. 该做的：坦诚以对

大多数人在生活中都有不够坦诚的时刻。我们说谎通常是为了表达友善或照顾他人的感受，有时则是为了保护自己或规避冲突，如"如果我坦白，她会不开心"或是"我说实话会让他生气"。还有些人说谎是为了震慑他人，或控制别人按自己的意愿行事。

你可能会说，有时"善意的谎言"或不把真实情况和盘托出可以避免对他人造成不必要的伤害或冒犯。因为不想参加聚会而告诉朋友你有约了，或者告诉沮丧的朋友新发型看起来还不错，这些做法都没什么问题，但在多数情况下，谎言会造成人与人之间的隔阂。我们因此无法解决真正的问题，别人也无从得知我们真实的想法和需求。谎言破坏了信任——健康关系的基本要素。我们一旦知道自己受到了欺骗，就很难再信任对方。虽然保持友善、圆滑并尊重他人的感受很重要，但健康的人际关系是建立在坦诚沟通的基础上的。这就意味着我们要不加隐瞒、如实地表达自己的想法。

曼迪开始和她最好的朋友瑞秋非常讨厌的一个男人（瑞秋说他是

"彻头彻尾的混蛋")谈恋爱了。曼迪不想遭到瑞秋的反对，于是向她隐瞒了这件事。她有时闪烁其词，有时谎称自己的男友另有其人。最后，瑞秋发现了真相，非常愤怒。不是因为曼迪跟谁恋爱，而是因为她对自己撒了谎。曼迪没对瑞秋说实话是因为想得到瑞秋的认可，但最终，她的谎言却造成了隔阂和不满。

不坦诚会给人一种背叛感，它会破坏信任，毁掉一段友谊。果敢意味着做好准备告知别人实情，即使我们知道对方不一定会支持我们。

劳拉自尊心低下，因此试图通过夸大自己的成就来提升形象。多年来，劳拉吹嘘着自己并不存在的大学学位、名人朋友、好工作以及高收入。

然而，说假话或夸大其词的问题在于事情总会败露，说话者会因此失去信誉。劳拉夸大事实是为了震慑他人，但她越是努力这么做，事情就越不如意。我们一旦了解某人不诚实，就不会尊重他——谎言会把人推开。

5. 不该做的：**自动防御**

也许有效沟通和解决问题过程中最大的障碍是，我们接收到他人的批评或消极反馈时，很容易感到有威胁并进行防御。有些人特别敏感，总觉得别人是在批评自己。这通常源于低自尊——对自身价值的怀疑让我们对可能威胁到自尊的信息很警觉。"如果有人批评我，那就意味着我有问题"以及"批评意味着拒绝"等核心信念会让他人的消极反馈感觉像是生死攸关的问题。因此，我们要么进行防御，要么继续进攻。另一方面，拥有健康自尊的人并不太在意批评或消极反馈。秉持我们"没问题"的固有信念，我们能够接受消极的反馈，而不会感到有威胁。

正如我们感谢他人坦然地接受我们的话一样，他人也是如此。倾听和建设性地回应批评是一种宝贵的能力，有助于我们了解自己，与他人达成共识，一同寻找解决方法，并最终与他人和睦相处。

6. 该做的：表示肯定

当有人对我们所做的事情感到不安或愤怒时，虽然我们有时可以为自己申辩，但这种做法通常只会火上浇油。试图不惜一切代价证明我们是对的、对方是错的，就会错过重点——人们往往只是希望别人能把自己的话听进去。我们如果不争吵，也不为自己辩护，而是尊重对方的感受和担忧，会怎样呢？这种情况下，我们会表示自己理解了对方对这件事情的想法和感受。（当然，如果你真的不理解，就要请对方先解释清楚。）我们如果认为自己对此负有责任，就要承认；如果我们真的感到很抱歉，就要道歉："我看得出来，你一定很难过。我真的很抱歉。"

肯定他人的顾虑，并不代表我们对事情的看法一致，也不代表我们同意对方的观点。我们如果不认为错的是自己，就无须担责或道歉，但至少我们可以表示自己理解对方的想法。对于生气或沮丧的人来说，自己的感受得到肯定是最令人满意的经历之一，可以消解所有的伤害和怨恨，有时甚至可以放下经年累月困扰他们的问题。

西尔维娅从小就觉得父母更爱她妹妹。多年来，这一直是她痛苦的根源。终于，在 38 岁时，她决定和母亲谈谈这件事。西尔维娅没有责怪或谴责她的父母，而是回忆了很多她认为自己受到不公平待遇的童年经历，告诉他们自己感到多么不受喜爱和沮丧。

很多家长或许都会遇到这种情况。西尔维娅的母亲要么做出防御性的反应来火上浇油，要么通过肯定女儿的经历来帮助她消解过去的痛苦。比较以下两种回应可能造成的结果：

  防御式回应：这完全是胡说八道。我们对你俩的爱是一样的，你觉得不公平，那只是你的想法。你总是把所有的问题都归咎于我们。

  肯定式回应：亲爱的，那时你有多难过，我真是无法想象。我们忙着解决自己的问题，又不太懂怎么为人父母，所以我想我们犯了很多错误。你总觉得自己在爸妈眼里不是最重要的，一定很痛苦。

表示肯定可以解决积累多年的棘手问题（如上文中的例子），也适用于日常生活中出现的更为普遍的问题。

- 我知道等待是很折磨人的。很抱歉，我回来晚了。
- 我明白，如果我不帮忙，你很难一个人给孩子喂奶、洗澡，哄他睡觉。你一定很累吧？现在工作上的事情很多，所以我没办法早点儿回家。但忙过这段时间，我会想办法改变的。
- 被人那样说一定很不好受。我会找经理跟进的。

7. 该做的：给出积极反馈

当别人做了让我们不高兴的事情时，我们表达担忧是很重要的。而当他们做了让我们高兴的事情时，我们表达感激同样重要。积极的反馈有助于创建人与人之间的联系，并强化我们想要鼓励的行为。他人知道我们对此很欣赏时，就会更愿意继续做。给出积极的反馈并不复杂，比如：

- 我真的很感激你这么努力地和我朋友聊天。
- 我很高兴我们现在对彼此都更开诚布公了。
- 我看得出你在努力帮忙做家务，我真的很感激。
- 你现在不总是气鼓鼓的了，我很喜欢和你在一起。这几天和你聊天轻松多了。
- 我知道你想去看那场比赛。我很感激你选择来我这儿。
- 你变得更果敢自信了，我很喜欢你这样。这样我就知道你的想法了。
- 你是我的好朋友。我很感谢你的支持。

8. 不该做的：偏离主题

在争论或愤怒的你来我往中，我们有时会发现自己提起了与所谈论的主题并不相关的问题，通常包括曾经的伤害、不公或失望——例如"我真正需要你帮助的时候，你却让我失望了""为什么你从来不肯承认我做得还不错""你对你的朋友比对我更用心"。这些过去的伤害有时与眼下的问题关系不大，有时则毫无关系。我们翻旧账纯粹是为了加强防御，就好像在说"我有证据证明你不怎么样"。

在《建立真正坚固的纽带》（*Really Relating*）一书中，大卫·詹森

（David Jansen）和玛格丽特·纽曼（Margaret Newman）提到了我们背负的"麻袋"。麻袋被用来比喻我们随身携带的所有过去的伤害和怨恨。这些问题可能已经默默地酝酿了好几年，直到在一场关于其他问题的争吵中爆发。

可问题是，提及过去的伤害会破坏沟通的过程，并阻碍问题的解决。这会让我们突然抛弃主要矛盾，开始争论些次要问题。对任何沟通而言，最大的挑战都是如何保持对当前问题的关注。这并不是说重新审视过去悬而未决的问题是毫无意义的。有时候，谈论过去的伤害可以疗伤，是值得的，但问题是时机不对。选个其他时间来谈谈这些尚未解决的问题也许值得尝试，但在沟通其他问题时翻旧账却是于事无补的。

9. 该做的：保持冷静

愤怒的一个主要缺点是，它会妨碍我们发现建设性地解决问题的机会。一旦我们陷入激动的情绪，对方就会感到有威胁，场面也会变得更加紧张。因此，要留心我们的声音、措辞和肢体语言。尽量通过冷静、理性的发言来确定谈话的基调，避免传递疏远的信息，不要被无关的问题转移重点。如果谈话的基调变得不友善，就向对方指出——"我们好像又情绪上头了。试着冷静点，把注意力放在问题本身。"如果争执仍然很激烈，最好冷静一段时间，等情绪稳定下来再继续讨论。

10. 不该做的：避而不谈

坦诚地谈论自己的想法和感受，有时会让我们感到不适。有些人为了避免这种不适，会对问题避而不谈。这么做虽然会让他们暂时松一口气，但并不能解决问题，还会造成新的麻烦。除了少数例外，逃避讨论是处理人际关系问题时最无益的方式之一。回避沟通的行为通常源于这样的信念："谈论这件事会让我感到不舒服，不舒服不是一件好事"以及"如果不谈论这件事，问题就会自己消失"。

有时候，人们会为了惩罚对方（通常是伴侣或家庭成员）而故意回避沟通。他们知道这样做会让对方感到沮丧，因此会从中获得一种掌控感——"我知道她想谈谈这件事，所以我才不会给她这个机会！"当然，这是彻头彻尾的自我挫败行为。因为如果问题得不到解决，双方的关系也不可能令人满意——最后只会两败俱伤。

> 贾丝廷和丈夫诺埃尔结婚10年了。在此期间，她多次试图和诺埃尔谈一谈自己关心的问题，但每次诺埃尔都会生气地走出房间。在持续失望几年，留下一堆没有解决的问题后，贾丝廷终于忍不了了。她收拾好行李搬了出去，只留下一张简短的字条，说明她受够了。诺埃尔悲痛欲绝，对他来说，分手非常突然。"她为什么不告诉我她这么不开心？"他心想，"如果我知道，我就不会这么做了。"她试过跟你交流，诺埃尔，但你一直拒绝，记得吗？

拒绝沟通虽然并不一定会导致婚姻破裂，但确实会导致问题得不到解决，从而滋生怨恨。当问题得不到探讨，关系就会受到影响。

11. 该做的：要求对方讲清楚

有时候我们接收到的信息是模糊或不明确的：对方似乎冷淡易怒；对方无缘无故地忽视我们；对方话里有话；或者对方很久没和我们通电话，我们会怀疑他/她是不是生气了。我们对信息的误读会导致不必要的伤害、紧张和糟糕的感觉。如果你对接收到的信息不太有把握，那么就要求对方讲清楚。

- 你最近好像很安静。我做了什么让你不高兴的事吗？
- 很久没有你的消息了，一切都好吗？
- 我们第一次说起这个想法的时候，你似乎很兴奋，但现在你听起来没那么热情了。我想知道你是不是改主意了。
- 打电话的时候你好像很想见到我，可现在我来了，你却显得不耐烦，发生什么事了吗？
- 你说过恋爱中的人需要一些私人空间。你是希望我们也这么做吗？

练习 10.2

阅读下列 10 种情况，思考相关问题：

a. 思考你遇到这种情况时会怎么做（说出你的真实想法）。

b. 对那些你不会果敢应对的情况，写下让你退缩的信念，以及可以帮助你果断应对、更合理的认知。

c. 写下在这种情况下得体、简洁、果断的陈述（参考答案见书后）。

1. 朋友让你帮她撒谎，而你不愿意这样做。
2. 售货员已经为你忙活了 40 多分钟，一直热情地有求必应。你觉得有的商品还行，但不确定要不要买。你知道已经占用他很多时间了。
3. 你接到一个两年前在海外旅行时认识的人的电话。她说她想来你家住"一段时间",你不太愿意让她过来。

4. 你和朋友们在一家价格不菲的餐厅吃饭。你没有喝酒,但其他人喝了很多。仅酒水一项,每个人就要分摊很多钱,但算账的时候,没有人觉得你应该少付些。

5. 你的一个同事习惯在你准备工作的时候坐到你旁边说话。

6. 看电影的时候,你对坐在后面的两个人说过不要再聊天了,可才过了 10 分钟,他们又开始说话了。

7. 你在给屋前的花园浇水,一条狗在你的地盘上拉了屎。遛狗的人没有把狗屎捡走。

8. 家里来了一群朋友,其中一个人点了根烟,可你家里是禁烟的。

9. 你在餐厅点了咖啡,端上来的时候已经不热了。

10. 一个朋友 4 个月前找你借了 200 元钱,但她似乎已经不记得这件事了。

小　结

◇ 有效沟通的技巧让我们能与他人和睦相处、解决问题,并在多数情况下满足自己的需求。

◇ 回避和疏远信息是人际关系中沟通不畅现象最为常见的原因。

◇ 疏远信息会释放不友善的信号,使对方产生防御反应,从而降低成功沟通的可能。

◇ 友善地与人沟通并尊重他人的需求,更有可能满足自己的需求并保持健康的人际关系。

◇ 促进沟通成功的技巧有果敢地提出要求、运用以"我"开头的陈述，以及给出完整的信息。

◇ 良好沟通的要素有尊重他人的权利、明确且坦诚地沟通、肯定他人的感受，以及在适当的时候给予积极的反馈。

◇ 不良的沟通习惯有不友善的态度或言论、防御反应、避而不谈、拖延沟通，以及偏离主题。

第十一章

获得幸福

> 为什么要寻求个人幸福？因为你会活得更好。你的欲求、目标和自我价值，除了你自己，谁又能替你实现呢？
>
> ——阿尔伯特·埃利斯

我们的很多决定和行为都源于对幸福的渴望。无论是利己还是利他，是工作到65岁还是提前退休，是去上大学还是放弃学业，是把房间收拾得一尘不染还是不做家务，是经常度假还是待在家里，是开始新恋情还是决定分手，是迎接新生命还是选择不要孩子，是去健身房还是宅在家里看电视，我们多数行为的目标都是当前或未来的幸福。

虽然人人都希望得到幸福，但很少有人能清楚地定义什么是幸福。同哲学家和社会学家一样，"幸福"一词也让心理学家十分纠结。受众最广泛但不够全面的定义：幸福是一种主观上舒适、健康的状态。关于幸福的特征，人们有很多不同意见。一些专家认为，幸福是一种持久的人类特质——始终认为生活美好、有意义且令人愉悦。也有专家认为，幸福是一种暂时的状态——人们有幸福的时刻，但不会一直感受到幸福。无论如何定义幸福，有些人似乎比其他人更容易对自己的生活感到幸福和满足。

20世纪60年代以来，对幸福的研究就已见诸文献。许多学者试图衡量人们的幸福感，找出幸福的指标。20世纪80年代末，两位美国社会心理学家戴维·迈尔斯（David Myers）和埃德·迪纳（Ed Diener）分析了跨越16个国家的17万人的反馈，衡量了全球范围内的幸福感和影响幸福的因素。他们惊奇地发现，即使身处不同的国家、有着不同的文化背景，人们判定幸福与否的标准也都十分相似。研究发现如下：

与幸福相关或无关的因素

财富："金钱买不到幸福"这句老话并非毫无依据。高收入人群未必比低收入人群更幸福。但贫困人群例外，他们往往远不如其他人幸福。例如，在印度和孟加拉国这样极度贫困的国家，穷人比富人幸福感低。看起来只要有足够的钱购买生活必需品，人们就能感到幸福，而拥有再多物质并不会提升这种幸福。

年龄和性别：这些与幸福感无关。在每个年龄组，无论男女，幸福和不幸福的人数都是相当的。种族和教育水平也与幸福感无关。

工作：工作对幸福感有着重要的影响。能够在工作中获得职业自豪感、认同感并找到目标或友谊的人更容易感到幸福。

兴趣爱好：这一因素同样有助于提升幸福感。我们对所做的事（如高尔夫、园艺、音乐、写作、网球、桥牌、保龄球或舞蹈）满怀热情并投入其中，更有可能感到幸福。

目标：目标也会影响人的整体幸福感。有使命感和目标感，为我们认为重要的事而努力，会让我们感到幸福。

人际关系：人际关系的质量是幸福最有力的指标之一。拥有亲密、忠诚且持久的人际关系的人，幸福感更高。与看似朋友众多但都不算亲密的人相比，这些人更幸福。婚姻美满也是一大指标。一个婚姻不美满的已婚人士的幸福感还不如单身人士。

宗教：与无宗教信仰的人相比，虔诚的信徒更幸福。这可能是因为宗教信仰会带给人一种联系感和目标感，并为他们的生活赋予意义。虔诚的信徒常参加社区团体活动，会从中获得良好的社会支持，这也可以解释为什么他们更容易感到幸福。

积极的生活方式：幸福的人活得积极、有活力，而且比不幸福的人更少关注自己。

幸福者的个人特质

研究人员还发现了四个与更高程度的幸福相关的重要个人特质。

较高的自尊：与低自尊人群相比，认可自己的人更幸福。

掌控感：感到能掌握自己生活的人更幸福。

乐观：对未来感到乐观的人更幸福。

外向：性格外向、不孤僻的人更幸福。

从此项和其他研究中可以得出结论，幸福是由我们的个人特征（如自尊水平、掌控感、外向和乐观）和生活方式（如工作、兴趣、目标和人际关系）决定的。

本书探讨的重点是我们的思维，即如何更好地了解自己，辨识那些让我们不快乐的认知（愤怒、悲伤、焦虑、抑郁、沮丧或无用感），并有意识地努力改变。本书提供的认知和行为技巧可以帮我们积极地面对可能导致不良情绪的情况，并培养更多会让我们感到幸福的特质——对生活的掌控感、较高的自尊、乐观态度，以及大胆与人交往的意愿。

生活方式

我们以怎样的方式日复一日地生活，会对我们的感受产生巨大的影响。生活方式决定我们是快乐还是悲伤，是紧张还是放松，是孤独还是合群，是健康还是患病，是无聊还是享受刺激，是满足还是不甘。我们如何支配时间，往往反映出我们看重什么。例如，你如果把大部分时间都投入了工作，可能是因为你认为工作和它能赋予你的东西是很重要的；你如果在娱乐上花了很多时间，可能是因为你认为玩得开心很重要；你如果花了很多时间学习，那是因为你认为教育和它最终能带给你的东西是值得的。

但是，有时，我们的信念和生活方式并不一致。例如，你可能认为健康很重要，却在运动和培养健康的生活习惯上很少花时间；你可能认为人际关系很重要，却没怎么努力维系友谊或花时间陪伴喜欢的人；你可能认为活得惬意很重要，却很少花时间做自己喜欢的事情。

关于如何支配时间，并没有正确的答案，但反思现在的生活方式，问问自己它是否与我们的价值观和目标一致，却会很有帮助。本节结尾处的"自我评估练习"（第349页）能帮我们回顾关于生活方式的方方面面，并找出可以调整的地方。问问自己下面的问题：

◇ 你对现在的生活方式有多满意？

◇ 它是否反映了你看重的事情？

◇ 它是否让你感到幸福？是否有助于你保持身体健康？

◇ 它会满足你未来的期望吗？

对大多数人来说，拥有均衡的生活方式会增加感到幸福的可能。这意味着要把时间和精力分散开，不要都投入一件事情上。有些人过于依赖生活的某一方面，一旦发生变故（如裁员、离婚、健康或经济问题等），就会陷入各种麻烦。我们将精力花在不同的事情上，不仅从长远看来更为稳妥，也能让当下的生活更丰富和满足。

虽然有回报的选项很多，但把时间和精力均衡地分摊在下列各个领域对我们是有好处的：

◇ 工作/日常事务　　　　◇ 兴趣/休闲活动

◇ 脑力刺激　　　　　　◇ 保持健康的活动

◇ 人际关系

1. 工作/日常事务

你对自己一周的时间分配满意吗？无论是工作还是其他方面。

大多数人在参与日常事务或活动时感觉很好。不一定要每周固定几天或几个小时，但花时间去参与些日常性的活动会带来很多好处，有偿工作可以，志愿工作、教育培训或兴趣爱好也可以。日常事务为我们一周的生活搭建了一个框架，也给了我们早上起床的理由。虽然我们可能更喜欢睡懒觉，但日常安排会使大多数人更加自律，因而有更好的心理感受和行为表现。

工作或日常性事务还可以提供精神刺激、社会接触、愉悦感、目标感、成就感、自我效能感、个人满足感，以及高度自尊等诸多好处，并降低抑郁的风险。事实上，令人满意的工作是整体生活满意度的一个关键指标。

当然，工作也可能沉闷乏味、充满压力，让人心灰意冷。对一些人来说，辞职或退休才能最大限度地改善他们的生活。具有讽刺意味的是，工作可能是我们幸福和满足的最大源泉，也可能是我们痛苦、压力、孤独和健康问题的根源。

空闲太多或爱好太少会让我们陷于情绪低落和抑郁的风险之中。有些不从事带薪工作的人也可以通过志愿工作、教育培训或兴趣爱好等体验令人满意的工作带来的诸多好处（如规律生活、社会接触、刺激、目标感等）。

2. 兴趣／休闲活动

你会进行怎样的休闲娱乐活动？你的生活足够有趣吗？

我们为愉悦和放松身心而做的所有活动都属于休闲活动。不同的人喜欢做的事也不一样。常见的休闲活动有体育运动、做手工、徒步、航海、看电影、外出就餐、玩社交媒体、制作艺术品、打桥牌、演奏乐器、玩电脑游戏和跳舞等。休闲活动是快乐和放松的源泉，让人们得以摆脱按部就班的生活，平衡生活中其他方面的需求和压力。不工作的好处之一就是会有更多休闲活动的时间。

在现代西方国家，看电视是最受青睐的休闲活动。有些人对此颇有微词，因为很多节目质量不高，一些商业电视台还经常播放广告。看电视也是一种被动消遣，它占用了我们参与其他活动的时间，阻碍了社交互动，让我们无法参与更有创意或更具挑战的活动，对每天看好几个小时电视的孩子来说尤其如此。虽然电视可以提供娱乐、信息、放松和精神刺激，但沉溺其中或不加辨别却会对我们的生活造成消极影响。沉溺于电视节目会导致我们减少其他更有价值的追求——阅读、与人交谈、解决问题、散步、讨论、娱乐、运动等。对电视节目不加辨别，就是把自己置于垃圾信息和无聊的广告之中。明明有其他很多有意义的事情可以做，为什么要这样呢？

有些人在参加休闲活动时会感到内疚，因为他们觉得自己应该总是"高效"地利用时间。这源于童年时期的僵化信念：让自己愉悦比不上努力工作并产出切实的成果。但如果不能轻松、愉快地投入休闲活动，就无法充分享受其中的乐趣，三心二意地参与又有什么意义呢？

3. 脑力刺激

你会怎么刺激脑力？

我们的大脑喜欢刺激。对大多数人来说，获取新知识、批判性思考、挑战自己的想法和解决问题是最令人满意的体验之一，因为它们让大脑得到了锻炼。许多活动——阅读、写作、学习、解谜、工作、看高质量的电视节目、听收音机、玩游戏、看电影、看话剧和与他人讨论问题，都能锻炼脑力。事实上，我们很多人最喜欢的莫过于在吃饭时和朋友好好辩论一番。

刺激脑力的活动本身就是一种享受，还可以丰富我们的生活，并让我们在上了年纪后依然头脑清晰。"用进废退"这句话不仅适用于各个身体部位，同样也适用于大脑。此外，影响"右脑"的活动，即在"精神层面"打动我们的活动，如音乐、艺术、诗歌、舞蹈、戏剧、冥想或任何创造性爱好，有助于我们保持大脑中掌管智力和创造力的区域之间的健康与平衡。

4. 保持健康的活动

你对自己的健康有多负责？

对古人来说，身体健康是个运气问题——你幸运的话就会健康，否则就会生病或早逝。医学研究逐渐明确了行为与健康的关系之后，我们认识到选择不吸烟、常运动、均衡饮食、充足睡眠、不酗酒、不吸毒等健康生活方式的重要性。近年来，压力管理和支持性的社交关系也被纳入健康的生活习惯。尽管决定我们身体状况的"基因彩票"仍然有运气的成分，但对生活方式的选择会对我们的感受和寿命产生巨大的影响。令人惊讶的是，很多人明明知道要怎么做才能最大限度地保持健康，却并不会这样做。

与健康的生活方式相关的自律表现在一定程度上取决于挫折忍耐力。低挫折忍耐力会破坏对达成目标的渴望，因为我们会耽于眼前的满足而不顾长期的利益（见第四章）。激励自己放弃吸烟、暴饮暴食、酗酒、滥用药物或不运动等自我挫败行为，需要将健康作为重中之重。此外，还需要设定明确的目标，制订行动计划，做好准备应对一路上不免会遇到的障碍（见第九章）。

5. 人际关系

你有多少时间是和喜欢的人一起度过的？你会优先考虑人际关系吗？

人是社会性动物。我们喜欢和他人交谈和相处，因为这是我们从出生开始展现的天性。虽然我们可以很快乐地享受独处的时光，但在本能层面上，还是喜欢和他人相处。

社交关系的质量是我们整体幸福感的重要决定因素。因此，改善与他人关系的行为也会让我们更幸福。良好的人际关系有很多好处——既有情感上的，也有实际意义上的。它们满足了我们对社交联系和归属感的需求，给予了我们安全感、自我价值感和愉悦感，并提供娱乐活动和脑力刺激。当我们试图解决问题时，其他人可以提供想法、有用的信息、崭新的视角，有时还可以提供实际的帮助。一些研究发现，强有力的支持性关系不仅有益于心理健康，也有益于身体健康。

与女性相比，男性有一些不同的社交行为，非常有趣。在大多数家庭中，男性几乎不承担维护与伴侣和直系亲属以外的社交联系的责任。这一职责更多地由女性承担。她们更可能主动和朋友联系，也更可能同家庭以外的人（通常是其他女性）建立亲密的友谊。虽然良好的社会支持对男性和女性同样重要，但男性一般不太愿意主动接触他人或维护社会关系，因此在交朋友、建立亲密关系和社会支持方面往往更依赖伴侣。出于这个原因，男性在婚姻破裂或失去亲人时往往缺乏支持。事实上，与女性相比，失去配偶对男性健康的损害往往更大，这主要是因为男性可获得的支持更加有限。

虽然拥有一段充满爱和支持的感情是一件很美好的事，但仅仅依靠一个人来满足所有的情感需求是有很大风险的，就像把所有鸡蛋都放在一个篮子里。更安全、更有益于心理健康的做法是至少发展几个亲密的朋友，而不是依靠一个人来满足全部社交和情感需求。

令人满意的人际关系需要从两个基本方面维护：时间和沟通。为了维护支持性的关系，我们需要给对方提供自己的时间——花时间和对方相处，有时需要主动联系对方。生活忙碌的人可能会觉得这很难。工作压力大，要承担家庭责任或是有了新的兴趣爱好都会让我们断了和朋友的联系。幸运的话，我们会及时意识到自己的错误并做出弥补；否则，孤独、孤立或抑郁最终会让我们意识到忽视朋友的代价。一起参加日常活动，如看电影、听音乐会、吃晚餐、看比赛、散步或运动，都可以让我们和朋友保持联系。

良好的人际关系的第二个方面是开诚布公的沟通。自我表露——坦诚地谈论我们的经历、想法和感受可以帮我们制造与其他人的联系。无论我们多想和他人交朋友，在沟通时始终戴着面具、语气正式或进行一些掩饰的行为会在彼此之间竖起一道墙。良好的人际关系需要我们进行自我表露和坦诚的沟通。当然，这并不意味着每次谈话都要深刻且有意义地剖析内心，而是意味着我们要愿意坦率地交谈，并不时表露自己的感受。沟通和其他行为一样，关键是要保持平衡。

6. 我的生活方式有多均衡

我们已经研究过均衡的生活方式的不同组成部分，接下来需要审视一下自己的生活方式了。下面的练习可以帮助我们从各方面反思生活，并突出需要改变的类别。把生活方式分为5个类别，每个都列出10条陈述。逐条阅读，按从1到5的分数来评估你对这句陈述的认可程度。完成后，将圈出的分数相加，并将总分（满分50分）写在每个类别底部的空白处。

自我评估练习：我的生活方式有多均衡？

评估你对下列每句陈述的认可程度。

1= 完全不符合我的情况；3= 偶尔符合我的情况；5= 非常符合我的情况

A. 工作 / 日常活动

1. 我对白天时间的分配是有效/有用的。	1	2	3	4	5
2. 我白天做的工作/日常事务令人愉悦。	1	2	3	4	5

续表

3. 我的工作/日常活动符合我的个性、兴趣和气质。	1	2	3	4	5
4. 我的工作/日常事务会对我产生脑力刺激。	1	2	3	4	5
5. 我的工作/日常事务涉及一些愉快的社交互动。	1	2	3	4	5
6. 我的工作环境很舒适。	1	2	3	4	5
7. 身边的人很重视我。	1	2	3	4	5
8. 我觉得自己的付出得到了足够的回报。	1	2	3	4	5
9. 他人对我的要求是合理的。	1	2	3	4	5
10. 我花在工作/日常活动上的时间是均衡的。我有足够的时间去做我看重的其他事。	1	2	3	4	5

总分　/50分

B. 健康

1. 我会有意识地关注自己的健康。	1	2	3	4	5
2. 我每周至少做四次运动（散步、游泳等）。	1	2	3	4	5
3. 我不抽烟。	1	2	3	4	5
4. 我喝酒适量。	1	2	3	4	5
5. 我饮食均衡、健康。	1	2	3	4	5
6. 我不吃垃圾食品。	1	2	3	4	5
7. 我的生活方式压力不大。	1	2	3	4	5
8. 我不会把自己逼得太紧，会保证自己得到足够的休息。	1	2	3	4	5
9. 我睡眠充足，质量也不错。	1	2	3	4	5
10. 我很少有压力大到反映在身体上的时候。	1	2	3	4	5

总分　/50分

C. 思想

1.	我经常读让我深入思考的读物。	1	2	3	4	5
2.	我经常和他人进行具有挑战性的讨论/辩论。	1	2	3	4	5
3.	我有能开动脑筋的兴趣爱好。	1	2	3	4	5
4.	我在不断丰富自己的思想、观念和知识。	1	2	3	4	5
5.	我积极参与活动，而不是一味旁观。	1	2	3	4	5
6.	我喜欢提问和批判性地思考问题。	1	2	3	4	5
7.	我的很多娱乐活动（如看电视、看电影、听广播）都会引发我的思考。	1	2	3	4	5
8.	我经常参加能在精神层面上打动我的活动（如音乐、舞蹈、艺术、冥想）。	1	2	3	4	5
9.	我不断寻找新事物来学习。	1	2	3	4	5
10.	我的很多日常活动都能刺激脑力。	1	2	3	4	5

总分　/50分

D. 休闲

1.	我有些能得到快乐的兴趣爱好。	1	2	3	4	5
2.	我经常投入令人愉快的活动中。	1	2	3	4	5
3.	我在生活中能找到很多乐子。	1	2	3	4	5
4.	看电视不是我的主要休闲活动。	1	2	3	4	5
5.	我的一些休闲活动是和他人一起参与的。	1	2	3	4	5
6.	我定期休假，从日常事务中脱身。	1	2	3	4	5
7.	参加休闲活动时，我可以真正地放松和享受。	1	2	3	4	5
8.	我在彻底沉浸于休闲活动中时并不会感到内疚。	1	2	3	4	5

续表

9. 我不会逼迫自己工作，而是会定期放松。	1	2	3	4	5
10. 对于大部分参与的休闲活动，我都乐在其中。	1	2	3	4	5

总分　　/50分

E 社会支持

1. 我觉得表达自己的经历、想法和感受并不难。	1	2	3	4	5
2. 我有很多可以信任的亲密朋友。	1	2	3	4	5
3. 我经常社交。	1	2	3	4	5
4. 我一般都很友好并乐于助人。	1	2	3	4	5
5. 我有良好的社会支持网。	1	2	3	4	5
6. 我和多数人相处时都觉得轻松自在。	1	2	3	4	5
7. 我愿意大胆主动地去交朋友。	1	2	3	4	5
8. 我花了很多时间和生命中很重要的人相处。	1	2	3	4	5
9. 当我需要情感或实际的支持时，总有人可以帮助我。	1	2	3	4	5
10. 当我需要情感或实际的支持时，我会毫不犹豫地提出要求。	1	2	3	4	5

总分　　/50分

完成练习后，看看你在5个类别里的得分。一般来说，超过40分说明你做得不错，能在其中获得幸福感和个人满足感。得分在30到40之间说明不太令人满意，需要做出一些改变来提高生活质量。分数较低往往反映出个人满意度不高或可能存在问题。得分低于30分就要注意了，在这些方面做出积极的改变可以提高生活质量，让你更快乐。

这一练习的目的是帮助你反思自己目前的生活方式，并确定需要关注的地方。如果你对目前的生活方式非常满意，它就比问卷上的分数更有意义，你也就没有必要考虑做出改变了。如果你愿意反思自己当前的生活方式，那么请思考下面练习中的问题。

练习 11.1

1. 你现在的生活方式有多均衡？是否有遗漏的地方？
2. 你能做些什么来改善自己的生活方式？
3. 要做出这些改变，你需要克服哪些障碍？
4. 写一份行动计划（见第 288 页），列出为了拥有积极的生活方式你需要做的事。

无论你是否决心改变自己的生活方式，请记住，最好的决定要建立在理性和深思熟虑的判断上，而非简单地屈服于惰性或低挫折忍耐力。

带着目标生活：设定人生目标

我们已经了解，设定目标并努力实现可以帮助我们战胜抑郁，提升长期的复原力（见第八章），也可以帮助我们解决问题，掌控生活中的挑战（见第九章），最后，还可以激励我们做出对生活有意义的改变。

想要完成对我们来说很重要的事情，就要确定需求，制订行动计划并实施。明确人生目标有助于我们专注于自己的信念，并激励我们调动资源为之努力。

我们多数人过着按部就班的生活。我们有时候会为未来做计划——装修房屋、规划明年的假期、定晚餐、预约牙医、面试工作、退休等，但大多数时候却都在应对日常生活中的各种压力和需求。这么做如果让我们对生活更满意当然没有错，但有时候我们也许需要反思一下，现在的生活方向是不是我们希望的。你有没有问过自己："我想要什么？对我来说重要的是什么？5年后我想达成怎样的目标？"

想　象

你想弄清对自己来说什么最重要，一个很好的方法就是想象自己在未来某个时期的生活——也许是三五年后。最好的方式是让别人慢慢地为你读出下面这份启发你思考的模板，而你则闭着眼睛坐着，想象相应的画面。或者，你可以自己读并将其录下来，然后坐在舒适的椅子上，闭着眼睛听回放。想象和放松练习的秘诀是调整自己的节奏。要慢慢地读，每句话之间停顿15秒，让自己有时间去创造并体验这些画面。我很推荐下面这段文字。你可以直接使用或对其进行修改，让它对你更有意义。

想象练习

你看到自己穿梭于时间之中。时间在眼前倏忽而过，你可能会看到螺旋形图案和迷幻的颜色。现在，你发现自己身处另一个时空——5年后的未来。想想现在是哪一年，你多大了。你正朝住的地方走去——从外面往里看——现在你走进前门，往里走。

回到家的感觉怎么样？看看你自己在家里的活动。你在做什么？你看起来怎么样？健康吗？感觉如何？脚步轻快吗？对自己的生活满意吗？比5年前更快乐吗？有了什么变化？生活中有什么美好的事情？

现在，你看到了在人生的这个阶段对你很重要的人。他们和你一起坐在客厅里，有说有笑。谁在那儿？他们在说什么？你对和你在一起的这些人有什么感觉？你最亲密的朋友是谁？现在，让你的访客消失。去你工作的地方，或者每周都会待很久的地方。你在哪里？你在做什么？有人和你一起吗？你喜欢正在做的事情吗？现在，让这一幕消失。

想象自己在做一些喜欢的休闲活动。你会做什么来娱乐或放松？你的兴趣是什么？回顾你迄今为止的生活。哪些事情让你感到骄傲？哪些事情让你特别高兴？哪些事情给予了你满足感？把一些时间投入对未来的想象中。

现在，你看到时间在倒退，螺旋形图案和迷幻的色彩把你带回来。你感到自己轻轻地回到了现实，回到此时你所处的房间，回到了当下。

准备好之后，就可以睁开眼睛了。

花些时间思考刚才出现的画面，然后将其记录下来，要重点留意你希望努力的地方。

以下是人们经常选择设定人生目标的领域。你可以选择其中一个或几个，写下你要对此做出的改变。

写目标的时候要尽量具体，避免模糊的陈述。例如：不要写"人际关系良好"，而要写"和女儿建立亲密、开明而坦诚的关系"；不要写"改善健康"，而要写"戒烟，把血压降到140/70"；不要写"改善心态"，而要写"每次出现了自我批判的想法，就写下另一种观点"。

第十一章　获得幸福　｜　355

可设定人生目标的领域	
◇ 健康	◇ 工作
◇ 人际关系	◇ 物质
◇ 态度	◇ 精神
◇ 休闲	◇ 自我发展
◇ 知识	◇ 其他
◇ 兴趣	

你确定了人生目标之后，不妨重读第九章关于制订行动计划的内容，以指导自己将意图转化为行动。

期 望

我们的生活几乎在每个方面都比上一代人更轻松、舒适了。过去几十年的技术进步和经济增长让我们在物质方面达到了祖辈想象不到的水平。我们有房子、汽车、电视、手机、电脑和用于家庭娱乐的高档设备。和前几代人相比，我们有更多的假期，可以经常去海外。我们拥有省时又省力的设备——洗衣机、洗碗机、冰箱、吸尘器和微波炉。这些让我们的生活更轻松，让我们从烦冗的家庭生活中解放。此外，我们比祖辈们有更多的机会学习、旅行、转行、搬家、发展自己的才能、尽享自己的爱好，以及结束一段不幸的婚姻。有了更多自由和全新的物质享受，人们认为新千年的生活将比以往任何时期都幸福得多。

但是，却没什么证据表明幸福感增加了。事实上，有些人的幸福感比过去还要低。这就是21世纪的悖论。世界卫生组织的一份报告显示，抑郁是目前世界上第三大疾病和致残原因，预计到2030年将上升到第一位。吸毒、孤独、青少年自杀、离婚日益成为不快乐和社会孤立的常见表现。在这些问题后藏着很多因素，包括城市化、失业以及不断变化的社会习惯和价值观，但一个重要却又常常被忽略的因素是我们不断变化的期望。

古罗马斯多葛派哲学家塞涅卡（Seneca）首次指出了期望对我们的幸福感所起的决定性作用。公元50年，塞涅卡发现，对生活不满的人往往对事情应该如何抱有不切实际的期望。如今的大众传媒鼓吹着成功、美丽、浪漫、流行和财富。我们的生活与理想图景的差距从未这样巨大。因此，我们比以往任何时候都更有可能对自己的命运感到不满。我们拥有这么多，却还是期望获得更多。我们倾向于将自己的生活同他人进行比较，所以总觉得缺了点儿什么，总觉得不够好。

生活在现代的人们往往对事情应该如何抱有不切实际的期望。我们期望永远保持年轻的容颜，一旦发现自己无法控制衰老的过程，就会变得绝望。我们期望拥有完美的友谊，一旦朋友和家人没能达到期望，就很容易感到幻灭。我们期望拥有薪水丰厚、有趣、刺激并令人满意的工作，于是会因为没能找到这样的工作而感到沮丧和不满。我们期望结婚或有一段稳定的关系，所以会因为还没找到理想的伴侣而绝望。我们想有完美的孩子和幸福的家庭，一旦现实不如预期，就会感到失望。我们想有一个吸引人的家，有很多物质享受。我们想完成很多重要的事情。总之，我们的很多期望都让自己对当下的现实感到不满。

逐渐改变我们的期望

在人生的不同阶段，面对新的状况，我们总要不断调整自己的期望。我们面对的一个最大的挑战就是年龄。在这一生中，我们需要改变对外表、身体和脑力的期望。年龄会带来一系列的身体变化：皮肤开始下垂，出现皱纹；头发变得稀疏、花白；大腿变粗，肚子凸出，肌肉开始前所未有地松弛；视力、听力、记忆力变差；连嗅觉和味觉也会衰退。只要我们在前行的路上调整自己的期望，这些都不是问题。

随着时间的流逝，我们需要适应不断变化的人生阶段——从童年到青年、开始工作、为人父母、退休和老年。每个新阶段都会有新的挑战、责任和回报。明白人生是由一系列阶段组成的，并在每个新阶段开始时调整自己的期望值，可以帮助我们实现人生阶段的平稳过渡。如果我们的期望不切实际或未能随时间的推移而调整，我们就会感到恐惧、愤怒或抑郁。

2001年，汽油首次涨到每升1元时，澳大利亚人吓坏了。他们已经习惯了每升0.8元，不免觉得新定价太高了。可随后，当价格攀升到每升1.4元的时候，每升1元的价格突然便宜得令人难以置信。以前看似离谱的事，现在看却像是占了便宜。同样是每升1元，给人的感觉却很不一样。我们觉得自己是吃了亏还是占了便宜，并不是由付了多少钱决定的，而是由我们对价格的期望决定的。

有条件的幸福

很多人认为，自己只要能克服某种障碍就能获得幸福，无论这障碍是糟糕的工作、不听话的孩子、没还清的房贷还是不幸的婚姻。因此，我们将幸福搁置在一边，专注于自己的困难，想着如果有一天所有的问题都被解决，或是实现了某个重要的目标，就可以坐下来感受幸福了。

- 等我完成学业，生活就会轻松多了。
- 等我找到合适的工作，我就满足了。
- 等我从家里搬出去，我就会幸福得多了。
- 等我赚得够多，经济上有了保障，我就能放松了。
- 等我遇见对的人，我就会幸福了。
- 等我有了孩子，我就会感到充实了。
- 等孩子们离开家，我就可以轻松了。
- 等我写完这本书，我也许就能享受生活了。

待某件事尘埃落定后才感到快乐这种策略并不可靠，原因有两个。首先，我们错过了充分体验和享受当下的机会。这是一种浪费，因为我们眼下的生活只能在眼下体验。记得"这不是彩排，而是真实的人生"这句话吗？把幸福留待以后，意味着我们错过了今天。而一旦我们错过了，就再也没有机会重来一次了。

其次，把解决问题作为幸福的条件可能让我们永远都感觉不到幸福，因为问题会一直伴随着我们。一些问题解决了，还会出现新的问题——世事如此。困难的不是期望所有的问题都会消失，而是去解决可以解决的问题，接受无法改变的问题，并把注意力放在自己已经拥有的美好事物上。

注意力的转移

努力把注意力从让我们痛苦的事情转移到让我们幸福的事情上,会对我们的感受产生很大的影响。

让我们痛苦的事	让我们幸福的事
所有不让我们顺心的问题	所有进展顺利的事
不公平的事	幸运的事
拒绝我们的人	关心我们的人
我们的失败	我们的成就
我们的缺点	我们的优点
我们错过的事	我们经历过的事
我们失去的东西	我们得到的东西
他人的缺点	他人的优点

我们已经了解到,不切实际的期望以及对我们认为生活中缺失的事物的专注会让我们无法幸福。反之亦然,拥有合理的期望,养成承认我们所拥有的一切美好事物的习惯,则会令我们感到幸运和满足。每个人的生活都有积极和消极的一面——成功和失败,愉快和失望,失去和得到,疾病和康复。秘诀就是要专注于自己已经拥有的美好事物。我们把太多事物视为理所当然的。但只要努力寻找,就会发现很多值得庆祝的事情。

每日感恩清单

每天写一份感恩清单可以帮助我们铭记自己拥有的美好事物,包括每天早上或晚上花5分钟想想拥有的、值得感激的事情。感恩始终是祈祷的主要内容。很多宗教都敦促信徒对拥有的事物表达感激之情，包括餐桌上的食物、头上的屋顶和爱人的健康。不是只有大事件才值得感恩。我们可以学会欣赏生活中每一个积极的方面，无论它们多么微小——终于出色地完成一项任务，接到晚餐的邀请，看到超棒的电视节目，对宠物的喜爱，透过窗户感受阳光，回答孩子们天真的问题。我们只要每天花几分钟列一份感恩清单，就能极大地改变自己的感受。例如，这是我昨天写下的。

我感激的事：

1．今晚和苏在电话里聊得很开心。

2．今天读报纸带来乐趣。

3．早晨散步后感到自己恢复了活力，心情也很好。

4．伤口在慢慢愈合——困扰着我的这个问题终于慢慢消失了。

5．我的背感觉好多了。

6．我终于打了一直不想打的那个电话。

7．此刻我内心很平静。

8．我现在还能思考和写作。

9．我的书有了进展。

10．天气好，我穿着T恤。

练习 11.2

写下今天的感恩清单。记录生活中进展顺利、让你乐在其中以及你有幸拥有的事物。每天重复这个练习，坚持一周，看看你的感受有什么变化，让它成为你终生的习惯。

小　结

◇ 世界各地的研究表明，拥有令人满意的工作、可以沉浸其中的爱好、亲密的支持关系或宗教信仰的人更容易感到幸福。认为自己幸福的人具有以下特质：较高的自尊、乐观心态、外向性格和掌控感。

◇ 在日常事务与休闲活动、脑力刺激、社会交往和保健活动等方面达成平衡的生活方式也有利于身心健康。

◇ 设定目标并朝着它们努力，可以实现人生的改变，这本身就是一个令人满意的过程。

◇ 不切实际的期望是不幸福的常见原因，发现那些让我们不幸福的期望并对其质疑往往是有用的。随着年龄的增长和生活环境的变化，我们对一些期望进行调整也很重要。

◇ 专注已经拥有的美好事物而不是缺失的东西，会让我们感到幸福。总结每日感恩清单是保持这种专注的有效方法。

第十二章

正　念

不自觉地陷入沉思，是我们所有痛苦的根源。

——美国神经学家萨姆·哈里斯（Sam Harris）

关于本章

本章内容是修订第三版时增添的，因为越来越多的证据表明，正念能够带来心理方面的益处。另一个原因是，如今的心理健康从业者在诊疗时，往往会将正念同认知行为疗法相结合。本章旨在简述正念的基本组成部分、发挥益处的运行机制，以及解释如何将其与本书介绍的认知行为疗法策略相结合。本章并不是正念的完整指南。有许多优秀的读物对正念进行了详述。

正念在西方心理学中的发端

正念的原理源于2000多年前发展起来的佛教传统，被视为一种终止痛苦的途径。在过去的20年里，正念已经从一个佛教概念转变为西方心理健康从业者采用的主流心理学诊疗法。被剥离宗教和文化色彩后的正念渐渐出现在治疗师手册和患者的自助读物中。世界各地的研究评估了正念对各种心理状况（包括焦虑、抑郁、人际关系问题、疼痛和药物滥用）的疗效，其中许多都取得了非常乐观的结果。

研究者们声称正念练习有诸多益处，但这还有待严谨的科学研究来进行验证。人们还没有充分了解正念的潜在用途和益处，以及它解决特定心理健康问题的能力。不过，越来越多的证据表明，经常、持续地进行正念练习确实是有益的。最常见的益处包括：

◇ 增强元认知意识：更加了解头脑中的认知过程，更能意识到自己的想法只是想法，并非事实或真理。
◇ 减少令人疲惫的思维过程：如思维反刍和担忧。正念的练习者似乎更能意识到毫无帮助的重复思维流，并逐渐减少这些过程。
◇ 增强情绪调节：面对不愉快的情绪，更能保持头脑清醒，避免情绪升级。经常练习正念的人情绪平稳，在应对压力时更能保持冷静。
◇ 提高专注力：经常进行正念冥想可以提高专注力，避免其他想法和信息的干扰。
◇ 降低出现心理健康问题的风险：参与"基于正念的认知疗法"进行治疗时，正念可以让有抑郁病史的患者的复发风险减半。还有证据表明，正念对抑郁发作中的患者也很有效，并能辅助焦虑的治疗。
◇ 疼痛管理：作为疼痛管理项目的组成部分进行诊疗时，正念可以提高对疼痛和其他不适的身体症状的应对能力。
- ◇ 其他益处：有证据表明，经常进行正念练习，长远看会使人的情绪和幸福感发生变化，提高生活质量。目前，世界各地的研究中心正在研究正念的其他益处，有望在接下来的几年内提出更多结论。

西方人对正念的兴趣始于20世纪70年代末。当时，马萨诸塞大学医学院推出了针对慢性疼痛患者的正念练习。正念减压疗法（Mindfulness-based Stress Reduction，MBSR）由该医学院名誉教授乔·卡巴-金设计，吸引了患有严重疾病和慢性疼痛却求医无门的患者前来就诊。正念并不是为了治愈疾病，而是为了让患者掌握应对疾病的方法，从而摆脱焦虑、抑郁和痛苦。

在过去20年里，心理学家开始将正念作为治疗的辅助手段，运用正念的新治疗方法也开始涌现，其中就包括正念认知疗法（Mindfulness-based Cognitive Therapy，MBCT）。该疗法由辛德尔·西格尔、马克·威廉姆斯、约翰·蒂斯代尔和卡巴-金这三位心理学家合作开发，将卡巴-金的正念减压疗法与认知行为疗法相结合，目的是为了预防抑郁复发。两项高质量的研究发现，有过三次或以上抑郁复发经历的患者在接受正念认知疗法后复发率减半。这激发了人们对正念的兴趣。

其他采用正念作为联合治疗方案的疗法有：接纳与承诺疗法（Acceptance and Commitment Therapy，ACT），即鼓励个人正视并接受痛苦的经历，明确自我价值并设定让生活更积极和有意义的目标；辩证行为疗法（Dialectical Behaviour Therapy，DBT），旨在减少边缘性人格障碍患者的自我伤害和自杀行为。

什么是正念

正念并不是一种情绪状态,而是一种觉知状态:无论此刻发生什么,不进行主观评判,而是完全置身其中。在关于正念的开创性著作《多舛的生命》(Full Catastrophe Living)中,卡巴-金将正念的本质描述为"以开放、好奇的态度将有意识的觉知和注意力带到当下的一种方式"。在这种状态下,人们会带着好奇体验感官信息(包括声音、气味、味道、体感、想法、感受和看到的画面),将想法和情绪作为心灵的产物,而不是对真理或现实的反映,冷静地注视它们,既不过分沉溺,也不评判或试图改变。

练习正念不是为了逃避痛苦的经历,而是为了培养对痛苦的耐受力。研究认为,同违心的想法、感受和体感抗争会造成内心的混乱。对自己当前的经历表现出厌恶的态度,会加剧消极情绪,并增加痛苦。因此,进行正念练习时的态度才是行为的核心:以不评判、不挣扎和不纠缠的态度觉知当下的体验,并以好奇和开放的态度对待这段体验的方方面面。接受它们本来的样子,既不寻求也不渴望其他情形。我们没有抵抗情绪或身体上的痛苦,而是直面它们,以好奇和开放的心态观察它们的特质。

正念可以通过冥想来练习(通常是坐着,但站立或行走也可以),也可以作为日常生活中的一种"经过强化的觉知状态"来进行。虽然正念不一定要借助冥想的形式,但冥想经常可以被用来培养体验正念觉知的能力。这类练习通常包括集中冥想(通常专注于呼吸)和对当前的感官、精神与情绪体验(例如想法、情绪、体感、声音和运动)的观察。

通过正念冥想,我们可以拓展对自己思维的理解,并提高在日常生活中进行正念练习的能力。进行这项练习时,我们关注的是当下的客观现实。观察并接受浮现的想法和感受，不试图改变或逃避，只是单纯地注视它们。很重要的一点是，不要评判、抵抗、踌躇或思考如何阻止它们。

为什么要练习正念

人类是会思考的生物——我们的大脑几乎"不眠不休"。大脑不断地产生新的想法，虽然通常我们都察觉不到，但这些想法决定了我们大多数时候的感受。我们是满足还是不满足，是全身心投入生活还是与其脱节，都是想法决定的。这些想法包括大部分时间占据我们思维的"纷杂的背景音"，以及我们思考具体问题时冒出来的有意识的想法。它们对我们的生活有重大的影响，但令人惊讶的是，大多数时候，我们却很少关注它们。

大多数人认为，我们感受幸福的能力是由多种因素（如打交道的人、从事的工作、健康状况和拥有的物品）驱动的。这是真的吗？毫无疑问，拥有美好的事物（如亲密关系、目标感、兴趣、脑力挑战、优越的居住环境、强健的体魄）会提升舒适感和满足感。但这些并不能让我们幸福。生活环境再好，很多人也不会感到幸福。我们可能坐在树下看美丽的日落，或者去最喜欢的度假胜地，却依然不会感到幸福。即便身处最美好的地方，我们的想法也可能让自己痛苦不堪。生活中的种种就算再好，也不能让我们免受这些想法的折磨。我们一旦断开与当下环境的联系，就会把自己置于变化莫测的思维之中。

然而，大多数时候，当下的环境都没有那么不堪。我们如果在一周的任何一个时间点停下来回顾眼下发生的事，很可能会发现大多数事情并不是那么糟糕。但我们并不会感受到这一点。思维过程让我们离开"当下"，将我们推向不快乐。我们一旦开始关注问题、威胁、批评、怨恨、沮丧、不甘、遗憾、恐惧、不公和其他无益的信念，就切断了自己和"当下"的联系，造成了自己的不幸。

我们每天的经历有一个共同的特点：我们似乎并不能决定自己的关注点。由过往经历和气质塑造的无意识的心理过程会将我们的注意力引向造成痛苦的想法。例如，你也许发现自己在关注一件让你生气的事，想象自己应该怎样说，专注无法克服的个人缺陷，或者纠结着生活中缺失的东西。你的想法会不断回到特定的主题，如错过、失败、被指指点点或不确定的未来。你或许会有意识地思考这些问题，或者把它们藏在思维深处，但它们并不会消失，你因此无法全身心地投入当下的活动。不着手解决却始终关注着问题（无论是真实的还是想象中的问题），或者专注于自己无法控制的事情，会让你深陷不快乐，即使眼下一切顺利。

当然，这并不意味着我们在生命的每一刻都能活在当下。我们的大脑既可以记忆过去又能计划未来，是有充分理由的。回顾过去，无论幸福与否，能让我们了解并改善生活的各个方面，并为当下的生活提供参考。过往的经历塑造了我们的价值观，让我们明白什么是重要的，从而帮助我们做出决定并规划未来。

同样，有时思考未来也是健康、有益的。我们思考想要怎样的生活，设定现实的目标，制订计划并为之努力，可以创造丰富而有意义的生活，长远看可以增强我们的幸福感。

但是，建设性地反思过去并考虑未来，与纠结、担忧、焦虑和妄自揣测过去的不公或未来的威胁，两者之间有着天壤之别。后者会切断我们和当下生活的联系，让我们白白浪费精力。不知不觉，我们把担忧和思维反刍同解决问题和做计划混为一谈。

我们一旦将注意力放在当下，就会意识到这些都是毫无意义的弯路。我们承认它们的存在、带着好奇心进行观察并为其贴上标签（"纷杂的思绪""思维反刍""忧虑的想法"），会更容易摆脱这一过程。或者，至少我们会了解自己是如何制造痛苦的。

日常生活中的正念

虽然正念的练习方式通常是坐式冥想，但是对"当下"的正念关注可以在任何日常生活的情景下进行。有规律的活动，如散步、吃饭、洗衣服、等待或倒垃圾，都可以锻炼正念技能。充分关注当下体验的方方面面，如想法、感受、声音、气味、味道或体感，就是一种正念状态。

此外，在焦虑、愤怒、内疚或沮丧等情绪不佳的时候，也是参与正念觉知的理想机会。"我注意到我有这些想法"或"我注意到自己正在经历这些感受"这类观察，在事件和我们对它的反应之间插入了一个空间，从而减少了情绪反应。后退一步，观察这一过程，有助于我们消解自然出现的情绪反应。即使这种情况没有发生，观察我们的想法、身体和情绪也会让我们更能觉知生活事件之间的复杂关系以及我们的应对方式。这对学习更好地管理我们的情绪反应很有帮助。

练习正念冥想

正念冥想包括两个基本部分。

◇ 专注冥想：专注特定的物体或感觉。
◇ 内观冥想：了解导致痛苦的心理过程。

1. 专注冥想

专注冥想是正念练习的一个重要的基础技能。它要求我们专注于单一的物体，同时摆脱思想、感受或其他干扰。自古以来，呼吸就是专注冥想的一个重要方式，直到今天仍然是最常使用的要素。但我们也可以借助其他要素，如在静止或运动（散步、瑜伽、拉伸或游泳等）状态下的声音和体感。

专注冥想将我们的注意力锚定在当前的体验上，这样一来，想法、感受和体感在意识流中出现时，就可以被检测到。专注冥想训练了我们的注意力，增强了我们在日常生活的其他领域专注手头任务的能力，有助于稳定思绪，减少杂念，让我们在日常生活中更好地发现和摆脱不良情绪。这一过程就如同我们的想法不停地搅动一杯浑水，它无法变得清澈；但如果我们选择安静地坐着，泥沙终会沉底。专注单一的物体、不纠结某些思绪能"让泥沙沉淀下来"，让我们感受那杯静止或"清澈"的水。

2. 内观冥想

专注力并不是正念冥想的最终目标，而仅仅是打开洞悉和自知之门的技能。思想静止时，我们更能全面地考虑问题。在正念练习中，我们后退一步，观察自己头脑中意识的流动。我们注意到意识流中的每一个对象——想法、情绪、警惕状态、身体紧张、"纷杂的背景音"和冲动。我们学会了区分不同类型的体验，并观察它们是如何相互影响的。通过观察，我们在普遍的认知和偏见层面下对思维的运作方式有了更为深刻的理解。我们切实了解到，思想和情绪既不是现实的反映，也不是自身固有存在的一部分，而只是一种转瞬即逝的表达。

正念被视为一种自我调整的方式，因为我们会基于接收到的感官信息敏锐地觉知当下的体验。我们用"观察着的自我"一词来描述思维中能够后退一步观察自己的认知过程、情绪和身体感觉的那一部分。这种自我让我们发觉自己陷入了纷杂的思绪，并注意到它们是如何影响我们的心理和生理的。这种观察内心世界对各种刺激（如我们的想法或身体感觉、他人的行为、生活中的事件）的反应的能力，增强了我们对自己健康与不健康思维习惯的理解。在想法、感受、冲动和身体感觉出现时，我们对它们进行分类和定义，就能更好地对其进行客观的体验。在想法和我们对它们反应之间营造一个"空间"，我们能更容易从这些想法传递的信息中脱身。

3. 专注呼吸

正念冥想最基本的形式就是专注呼吸。听起来很简单，只要静静地坐着，自然地呼吸，并把注意力放在呼吸的过程上。但是，试过的人都知道这有多么困难。我们天生就很容易走神，把注意力集中在特定的物体上是很不容易的。我们尝试冥想时，不断出现的杂念不免会潜入我们的意识。

一旦发现自己走神了，我们要先承认这一点，然后让注意力回到呼吸上。比起被想法、情绪和感觉所困，我们要做的是意识到它们的到来，并让它们过去。在冥想时，将注意力转回呼吸上的过程可能会发生几十次。我们的思绪会反复跳转到一些想法上，例如我们需要做的事、对过去的反思或未来可能发生的事。我们也可能会陷入对冥想过程本身的思绪，没什么进展，这是在浪费时间，或者有更重要的事情要做。或许还会出现不耐烦、厌烦或沮丧等感受，或是肌肉紧张、腰酸背痛等不适的身体感觉。对于这种情况，我们要做的就是干脆地承认，让注意力回到呼吸上，而不是对这一体验的任一方面做出评判。

通过觉察到出现的想法并给它们贴上标签，然后重新关注呼吸的过程，我们重塑了我们同想法之间的关系：由深陷想法之"内"转为从"外"观察。在佛教典籍中，旁观而不陷入思绪的状态被形容为思想如顺流而下的树叶，或飘过天空的云朵。我们把自己的想法当作广袤思绪中短暂感受过而不需要特意关注的对象。发现自己陷入某个想法时，我们可以让它过去，像顺流而下的树叶或飘过天空的云朵，而不必做更多。

简单的正念练习

端坐在椅子上，闭上眼睛，把注意力放在呼吸进出鼻腔带给你的感觉上。注意，空气进入鼻腔时是微凉的，离开鼻腔时是微暖的。保持自然的呼吸，注意进入鼻腔的凉气和离开鼻腔的暖气（2分钟）。

接着，伴随着每次呼吸，把注意力转移到胸部的感觉上。专注胸部的运动（2分钟）。

现在，继续自然地呼吸，同时将注意力集中在两种感觉上——进出鼻子的空气，以及伴随每次呼吸而扩张和收缩的胸部运动（2分钟）。如果突然跳出某个想法，认可它的存在，然后把注意力再转到呼吸上。

正念冥想是一个动态过程，需要控制自己的注意力。当你开始练习时，这一点会变得非常明显。控制思维的过程如下：

◇ 保持专注：专注呼吸或某个固定对象。
◇ 反复转回注意力：走神时将注意力转回关注点。
◇ 抑制过多的思考：不被纷杂的念头牵着走。

正念与放松

与用来消解身体紧张和激动反应的深度放松练习不同，正念并不是一种放松技巧。我们可以在体验强烈的情绪（如愤怒、恐惧、沮丧、内疚和怨恨）或参与体育活动（如吃饭、散步、打扫卫生和游泳）的时候进行正念练习。（情绪很强烈的时候往往很难进行深度放松，因为这时我们的身体会变得紧张、激动。）

虽然正念练习并不需要我们营造一种特殊的身体状态，但它往往会给我们带来意想不到的放松效果。这可能是因为完全专注于当下时，我们就摆脱了其他压力或对威胁的关注。这既包括那些显而易见的有意识的想法，也包括那些隐藏在思想深处、我们不太察觉得到的认知。这两种感知都会让我们保持紧张和警惕，即便我们并非有意识地去思考它们。关注当下的体验可以切断我们同有意识和无意识感知的联系，从而让我们放松身体。

想法的正念

随着正念技能的发展，我们越来越多的想法成为观察的对象，无论是在冥想还是日常生活中。我们后退一步，观察这一过程，而不再深陷其中。例如，我们会注意到思维的流动，一个想法怎么引出另一个想法，这些想法怎么来来回回地反复出现，以及我们的思维是如何不断回到某些主题上的。有些想法微不足道，有些却很有分量，会引发强烈的情绪。我们会注意到，有些想法在一段时间内非常突出，而后又消失了；而另一些想法却好像一直潜藏在我们思维深处。

在对想法的观察中获得的最有价值的认识之一，就是这些想法只是想法，而不是"真理""现实""自我"。我们观察意识的流动会认识到，每一个想法和感受都是由思维产生的，除了我们赋予它们的意义，并没有更多的内在价值（这一认知强化了认知行为疗法的一个基本原则：我们明白了自己的想法只是思维事件以后，它们的重要性就降低了）。

"想法只是想法"这一认知又被称为"去中心化"或"压力解除"，这一过程可以改变我们对经历的看法。我们不再自动认为自己的想法都是正确的，而是把它们看作思维的产物。例如，我们会认为像"我是个失败者……大家都不看好我……我面临危险……事情永远不会改变"这样的信念"就只是想法而已"。既然它们并不是现实，我们就不必太当真，也不必冥思苦想去寻找解决方法。我们可以把它们当成广阔的脑海中飘过的浮云，而不会深陷其中。

我们对产生的想法进行观察，也能注意到繁复的思维过程，如担忧和思维反刍。我们一旦发现自己身陷思绪中，就给它们贴上标签。例如，"那属于担忧""我发现我又在思维反刍了""都是些杂念"。贴标签会让我们拉开和想法之间的距离，并增强我们摆脱其控制的能力。虽然贴标签不一定能切断反复的意识流，但把有意识的觉知带入思维过程，却会改变我们与思维的连接方式。要知道，如果我们保持距离，这些想法就会慢慢消退。

有一天晚上和朋友们在一起的时候，诺琳说了些事后她觉得不太合适的话。第二天，她反复思考自己说了什么、应该说什么，以及她的朋友听后的必然想法。对诺琳来说，她的想法就如同事实，让她摆脱不了。

她虽然并没有意识到自己在思考，却意识到了自己的沮丧。这促使她坐下来，花了些时间关注自己的内心状态。诺琳觉察到了自己对失败的想法，包括近期和很久以前的。她觉察到了焦虑和绝望的感受，以及腹部和胸部的紧张。诺琳以好奇的态度观察着这些，还注意到了自己不断想要重新思考的冲动。她给自己的想法贴上了"思维反刍"的标签，每次发现它们出现，就会提醒自己"我又在思维反刍了"。她把自己的思维反刍想象成顺着小溪漂浮的树叶——每当意识到自己在思维反刍，她就把思绪想象成写在树叶上顺流而下的文字。对于自己的想法，诺琳既不压抑，也不积极参与，只是承认它们，并让它们过去。这么做为想法的消退提供了空间，也阻止了痛苦加剧。

情绪的正念

正念练习会让我们在不进行评判和抵抗的前提下观察到愉快和不愉快的情绪。试图消除或抑制不愉快的情绪会把它们变成"敌人"，但观察并接纳它们却会产生相反的效果。留意不愉快的情绪，以开放和好奇的态度观察它们的特点，反而会减缓随之而来的对威胁的感知。此外，这么做还能提高我们对不愉快情绪的耐受力，让我们不会因为这种情绪而过于痛苦。

正念练习

端坐在椅子上，闭上眼睛并保持片刻，然后问自己："我现在是什么状态？"留意自己意识中存在的一切，可能包括：

◇ 身体感觉：如和椅子的接触点，衣服的触感，体内的紧张、不适，等等。
◇ 心绪：总体感受——是积极、消极还是中立的？
◇ 情绪：例如，你是兴奋、难过、愤怒、沮丧、焦虑、内疚还是不安？
◇ 潜意识中的问题：藏在思维深处的担忧，往往不会被表层意识觉察，会制造不安和紧张感。
◇ 转瞬即逝的想法：突然出现在脑海中后又消失了的想法，通常会被其他想法取代。

以好奇的态度进行观察。不要试图改变任何事情，只需要了解此时此刻正在发生的事即可（5~10分钟）。

次级情绪

对于遇到过心理问题的人来说，为应对心理障碍而产生的情绪痛苦是普遍的难题。"抑郁太可怕了……我只想让它消失……如果它永远不会消失，怎么办？"这样的想法会引发次级问题。对抑郁的绝望会增强抑郁症状，从而延长或加重抑郁。同样，对焦虑的焦虑或对未来会陷入焦虑的预感、对不幸的失望或对压力程度的沮丧都会引发次级情绪，从而让事情变得更糟。情绪本身就会成为进一步痛苦的根源。

面对不愉快的感受，正念让我们放弃挣扎，坦然面对并接纳它们。这会增强我们对不愉快感受的耐受力，并削弱这些感受的强度。虽然不带批判性或抗拒心理地观察不愉快的情绪并不是传统的认知行为疗法策略，但当情绪本身已经成为威胁源时，这么做确实很有意义。学会不去评判，可以防止不愉快情绪和心理健康问题升级，因为我们可以因此避免"因痛苦而痛苦"。

　　肖恩在去年经历了一段压力很大的时期，连续好几周失眠。之后，他开始担心自己睡不着了，由此产生的焦虑导致他继续失眠。最初的压力已经过去了，但肖恩出现了次级问题——对失眠的焦虑。
　　肖恩对失眠的反应以及他为预防失眠而进行的徒劳尝试，让他保持着高度的警惕和焦虑，进而又延续了他的失眠问题。

为了打破这一循环，肖恩需要停止他预防失眠的努力，并以开放的态度面对可能出现的任何情况。即便是失眠，也远不如他不顾一切试图控制睡眠导致的焦虑来得严重。他就算真失眠了也要接受现状，不要将其灾难化——通过这种方式，肖恩减轻了自己的焦虑，为问题的解决创造了空间。

　　5年前，帕迪感情破裂，陷入了抑郁和焦虑。那是一段极其艰难的时期，被帕迪视为人生低谷。在过去的几周，帕迪一直忙于应付紧张的工作。这让他的情绪一落千丈，甚至开始思考自己抑郁复发的可能。他拼命想要避免这种情况，却发现自己的焦虑日益增加，情绪也跌入谷底，这让他感到越来越痛苦。帕迪对自己内在状态的反应造成了更强烈的焦虑和绝望。这种次级效应——对痛苦的痛苦，加剧了原有的问题，让他无法释怀。

帕迪尝试了端坐并观察当下的想法、感受和身体感觉但不试图叫停它们的练习，从中受益良多。以好奇和开放的态度进行观察、既不干预也不抗拒的方法消除了厌恶和抵触情绪造成的次级痛苦，让情绪得以自行消退。

> 不要觉得它们"糟糕且让人感觉到威胁"。这会造成我们逃避，让我们陷入痛苦。要看到它们的本质：转瞬即逝的心理活动——身体感觉、感受和想法。我们要尽自己所能，带着兴趣和好奇，而不是不安、痛恨和恐惧去迎接它们。我们得欢迎它们进来，毕竟它们已经来了。
>
> ——《穿越抑郁的正念之道》

身体感觉的正念

身体是我们当前情绪的信使。所有情绪，无论是愉快的（如喜悦、惊讶和兴奋）还是不愉快的（如愤怒、焦虑、沮丧、内疚、怨恨、厌恶或羞愧），都是通过身体感受到的。有趣的是，我们大多数人很大程度上并没有意识到身体传递的信息。我们如果不关注自己的内在状态，就会错过重要的信息，包括来自身体的反馈。因此，体验到高度紧张和兴奋、呼吸急促或忐忑不安，却没有意识到是因为焦虑的情况并不少见。

我们对身体的正念关注会提醒自己注意到内部正在发生的变化，让我们得以采取补救行动。例如，想到要完成一项不那么令人愉快的任务时，我们会发现自己开始感到胸闷；担心以后会遇到什么威胁时，就感觉忐忑不安；

白天压力过大时，脖子和肩膀也会感觉发紧。除了这些身体感觉，我们还会感知到想法（如"工作太多，时间却太少"）、情绪（如焦虑、沮丧、怨恨）和行为（如愤怒的言语）。这种意识水平的提高会激励我们采取补救行动。例如，我们可能会花一些时间有意识地关注呼吸，做些渐进的肌肉放松练习，去散散步或采取一些实际的方法来解决面临的压力。

身体感觉的正念也可用于缓解疼痛和其他不适的身体感觉，有时甚至还可以帮助消除症状。焦虑会引发一系列生理反应，像头痛、颈痛、胸闷、背痛、吞咽困难、腹泻、头晕、疲劳、恶心、震颤、抽搐、刺痛、麻木、下颌疼痛和潮热等症状通常都是焦虑引发的。一旦出现了这些不适的躯体症状，我们的注意力就会集中在这些感觉上（被称为"过度警觉"），从而维持焦虑和生理唤醒，使躯体症状陷入循环。我们越是害怕和抗拒它们，它们越是顽强。对不适的身体感觉进行正念练习，学习不加抵抗并放弃挣扎，就可以显著减轻甚至消除这些症状。

虽然这些我们并不愿意经受的症状都是生理上的，但我们的心理反应也会影响其引发的痛苦程度。例如，沮丧、泄气、抗拒或绝望的情绪造成的身体疼痛，除了单纯的痛感之外，还会让我们经受额外的折磨。我们改变对疼痛的反应后，体验也会变得不一样。与已经被完全接受、很大程度上不会引起重视的耳鸣相比，伴随着沮丧、焦虑情绪并被时刻关注的耳鸣会带来更多痛苦（抗拒意味着我们要面对两个问题——耳朵里的声音和持续的心理痛苦）。从普通感冒到癌症，任何疾病的生理感受都会受到对其心理反应的强烈影响。不再抗拒不适的身体感觉会减少痛苦，因为这会消除身体感觉带来的痛苦情绪——这是疼痛管理的一个关键原则。我们增加对不适感觉的耐受力可以减少痛苦，并增强应对生活其他方面的能力。

雅尔两年前经历过一段时间的重度焦虑，之后就经常感到头晕。现在，她对自己的身体状况高度警觉，不停地观察自己是否有头晕的迹象，迫切地祈求焦虑千万不要出现。

虽然她并没有意识到这种自我监控现象，但她在下意识地通过这种方式管控自己。可惜，这种行为起到了相反的效果。雅尔只有学会以正念的态度对待身体感觉（不评判、不抗拒、不试图控制，而是展现开放的态度，接受任何可能出现的情况），才会感受到解脱。她一旦不再徒劳地试图预防或控制身体症状，警惕性就会减弱，焦虑和与之相关的头晕现象也会一同消退。

正念策略关注的是接纳而不是试图摆脱不愉快的体验，但对疼痛或其他不适的感觉采取真正的正念态度往往会让这些感觉消失或变得没那么重要。

暴 露

虽然方法不同，但与痛苦的想法和感受有意识地共处同认知行为疗法中用于应对焦虑的暴露练习有很多共通之处。如第六章所述，反复暴露在我们恐惧的环境中或对象前（如电梯、隧道、演讲、航班、针、蜘蛛、开车）会导致习惯化。通过暴露，我们得以从经验中了解到我们恐惧的对象并没有那么糟糕，还是可以容忍的。反复面对恐惧后，恐惧就不再是威胁源了。

面对痛苦的想法、情绪和身体感觉的正念练习，与认知行为疗法中使用的暴露练习很相似。时间一长，对这些痛苦体验的恐惧就会减少。开放和接纳会提高我们对生理和心理痛苦的耐受力。我们直面厌恶的感觉，完全接受当下的一切，就学会了容忍。这种不抵触会让我们不再关注这些事。慢慢地，它们就变得越来越不重要，并最终从意识中消退。至少，当我们学会接受不如意的体验，在我们心中，它们也就没那么重要了。不反抗或抵触那些我们无法控制的事情可以让我们继续享受生活，即使我们的处境并不理想。

马尔科姆3个月前被诊断出前列腺癌，之后就一直深陷悲伤和焦虑之中。术后情况未知的事实就像一片盘旋在头顶的乌云，让他无法思考其他事情，也无法继续生活。他每每试图排遣消极的想法，告诉自己不要担心，都以失败告终。

在治疗师的指导下，马尔科姆开始进行正念冥想。每天两次，每次25分钟。有时他只是观察自己的呼吸，有时还会留意自己的情绪、想法和身体感觉。马尔科姆注意到了恐惧、悲伤和内疚，与死亡相关的想法和画面，还注意到了自己胸部、腹部以及肩膀的紧张。他端坐着，以开放和接纳的心态观察出现的想法、画面、情绪和感觉。他给自己的情绪贴上"害怕""内疚""悲伤"等标签，并更仔细地观察它们。这种与之共存的举动让他感到一种奇异的解脱。马尔科姆不再抵抗，也放弃了想要阻止痛苦情绪的徒劳尝试。他把自己从恐惧中解放，不再紧盯着自己的病。慢慢地，马尔科姆开始接受自己的处境，接受未来的不确定性，并重新投身于生活中那些更有意义却一直被他忽视的领域。

正念和认知行为疗法

痛苦源于我们对体验的反应，而非体验本身。这就是正念的理念。虽然这同认知行为疗法的理念是一致的，但这两种方法的策略却是明显不同的。认知行为疗法通常包括辨识导致痛苦的认知、给错误思维贴标签、挑战或重构思维中不合理的一面（运用行为和认知策略）。我们也可以通过行为实验发现行为改变的影响，或者为了习惯化而故意把自己暴露在不愉快或恐惧的情景中，并努力解决造成痛苦的问题。

正念要求我们不评判或抵触当前的体验，无论是痛苦的情绪、身体的感觉还是反感的行为，对包括生理或心理痛苦在内的全部体验都保持一种好奇且不加评判的态度，而不是试图改变它们。这两种方法似乎很不一样，你或许会问："哪一种是对的？"

答案是，两种方法都很有价值，通常可以结合使用。确实，对正念认知疗法的研究表明，将正念与认知行为疗法相结合，可以产生实质性的益处。练习正念并不需要你放弃认知行为疗法，后者已被证明对很多心理病症都非常有效。但在其中加入基于正念的诊疗技巧或进行完整的正念训练可以让你受益更多。

随正念练习形成的态度可以提高认知的灵活性，因为我们掌握了运用思维应对挑战性体验的新方法。面对不良情绪时不要害怕或抗拒。这些情绪在我们接纳它们后会自行消退，理解这一点非常重要。这么做还可以增强对痛苦情绪的忍耐力，对那些陷入恐惧、焦虑和抑郁等消极情绪或过度沉迷于掌控事态的人来说尤其有用。

虽然正念的理念不涉及对思想内容的挑战，但我们对内心世界的正念观察会提高对于当前想法及其背后认知过程的意识。运用认知行为疗法策略时，意识到那些本来很难被察觉的想法的能力很重要，尤其是在我们的情绪反应很难化解的时候。例如，人们通常会注意到焦虑、恐惧或悲伤的感觉，但不知道自己为什么会有这种感觉。

为了庆祝泰根的30岁生日，她的男友计划去山中小屋过周末。泰根一到那儿就开始焦虑。"我为什么这么焦虑？"她好奇，"一切都很完美，我没理由感到焦虑。"晚些时候，在静坐观察内在状态时，她意识到了自己的想法："这地方这么漂亮又这么贵，如果我继续焦虑，就会毁了这个假期。"

意识到这一点后，运用认知行为策略和正念策略来解决问题就变得容易多了。"我犯了完美主义和非黑即白的思维错误，"她提醒自己，"我不需要严格把控自己的情绪。不管有怎样的感受都没关系，这是练习正念接纳的好机会。不管发生什么，我都能接受。"

除了反驳自己对一定不可以焦虑的信念（认知策略）以外，泰根还选择用开放和包容的心态来观察自己的反应，不再试图阻止焦虑。这并不容易，因为她本能地想要抵抗这种不适感。这时候，她就会把注意力放在自己的呼吸或是周遭的环境上。当然，她有时也会将焦虑抛诸脑后。她发现自己的焦虑并不是持续的，而是一阵一阵的。比如在灌木丛中散步时，她就没有感到焦虑。于是她每次注意到焦虑的迹象，就会提醒自己"顺其自然"，然后把注意力转回手头的事情上。

通过认知和正念策略，泰根不再被焦虑牵着鼻子走。虽然焦虑并没有消失，但她包容的态度却让它每次都只是轻巧地掠过，而非愈演愈烈。她摆脱监管和控制焦虑的冲动后，反而削弱了焦虑的影响，更好地享受了周末。

解决问题依然重要

我们无论是将正念作为认知和行为策略的补充还是生活的中心，都仍然需要解决问题。正念实践并不意味着只旁观生活中沮丧的想法和感受，而不采取任何行动。情绪有着重要的作用，会提醒我们注意潜在的问题，并激励我们寻求解决方法。单纯把所有情绪都视为思维的对象，会让我们错失很多改善生活的机会。例如，与财务、人际关系、工作、生理或心理健康及其他困难有关的情绪会提醒我们注意那些需要关注并采取行动解决的问题。确定解决方法、设定目标、规划策略并实施有助于解决现有或潜在的问题，让我们的生活更轻松。事实上，每天练习正念的决定本身就是一个目标，源于想要管理压力和改善生活质量的愿望。

另一方面，当陷入持续的担忧、思维反刍、过度分析与思考等无益的思维过程中时，我们可能会不自觉地把这些当成解决问题的方式。它们并不是一回事。事实上，伴随这些思维过程的情绪状态（如焦虑、内疚、怨恨和抑郁情绪）会让我们无法清晰地思考并找到解决方法。有效解决问题需要深思熟虑并妥善处理的行为方式（见第273页"结构化的问题解决方法"），需要界定问题、头脑风暴、确定多种备选方案和选择具体的策略。这和徒劳地纠结现实或想象中的问题完全不同。

科里有社交恐惧，他因此交不到朋友，得不到晋升，也享受不了正常的社交生活。他参加了一个正念冥想项目，每天练习。这虽然让他有了更好的洞察力和自我觉知，却并没有治愈他的社交恐惧。

科里踏上了解决问题的道路。他写了一个行动计划，内容包括了解

更多关于社交恐惧的信息、去看心理医生以及和家人谈谈这个问题。在寻找解决方法的过程中,他发现了一个针对社恐患者的在线聊天网站。这个网站会指导他利用各种方法来应对社恐情况。他还开始看心理医生。治疗的一部分内容就是对他畏惧的各种社交场景进行暴露练习。他从一些威胁度较低的练习开始,比如加入徒步俱乐部和烹饪班。渐渐地,他开始进行一些更具挑战的任务,比如在员工会议上发言,以及和同事一起组织社交活动。

通过正念练习关注自己的想法后,科里意识到他在社交场合中一直处于自我监控,而这一安全行为本质上是自我挫败的,因为它会切断自己同他人的联系。科里学会了把注意力转移到对话上,同他人保持更多的交流。他不再预先计划和排练,事后也不再进行分析(比如问"我听起来像个白痴吗")。将自己暴露在畏惧的社交环境中,挑战灾难性的信念,出现这些想法时就贴上"主观臆断"和"妄下消极结论"的标签,进行关注自我的正念觉知,并有意识地将注意力转回谈话上。通过综合运用这些策略,科里摆脱了社交焦虑,并逐渐建立起健康的人际关系。

通过意识到自己的问题、规划解决方法并积极地为之努力,科里在提高社交自信方面取得了显著的进步。单纯进行正念练习并没有治愈科里的社交恐惧,但利用正念认识自己的想法(社交前、社交时以及社交后)并学着将注意力转回对话中,有助于他进步。

就目前所知,正念很少能彻底清除或治愈特定的心理障碍,但通过与其他有效的治疗策略相结合,它可以发挥作用。在日常生活中,基于正念的实践也是管控压力和不良情绪的有效方法。鉴于目前有大量针对其疗效的研究，我们可以期待在未来几年内了解正念的更多好处。

小　结

◇ 正念是佛教禅修的核心，至今已有2000多年的历史。在过去的20年里，正念作为一种管理压力和应对心理问题的方法，在西方颇受欢迎。

◇ 世界各地的研究都在评估正念对各种心理状况的影响。正念认知疗法可以降低抑郁症的复发率，并有越来越多的证据表明其益处不止于此。

◇ 正念，指的是以不加评判的开放和好奇的态度，将有意识的觉知和注意力集中在当下的一种方式。

◇ 练习正念的途径有冥想以及对日常生活经历的正念关注。

◇ 正念和认知行为疗法都基于这样一个信条：认知是思维的产物，而非真理或现实。虽然正念的理念不涉及对思想内容的挑战，但正念作为一种方法可以同认知行为疗法策略相结合。

参考答案

以下是部分练习的参考答案，你也可以有自己的答案。

练习 2.1

1. 对人错觉：我要对孩子们的决定和生活负全责。
2. 消极滤镜、"应该"的滥用：我应该永远给人留下聪明的印象。我不该说傻话。人们应该对我有很高的评价。
3. 攀比：我不如朋友优秀。
4. 杞人忧天：重组意味着我要失业了。如果我失业了，那天就塌了，我再也找不到工作了。
5. 消极滤镜：我做的一切都是无用功。我的生活充满了糟糕的体验。
6. 非黑即白思维：我的表现必须完美，否则就是一场彻底的灾难。
7. 杞人忧天：最坏的结果很可能发生。
8. 马后炮：我当时就该知道会这样。
9. 主观臆断：大家一定在看我，觉得我有毛病。
10. 贴标签：创业未成功就意味着我是个失败者。

过度概括：我一事无成。

11. 攀比：我应该和我朋友一样富有。
12. 贴标签：他是个彻头彻尾毫无优点的人。
13. 对人错觉：他们不来，就说明他们不喜欢我。
14. 非黑即白思维：我们的婚姻必须是完美的，否则就毫无可取之处，也走不下去。
15. 贴标签：如果我之前的工作有问题，就说明我能力不行，换一份工作也不会有什么改变。
16. 杞人忧天：如果我出现了不适的躯体症状，一定是绝症。
17. 对人错觉、主观臆断：他做家务是为了责怪我。
18. 公平错觉：人做错了事不该逍遥法外。
19. 马后炮：我早该知道自己现在会这么想。
20. 以偏概全：我如果偶尔记不住事，就意味着记忆力在衰退。
21. 消极滤镜：她只关注支持自己信念的信息，无视了其他信息。
22. 妄下消极结论：他如果什么也不说，一定是因为不喜欢这次聚会。
23. 公平错觉：这件事就该百分百公平。
24. 妄下消极结论：这对别人可能有用，但对我不行。

练习 3.1　练习逻辑反驳

被忽视的生日

反驳：他没为我张罗生日并不代表他不关心我。我认为生日很重要，但他不这么想，我们关注的重点和优先级并不一样。他会用其他方式表示他爱我。

积极行动：和他谈谈。告诉他生日对我很重要，我希望在一年中的这一天有些特别的感受。告诉他我希望怎么过下一个生日。

沮丧的公务员

反驳：我今天取得的成果不多，确实让人失望，但我也做了一些事情。我无法改变已经发生的事，但可以调整自己，让明天更有效率。虽然我希望工作有效率，但即便没有，也不会有什么灾难性的后果。

积极行动：为明天制定明确的目标。准备好要做的事情，这样明早就可以直接开始了。从经验中吸取教训，避免重蹈覆辙。

被遗忘的早餐

反驳：我希望自己是个靠谱的人，通常也确实如此，但偶尔犯错是人之常情。我不知道为什么会忘记，但我不是故意的，她也知道。只要我向她道歉，她会理解的。这么多年，我一直是个忠实的好友，她不太可能因为这件事就抛弃我。

积极行动：诚恳地道歉。可以送她一束花，并附上一张字条，再次表明我的歉意。

练习 3.2 练习行为反驳

1. 尽可能多在班上发言，留意是否有证据表明大家觉得你的发言很差劲。

2. 能坐飞机就去坐。你会发现，虽然一开始你会感到焦虑，但并不会崩溃或发疯，也不会发生什么糟糕的事情。

3. 尽可能多表达你的想法。观察是否有证据表明，如果你不总去附和别人，他们对你的好感就会减少。

4. 停止拖延，做出决定。观察是否有所谓正确或错误的决定。注意，即使你没有做出最好的决定，也不会有什么灾难性的后果。

5. 承担社交风险，在会上主动和他人交谈。注意，如果你迈出了第一步，人们通常都会予以响应。即便没有，也不会有灾难性的后果。

6. 一旦完成了一篇还不错的论文，就停下来，把它交上去。给自己设一个期限。放弃完美主义并不会对最终结果产生很大的影响，反而会让你在其他事上更有效率。

7. 每天早起锻炼。你会发现并没有证据表明早起很困难。

8. 偶尔独处。自己散步、看电影、喝咖啡以及去疗养胜地度假，你会发现独处并不可怕。

练习 3.3　练习聚焦目标思维

1. 不让我妈来参加生日派对能保证我玩得开心吗？对我妈来参加派对感到多不开心也不能改变她就在那里的事实，反而会毁了这个晚上。我想在派对上玩得开心。我不必对她的出席耿耿于怀。我不需要为这件事烦恼，它也不值得我烦恼。

2. 冷落他会让我们的感情变好吗？不跟他说话也许是对他的惩罚，但也会让我们的关系变得紧张，双方都会感觉很不好。我希望我们开心地在一起。一不高兴就拒绝沟通对我们的感情毫无帮助，不如把话说清楚，让他明白我的感受。

3. 告诉自己不该来会让我舒服点儿或者考得更好吗？我已经来了，不妨试着放松一下，好好欣赏电影。现在回想起来，我知道来这里不是个好主意，但告诉自己不该来对备考毫无帮助，只会让我心情不好。现在不值得为这件事纠结——放松心情，享受电影就好。

4. 关注她的行为会让我更喜欢自己的工作吗？把注意力放在她的不道德行为上并不会改变现状，反而会让我无法投入工作，不能专心做自己该做的事。我已经决定保持沉默，那么对我来说最好的办法就是不再关注这个问题。她并不是我该管的。

练习 5.4

1.你视为朋友的人在你需要时没有提供帮助。

行为：沟通——告诉朋友你的感受（见第十章）。

信念：只要我需要，朋友就该出现。他们应该像我对待他们一样对待我。如果做不到，那就是他们的错，他们应该受到我最严厉的谴责。

反驳：我需要他的时候他却不在我身边，这确实令人失望。但我也接受这是没办法的事情。他身上有很多讨人喜欢的品质，我想跟他继续做朋友，尽管我知道不能依靠他的支持。

2.你的伴侣在社交场合表现粗鲁。

行为：沟通。解释你的感受以及为什么这种行为会让你难过（见第十章）。或许可以跟他协商，下次你和他不喜欢的人见面时，他不必一起来。

信念：他应该在社交场合举止得体，否则就太糟糕了。我要为他的行为负责。别人会看不起我。

反驳：我需要和他谈谈他的行为，商量一个解决方法。但是，他怎么做并不是我的责任。别人不会因此而讨厌我。

3.你的朋友总迟到。你和她约好了午餐，但已经等了一个多小时了。

行为：沟通。告诉她你的感受和想法（见第十章）。也许以后可以带一本书，自己不要去太早；如果没有其他人参与，就不跟她多接触了。

信念：每个人都应该有和我一样的价值观。一直等人感觉很不好。

反驳：她就是这样的人。如果这段友谊值得维系，我就要接受她的行为，想办法避免对此感到厌烦或愤怒。

4.你把装了回收垃圾的桶放在外面，总有人往里面扔其他垃圾。

行为：跟邻居谈谈。试着查出是谁做的，然后直接跟他们沟通。在垃圾桶上贴个警告。

信念：大家应该始终做正确的事。发生这样的事太不应该了。

反驳：大多数人都会做正确的事，但总有人不会。虽然我并不喜欢这些做法，但我可以接受。我在尽我所能地解决这个问题。

5.你告诉别人一些秘密，后来发现他们说出去了。

行为：沟通（见第十章）。

信念：大家应该始终做正确的事。我信任的人背叛了我，糟糕透顶，他们应该受到我的鄙视。

反驳：这很令人失望，可我吸取了教训。我可以相信别人，但不是所有人都值得信任。别人有些不错的品质，只是这次让我失望了。我不必因此记恨他们。

6.去政府机关办事时，某些不合理的环节给你带来了极大的不便。

行为：沟通（见第十章）。

信念：事情应该进行得轻松顺利。政府的规则和程序应该简单高效，让市民受益，不然的话就太糟糕了。

反驳：我试过向他们提出更方便的处理办法，但没有成功。政府机关的手续往往都比较烦琐。我虽然并不喜欢，但可以接受。这件事令人头疼，但并不是一场灾难。

7. 每次你联系某个电信公司，都要在线等待半个小时才有客服响应。

行为：尽量不在客服繁忙的时候打电话。在等待接线时，可以做其他事。多用电子邮件或进行书面沟通。如果可行的话，考虑换一家公司。

信念：服务应该及时、高效，等这么久真是太糟糕了。他们应该优先考虑顾客的体验，而不是自己的利润。

反驳：等待客服很痛苦，但也是现代生活的一部分。我不喜欢，但可以忍受。为自己无法控制的事情烦心只会让我情绪不好，并不能解决问题。

8. 某家店敲了你一大笔钱。

行为：沟通（见第十章）。解释你为什么认为收费过高，并要求减免一部分费用。向监管机构投诉并寻求建议。考虑支付你认为合理的款项。

信念：我被宰了，太糟糕了。应该按我的预期价格付。

反驳：我学到了教训——以后要在开始前就谈清楚价钱。我已经尽力了。我的预期价格合理吗？也许这笔费用并不像听起来那么离谱。为了省点儿心，这次还是直接买单，别再纠结了。

9. 你所在的公司残酷地剥削员工。

行为：向相关人员（如人力资源部门、管理层）提出具体的意见。换一份工作。

信念：这太可怕了。我别无选择，只能忍受。

反驳：我的身心健康才是第一位的。任何工作，无论多体面、多高薪，都不值得以健康为代价。我有选择，不必忍受这些。

10. 有人无缘无故对你很粗鲁。

行为：视情况进行沟通或忽略对方。

信念：如果我对别人友善，他们也应该这样对我，否则就太糟糕了。他们粗鲁的行为是针对我的。

反驳：我希望他人能礼貌地对待我，多数时候也确实如此。但如果有人不这样做，我也能接受。他人的举止粗鲁无礼有各种各样的原因，大多是他们自己的原因，并不是因为我。我不必往心里去。

练习6.5

1. 伊芙要去参加一个社交活动，但她谁也不认识，感觉很焦虑。

想法/信念：我可能会一个人傻站一整晚。大家会盯着我看，觉得我很可怜。他们会认为我没有朋友，或者是个失败者。我如果参加社交活动，就必须参与谈话，玩得开心。被人看到我孤零零的不是件好事。

反驳：按照以往的经验，我还是能跟别人聊上一会儿的。即使我一个人待了一整晚，大家也不太可能因此看不起我。多数人可以理解这种在陌生环境里搭不上话的情况。即便我一个人傻站着，有些人觉得我没有朋友，这是很遗憾，但并不是我的问题。最差不过是度过一个无聊的夜晚，但也不太可能是个灾难。

积极行动：跟女主人说我谁也不认识，请她介绍一下。主动给客人分发食物。走出舒适区，努力与他人攀谈。或许可以带个朋友一起去。如果觉得无聊了，我也可以待几个小时就走。

2. 巴里和医生约好了时间却无法准时到达，他因此感到很焦虑。

想法/信念：太糟糕了，我可能要失约了。他们会生我的气。我应该始终做到守时。迟到不好，后果很可怕。

反驳：按照过去的经验，我知道我即使迟到了也不会太久，更不会成为一场灾难。最坏的情况是我可能会错过预约，但还要支付这次的费用，并要再预约一次。那样虽不太方便，但也不会是世界末日。就算真发生那样的事，我也能应付。

积极行动：给医生打电话，告诉他我会晚到一会儿。放轻松。

3. 金因为要面向一大群专业人士演讲而感到焦虑。

想法/信念：他们是专业人士，知道的可能比我多。他们会看出我很紧张。他们会觉得我无能。我也许做不好，甚至可能搞砸。我必须做得出色。如果他们能看出我很紧张，或者觉得我水平不行，那就太糟糕了。

反驳：他们是专业人士，但这并不代表他们对我的领域也了解颇深。关于这个主题，我的专业知识足以做一次不错的展示。我希望自己能做好，会尽最大的努力，即使不出彩，也不会有什么灾难性的后果。我看起来很紧张也没关系。很多人在演讲时都会紧张。我不太可能搞砸，观众也不太可能觉得我能力不足。我从来没有搞砸过，演讲也没出过大错。这场演讲最差的情况不过是不够精彩，但不会是场灾难。

积极行动：好好准备。对着朋友练习。录下来，多听几遍。

4. 里克要就某个潜在矛盾和同事据理力争，他因此感到很焦虑。

想法/信念：他多半会记恨我。他可能会咄咄逼人。我们可能会闹得很不愉快。所有人都必须喜欢和认可我。我应该不惜一切代价避免冲突和对抗。如果他和我吵起来，那就太糟糕了，我可受不了。

反驳：我不知道他会有什么反应，态度可能很不好，也可能不会。我希望大家喜欢我（很多人也确实喜欢我），但我接受不是每个人都喜欢我的事实。有人不喜欢我也没关系。我希望能避免冲突，但我愿意试一试。如果沟通真的不太愉快也没关系，我能应付。

积极行动：计划好要说的话，做些简短的笔记来唤起记忆。现在就做，不要拖延。

5.邻居的狗一直在叫，费伊不得不去提意见，她因此感到很焦虑。

想法/信念：如果我提意见，邻居会不喜欢我的。他们会对我产生敌意。我不应该跟邻居闹得不愉快。如果他们跟我吵起来，那就太可怕了。我受不了。

反驳：他们之前一直对我很友好，没有证据表明他们会对我态度恶劣。如果我以和解为前提沟通，他们可能会理解的。即便没有发生这种情况，结果是我不想看到的，我也可以接受。表达我的意见很重要。如果我什么都不说，他们就不知道我的困扰。

积极行动：想好要说的话。现在就做。

6.杰里米为即将到来的工作面试焦虑不安。

想法/信念：他们会问一些我回答不了的问题。我可能会给人留下不好的印象，或者出丑。我可能得不到这份工作。我应该表现得非常好。我应该让他们刮目相看。我应该得到这份工作。如果我表现不好或者没得到这份工作，那就太糟糕了。

反驳：我想做好，也会尽全力。但面试就算表现得没那么好，也是一次学习经历，而不是一场灾难。能得到这份工作太好了，但如果不能，我也能接受。这并不是生死攸关的大事。我可能要多参加几次面试才会成功。这是大多数人的必经之路。

积极行动：充分了解这家公司，并为他们可能会问的问题做准备。

7.克莱夫因不得不把一些商品退货而感到焦虑。

想法/信念：我要求退款，他们可能会感到恼火。他们会讨厌我。他们会非常不高兴。别人应该一直对我友好。如果他们对我粗暴无礼，那就太糟糕了。我不该要求退货。

反驳：我有权退货。他们有权拒绝，但我可以提出要求。他们可能很通情达理。

按照过去的经验，我知道，现实情况往往没有预想的那么糟糕。即便他们拒绝给我退款，试一试也没什么损失。我希望别人对我友善，但即便没有，我也能应付。

积极行动：现在就做，不要拖延。

8.奥利维娅的女儿睡过头了。她担心女儿会错过度假的航班，感到很焦虑。

想法/信念：珍妮可能会错过航班，那就太糟糕了。我应该负责。

反驳：珍妮如果错过了航班，确实很可惜，但她可以改签其他航班。其他人有时也会错过航班，据我了解，他们也都改签了。最坏的情况是她要等上几个小时。这是个麻烦，但她应付得来。珍妮22岁了，准时起床去赶飞机是她的事。我可以尽己所能地支持她，但出现这种情况不是我的责任。

积极行动：帮她做好准备。开车送她去机场。

练习10.1

1.有人找你借了本书，但一直没有归还。

观察：帕姆，我去年九月把《少有人走的路》借给你了，几周前我问起的时候，你说你不记得还给我没有。

想法/感受：这本书对我来说非常珍贵，如果拿不回来，我会非常难过。

需求：如果你能再好好找找，我会非常感激。

2.你答应参加问答游戏之夜的活动,但现在不想去了。

观察:乔,你还记得我答应你周六去圣约瑟夫小学参加问答游戏吗?

想法/感受:我很抱歉,但我真的不想去。我当时觉得能接到你的邀请真的很好,所以不想扫你的兴。之后回想起来,我希望当时能对你更坦诚一些。

需求:我真的很抱歉到这个时候才反悔,但我希望你能理解。

3.你的另一半最近异常暴躁。

观察:肯,你最近好像很暴躁。你一直在为些小事生气,比如周四的报纸没送到,约翰尼晚饭前没洗手。你已经好几个礼拜懒得跟我说话了。

想法/感受:我在想,是不是出了什么问题?或许你最近压力很大?你这样我真的很担心。

需求:我希望我们能聊一聊,如果有什么问题,也能互相支持。你愿意谈谈吗?

练习 10.2

1.朋友让你帮她撒谎,而你不愿意这样做。

信念:别人让我做什么,我就应该去做。如果我拒绝,她会对我有意见的。我永远不该让朋友失望。

反驳:我可以拒绝自己不想做的事,即便是朋友的请求。她将我置于这种境地并不公平。她如果是我的好朋友,就会尊重我说"不"的权利。

果敢陈述:简,我真的不想对托比撒谎。你是我的好朋友,我很在意你,拒绝你我也很难过。我希望你能理解我为什么不能帮你。

2.售货员已经为你忙活了40多分钟,一直热情地有求必应。你觉得有

的商品还行，但不确定要不要买。你知道已经占用他很多时间了。

信念：如果售货员提供了很好的服务，我就有义务买点儿什么。要是我什么都不买，他会不高兴的。我不希望他讨厌我。

反驳：他是为我提供了很好的服务，但那是他的工作。销售人员经常会遇到看了很长时间却什么都没买的客户，这对他们来说很正常。如果没有找到想要的，我就不需要买东西。他不可能生气，但就算他真不高兴，那也不是我的问题。我不必通过买东西的方式来肯定他的服务。

果敢陈述：你非常细心，也很热情，我真的很感激你。可惜我还是没找到真正想要的东西，谢谢你的帮助。

3.你接到一个两年前在海外旅行时认识的人的电话。她说她想来你家住"一段时间"，你不太愿意让她过来。

信念：如果有人让我做什么事情，我就应该答应。如果我拒绝，她就不会喜欢我了。我必须得到所有人的喜爱。

反驳：我可以优先考虑自己的需求。我没有义务让她住在这里。如果这么做对我不合适，我可以拒绝。要是她不喜欢我了，那很遗憾。但我应付得来。

果敢陈述：在你找到住处之前，我很愿意你在我这儿待一两天，但是时间再长的话真的不太方便。

4.你和朋友们在一家价格不菲的餐厅吃饭。你没有喝酒，但其他人喝了很多。仅酒水一项，每个人就要分摊很多钱，但算账的时候，没有人觉得你应该少付些。

信念：我不该提这件事，不然他们会觉得我小气。我应该顺着别人的意愿来。涉及钱的时候，斤斤计较自己的得失很不大气。

反驳：酒水占了很大一部分费用，所以我少付一些是合理的。我提出这点，他们也不太可能对我有想法，但就算有，我也能接受。这不会对我的生活有任何影响。不管是在钱还是其他问题上，我都可以争取自己的权利。

果敢陈述：我今晚没喝酒，希望大家不介意我不付这部分费用。

5. 你的一个同事习惯在你准备工作的时候坐到你旁边说话。

信念：请他离开会让他不高兴。我绝不该说任何可能冒犯别人的话。我永远不应该把自己的需求放在别人的需求之前。与其让他不满，还不如忍忍。

反驳：遇到这种情况，我可以把自己的需求放在第一位。我可以跟他说我很忙。坦诚总比心怀怨恨要好。

果敢陈述：比尔，我真的有很多工作要做，没空跟你说话。

6. 看电影的时候，你对坐在后面的两个人说过不要再聊天了，可才过了10分钟，他们又开始说话了。

信念：说一次没什么问题，再说一次他们可能会发火。同样的要求不可以说两次。如果我再说一遍，他们会觉得我很讨厌，可能会骂我。

反驳：再说一次也没关系。有些人注意不到周围的人，所以我需要提醒他们小点儿声。我如果礼貌地说出请求，不太可能得到不友善的回应。但就算他们态度不好，我也能处理。

果敢陈述：对不起，我还要再说一次：能不能麻烦你们在看电影的时候别说话？

7. 你在给屋前的花园浇水，一条狗在你的地盘上拉了屎。遛狗的人没有把狗屎捡走。

信念：如果我提了这件事，他会反唇相讥。人们不喜欢被别人指使着做这做那，不如什么都不说。

反驳：狗主人有清理狗屎的责任，请他收拾干净没什么问题，因为这影响到了我。他知道这是自己的责任。如果我礼貌地发出请求，他不太可能粗暴地对待我。就算他态度不好，我也能处理好。

果敢陈述：不好意思，你的狗在我的院子里拉屎了。你能收拾一下吗？

8.家里来了一群朋友，其中一个人点了根烟，可你家里是禁烟的。

信念：我什么都不该说，因为他们是我的朋友。如果我让她去屋外抽烟，她会讨厌我的。遇到朋友时，我应该把自己的需求放在最后。

反驳：我要求她不在我家抽烟完全没问题。现在的烟民知道别人有不吸二手烟的权利，也习惯了别人要求自己不吸烟。她不太可能因为我的要求而不高兴。

果敢陈述：卡伦，你能去阳台抽烟吗？

9.你在餐厅点了咖啡，端上来的时候已经不热了。

信念：换一杯热的会给工作人员造成麻烦。我绝不应该因为自己的挑剔给他们带来不便，尤其在他们很忙的时候。我的需求没有那么重要。

反驳：我付钱买咖啡，希望物有所值很正常。这可能会给他们造成一些小小的不便，但不热的咖啡让我难以接受。我的需求很重要。我可以提出自己的要求。

果敢陈述：打扰一下，这杯咖啡都凉了，请给我换杯热的。

10.一个朋友四个月前找你借了200元钱，但她似乎已经不记得这件事了。

信念：让朋友还钱太不大气了。她会觉得我很抠门。她会不高兴，可能还会讨厌我。

反驳：让别人还钱没问题。借出去的时候就说好要还，所以这么做是合情合理的。她不太可能因为我提起这件事就讨厌我。就算真的如此，那也是她的问题。如果我们的友谊要靠我的忍耐来维系，那么这并不是健康的关系。

果敢陈述：露丝，还记得我们去俱乐部的时候你借的200元钱吗？已经4个月了，你准备什么时候还？

图书在版编目（CIP）数据

胡思乱想消除指南 /（澳）莎拉·埃德尔曼
(Sarah Edelman) 著；陈玄石译. -- 北京：中国友谊
出版公司, 2023.1（2025.3 重印）
　　ISBN 978-7-5057-5518-5

Ⅰ.①胡… Ⅱ.①莎… ②陈… Ⅲ.①情绪—自我控制—通俗读物 Ⅳ.① B842.6-49

中国版本图书馆 CIP 数据核字 (2022) 第 110550 号

著作权合同登记号　图字：01-2022-6507

Copyright © Sarah Edelman 2002, 2006, 2013.
First published in English by ABC Books for the Australian Broadcasting Corporation in 2002. The revised edition published by HarperCollins Publishers Australia Pty Limited in 2013. This Chinese Simplified Characters language edition is published by arrangement with Harper Collins Publishers Australia Pty Limited, through The Grayhawk Agency Ltd.
The Author has asserted her right to be identified as the author of this work.
简体中文版权归属于银杏树下（北京）图书有限责任公司。

书名	胡思乱想消除指南
作者	［澳］莎拉·埃德尔曼
译者	陈玄石
出版	中国友谊出版公司
发行	中国友谊出版公司
经销	新华书店
印刷	天津中印联印务有限公司
规格	889 毫米 ×1194 毫米　16 开 25.75 印张　316 千字
版次	2023 年 1 月第 1 版
印次	2025 年 3 月第 7 次印刷
书号	ISBN 978-7-5057-5518-5
定价	68.00 元
地址	北京市朝阳区西坝河南里 17 号楼
邮编	100028
电话	（010）64678009